Java

程序设计

实用教程

李学国　廖丽　主编

蔡冬玲　钟芙蓉　沈应兰　副主编

化学工业出版社

·北京·

内容简介

Java 是当今世界最受欢迎的计算机编程语言之一，它是一种完全面向对象、解释执行、动态下载、具有多线程的能力、可分布访问数据、健壮且安全的新一代编程语言。

本书立足于新工科和工程教育，从工程应用和实践者的视角，全面系统地介绍了目前在软件开发中使用最为广泛的 Java JDK15 版的核心知识，全书共分为 12 章，主要内容包括 Java 开发环境搭建、Java 基本数据类型和运算符、程序流程控制语句、数组、类和对象、抽象类、接口和封装、GUI 编程、Swing 高级组件、异常与处理、I/O 流与文件、多线程编程、Java 网络编程、Java 数据库编程等。

本书结构合理、语言简练，实用性强，并配有完整的教学资源（包括本书的全部实例、习题答案和教学课件），适合作为普通高等院校、高等职业院校计算机相关专业的教材，也可作为 Java 爱好者、程序开发人员的参考书。

图书在版编目（CIP）数据

Java 程序设计实用教程 / 李学国，廖丽主编. —北京：化学工业出版社，2022.1（2023.10重印）
ISBN 978-7-122-40092-5

Ⅰ.①J… Ⅱ.①李… ②廖… Ⅲ.①JAVA 语言-程序设计-教材 Ⅳ.①TP312.8

中国版本图书馆 CIP 数据核字（2021）第 207589 号

责任编辑：张绪瑞　　　　　　　　　　　　装帧设计：张　辉
责任校对：张雨彤

出版发行：化学工业出版社（北京市东城区青年湖南街 13 号　邮政编码 100011）
印　　装：北京盛通商印快线网络科技有限公司
787mm×1092mm　1/16　印张 18　字数 421 千字　　2023 年 10 月北京第 1 版第 2 次印刷

购书咨询：010-64518888　　　　　　　　　　售后服务：010-64518899
网　　址：http://www.cip.com.cn
凡购买本书，如有缺损质量问题，本社销售中心负责调换。

定　　价：54.00 元　　　　　　　　　　　　　版权所有　违者必究

前言

Java 语言于 20 世纪 90 年代初期诞生，伴随着计算机平台的多样化及互联网、大数据、人工智能、物联网的迅猛发展，Java 语言已经发展成为当今世界计算机编程的主流语言之一。TIOBE(The Importance Of Being Earnets)在 2021 年 6 月世界编程语言排行榜中，Java 是仅次于 C 语言和 Python 语言位列全球排名第三的语言。因其可移植性、跨平台等特点，被微软总裁比尔·盖茨称为"Java 是长时间以来最卓越的程序设计语言"。Java 是一种完全面向对象的程序设计语言，其风格与 C++较接近，但摒弃了 C++难以理解、容易出错的部分。Java 具有分布式、解释性、安全性、跨平台、可移值、高性能、多线程等重要技术特性。

编者具有多年高等职业教育计算机类课程教学及多年企业级商业项目的开发经验。在实践教学中，深知学生需要掌握的理论知识与实践技能，特别是企业级项目开发的知识、技术与职业能力。因此 2019 年开始，编者与企业中高级工程师一起研究符合企业 Java 工程师职业能力一致的教材体系，旨在帮助以后准备从事企业级软件开发的学生、社会工作者具备一套较为完整的 Java 知识体系与实践技能，能胜任企业级软件开发的技术要求、职业技能，而不用参加相关社会机构的再培训。因此本书定位于 Java 工程师职业，同时与教育部推行的 1+X 证书的要求一致。编写时无论编写体例，还是知识点，都以提升读者的工程实践能力为目标。相对于同类教材，本书具有以下特色。

1. 立足于 Java 工程师职业，从工程实践的视角构建内容体系

当前，全国高等职业院校正在大力推行 1+X 职业证书制度，并积极申报 1+X 证书试点，如何培养具备扎实的工程应用能力，符合 Java 工程师的职业定位与需求，并具有一定创新能力的新型工程技术人才，是每个教材编写者必须面对和思考的问题。

本书定位 Java 工程师职业，从工程应用和实践者的视角，构建内容体系，全面系统地介绍了目前在软件开发中使用最为广泛的 JDK15 的核心知识，全书共分为 12 章，共计 131 个案例实践，所有案例都是经过精心挑选、在工程实践中应用的案例，对所有的案例都做了相应的注释和说明，以便读者快速掌握和理解。

2. 注重 Java 工程师核心知识，不追求大而全

Java 不仅仅是一门编程语言，更是语言、平台、架构、标准和规范的总和，这一点

可以通过其官方站点发布的文档所含内容之多得到印证。此外，由于 Java 的发展一直非常活跃，基本每半年都会发布一个 JDK 版本，因此即使只是针对 Java SE，也几乎不可能将其所有内容在一本书中详述殆尽。

本书不追求大而全，而是着重介绍 Java SE 的核心及目前工程实践中经常用到的知识，使得读者通过学习这些内容后，具备自主学习及在高校学习 JavaSE（也包括 Android、大数据、人工智能、物联网）等其他领域的知识和能力。

3. 理论够用、重在实践

Java 是一门编程语言，与其他面向对象的语言一样，重在解决实践问题，因此，在编写本书时，尽可能把复杂的理论简单化，把抽象的事物具体化，以理论指导具体的案例实现，以案例反馈理论，达到理论与实践的完美结合。书中所有案例，都是理论的具体化，在内容的编排上，根据学习者的认知规律，由浅入深、循序渐进的安排。每个章节都明确了读者需要掌握的知识目标、技能目标和素质目标。

4. 注重软件工程师素质和能力的培养

注重读者编程习惯的培养，使读者能够站在现代软件开发和软件工程这个比较开阔的层面上学习 Java 这门语言，而不是局限于繁琐的程序设计语言规则上。为此全书贯穿了软件工程的思想，强调"自顶向下，逐步求精""先分析后设计再编码"和"以需求为驱动"等软件工程方法的应用。

本书由重庆化工职业学院李学国和重庆城市职业学院廖丽担任主编，重庆化工职业学院蔡冬玲、沈应兰，重庆科创职业学院钟芙蓉担任副主编。其中李学国编写第 1 章至第 4 章，蔡冬玲编写第 5 章、第 6 章，钟芙蓉编写第 7 章，沈应兰编写第 8 章，廖丽编写第 9 章至第 12 章。全书由李学国统稿。

由于编者水平有限，书中难免存在疏漏之处，欢迎广大读者批评指正。

目录

第3章　面向对象编程　　　　　　　　　　　　　　43

第 7 章　Swing 高级组件　　　171

第 8 章　程序异常处理　　　190

第 1 章

Java 开发环境搭建

Java 语言是当今世界计算机编程的主流语言之一。TIOBE（The Importance Of Being Earnets）在 2021 年 6 月世界编程语言排行榜中，Java 是仅次于 C 语言和 Python 语言位列全球排名第三的语言。因其可移植性、跨平台等特点，被微软总裁比尔·盖茨称为"Java 是长时间以来最卓越的程序设计语言"。

【知识目标】
1. 了解 Java 语言的发展史；
2. 了解 Java 语言的特点及工作原理。

【能力目标】
1. 掌握 Java 开发环境的搭建；
2. 能使用 Eclipse 编写简单的程序。

【思政与职业素质目标】
1. 培养具有学习新技术的能力；
2. 对新技术学习有较强的兴趣。

1.1 Java 语言简介

Java 是一门面向对象的编程语言，它吸收了 C++面向对象及具有丰富的 API 等优点，又摒弃了难以理解的多继承的概念，并且 Java 没有 C 或 C++让人头疼的指针概念，它还提供了垃圾自动回收（GC）机制，这些优点让 Java 变得更加简单且功能强大。目前 Java 语言已经广泛运用于各种软件开发过程中，成为世界上最流行的程序设计语言之一。

1.1.1 Java 语言发展历程

Java 的前身是 Sun MicroSystems（简称 Sun 公司）成立的一个由 James Gosling（詹姆斯·高斯林，俗称为 Java 之父）领导的"Green 计划"，准备为下一代智能家电（如电视机、微波炉、电话）编写一个通用控制系统。该团队最初考虑使用 C++语言，但是很多成员包括 Sun 的首席科学家 Bill Joy，发现 C++和可用的 API 在某些方面存在很大的问题，Bill Joy 决定开发一种新的语言，他提议在 C++的基础上，开发一种面向对象的环境。于是，Gosling 试图通过修改和扩展 C++的功能来满足这个要求，但是后来他放弃了，他决定创造一种全新的语言：Oak（橡树）。1994 年夏天，互联网和浏览器出现，Gosling 意识到这是个机会，将 Oak 进行小规模改造。1994 年秋，团队中 Naughton 与 Jonathan 完成了第一个 Java 语言网页浏览器，因 Oka 被注册，改名为 Java。Sun 公司在 1995 年 5 月 23 日的 Sun World 大会上，Java 和 HotJava 浏览器一同发布，自此 Java 开始进入人们的视野。

1996 年 1 月，第一个 JDK，名为 JDK1.0 诞生，同年 4 月，10 个最主要的操作系统供应商声明将在其产品中嵌入 JAVA 技术，9 月约 8.3 万个网页应用了 JAVA 技术来制作。

1997 年 2 月 18 日，JDK1.1 发布，4 月 JavaOne 会议召开，参与者逾一万人，创造了当时全球同类会议规模之纪录，9 月 Java Developer Connection 社区成员超过十万。

1998 年 2 月 JDK1.1 被下载超过 2000000 次，12 月 JAVA2 企业平台 J2EE 发布。

1999 年 6 月 SUN 公司发布了 Java 的三个版本：标准版（J2SE）、企业版（J2EE）和微型版（J2ME）

2000 年 5 月 8 日，JDK1.3 发布，5 月 29 日，JDK1.4 发布。

2001 年 9 月 24 日，J2EE1.3 发布。

2002 年 2 月 26 日，J2SE1.4 发布，自此 Java 的计算能力有了大幅提升。

2004 年 9 月 30 日，J2SE1.5 发布，成为 Java 语言发展史上的又一里程碑。为了表示该版本的重要性，J2SE1.5 更名为 Java SE 5.0。

2005 年 6 月，JavaOne 大会召开，SUN 公司公开 Java SE 6。此时 Java 的各种版本已经更名，以取消其中的数字"2"：J2EE 更名为 Java EE 即 Java 企业版，J2SE 更名为 Java SE 即 Java 标准版，J2ME 更名为 Java ME 即 Java 精简版。

2006 年 12 月，SUN 公司发布 JRE6.0。

2007 年 11 月，Google 发布智能手机操作系统 Android，该系统基于 Linux，其上的应用程序大多采用 Java 语言编写。

2009 年 4 月，著名数据库厂商 Oracle 宣布收购 Sun 公司。

2011 年 7 月，Oracle 公司发布 JDK7。

2014 年 3 月，Oracle 公司发表 JDK8。

2017 年 9 月，Oracle 公司发表 JDK9。

2018 年 3 月，Oracle 公司发布 JDK10。

2018 年 9 月，Oracle 公司发布 JDK11。

2019 年 3 月，Oracle 公司发布 JDK12。

2020 年 9 月，Oracle 公司发布 JDK15。

2021 年 3 月，Oracle 公司发布了 JDK16。

经过 20 余年的发展，Java 已经由一门编程语言逐步演变为语言、平台、架构、标准和规范的组合，它在各个重要行业和领域得到了广泛的应用。迄今为止，Java 已吸引了全球 1000 多万名软件开发者，采用 Java 相关技术的设备已经超过 60 亿台，其中包括 8 亿台计算机、30 亿部手机以及其他众多智能设备。

1.1.2 Java 语言的特点

Java 语言诞生于 20 世纪中期，发展于互联网时代，它继承了当时结构化时代编程语言各自优点，摒弃了当时主流程开发语言的缺点。其主要特点如下。

（1）简单

Java 语言的语法与 C 语言和 C++语言很接近，使得大多数程序员很容易学习和使用。Java 丢弃了 C++中很少使用、很难理解、令人迷惑的那些特性，如操作符重载、多继承、自动强制类型转换。特别是 Java 语言不使用指针，而是使用引用。并提供了自动的垃圾收集机制，使得程序员不必为内存管理而担忧。

（2）完全面向对象

Java 语言提供类、接口和继承等面向对象的特性，为了简单起见，只支持类之间的单继承，但支持接口之间的多继承，并支持类与接口之间的实现机制（关键字为 implements）。此外 Java 语言全面支持动态绑定，而 C++语言只对虚函数使用动态绑定。总之 Java 语言是一个纯面向对象的程序设计语言。

（3）分布式

Java 语言支持 Internet 应用开发，在基本的 Java 应用编程接口中有一个网络应用编程接口（java net），它提供了用于网络应用编程的类库，包括 URL、URLConnection、Socket、ServerSocket 等。Java 的 RMI（远程方法激活）机制也是开发分布式应用的重要手段。

（4）健壮性

Java 的强类型机制、异常处理、垃圾的自动收集等是 Java 程序健壮性的重要保证。对指针的丢弃是 Java 的明智选择。Java 的安全检查机制使得 Java 更具健壮性。

（5）安全

Java 通常被用在网络环境中。为此，Java 提供了一个安全机制以防恶意代码的攻击。除了 Java 语言具有的许多安全特性以外，Java 对通过网络下载的类具有一个安全防范机制，如分配不同的名字空间以防替代本地的同名类、字节代码检查，并提供安全管理机制让 Java 应用设置安全哨兵。

（6）跨平台运行

Java 程序（后缀为 java 的文件）在 Java 平台上被编译为体系结构中立的字节码格式（后缀为 class 的文件），然后可以在实现这个 Java 平台的任何系统中运行。这种途径适合于异构的网络环境和软件的分发。

（7）可移植

这种可移植性来源于体系结构中立性，另外，Java 还严格规定了各个基本数据类型的长度。Java 系统本身也具有很强的可移植性，Java 编译器是用 Java 实现的，Java 的运行环境是用 ANSI C 实现的。

（8）解释型

Java 程序在 Java 平台上被编译为字节码格式，然后可以在实现这个 Java 平台的任何系统中运行。在运行时，Java 平台中的 Java 解释器对这些字节码进行解释执行，执行过程中需要的类在联接阶段被载入运行环境中。

（9）多线程

多线程机制能够使应用程序在同一时间并行执行多项任务，而且相应的同步机制可以保证不同线程能够正确地共享数据。使用多线程，可以带来更好的交互能力和实时行为。

（10）高效性

Java 编译后的中间代码在虚拟机上运行，Java 字节码的设计使之能够很容易地直接转换成对应于特定 CPU 的机器码，从而得到较高的性能。

1.1.3 Java 语言工作原理

Java 虚拟机（Java Virtual Machine，JVM）是解释和运行 Java 程序等各种命令及其运行环境的总称，在实际的计算机上通过软件模拟来实现。Java 虚拟机有自己相应的硬件，如处理器、寄存器等，还具有相应的指令系统。Java 源程序在编译之后生成扩展名为 ".class" 的文件，该文件以字节码（Byte Code）的方式进行编码。这种字节码实际是一种中间码，它包含各种指令，这些指令基本是与平台无关的指令。Java 虚拟机在字节码文件（即编译后生产的扩展名为.class 的文件）的基础上解释这些字节码，即将这些字节码转换成在本地计算机的机器码，并交给本地计算机执行。其执行过程如图 1.1 所示。

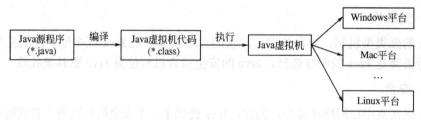

图 1.1　Java 程序执行过程

Java 不仅是一种编程语言，Java 也是一种技术，它由四方面组成：Java 编程语言、Java 类文件格式、Java 虚拟机和 Java 应用程序接口（Java API）。它们的关系如图 1.2 所示。

运行时环境代表着 Java 平台，开发人员编写 Java 代码（.java 文件），然后将之编译成字节码（.class 文件），最后字节码被装入内存，一旦字节码进入虚拟机，它就会被解释器解释执行，或者是被即时代码发生器有选择地转换成机器码执行。

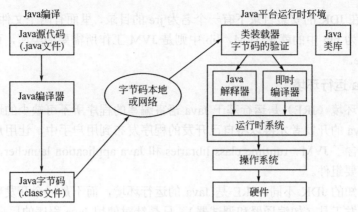

图 1.2　Java 环境组成

Java 平台由 Java 虚拟机和 Java 应用程序接口搭建，Java 语言则是进入这个平台的通道，用 Java 语言编写并编译的程序可以运行在这个平台上。这个平台的结构如图 1.3 所示。

应用程序			
Java 基本 API		Java 标准扩展 API	
Java 基类		Java 标准扩展类	
Java 虚拟机			
移植接口			
适配器	适配器	适配器	Java 操作系统
浏览器	操作系统	操作系统	
操作系统			
硬件	硬件	硬件	硬件
浏览器上的 Java	桌面操作系统上的 Java	小型操作系统上的 Java	Java 操作系统上的 Java

图 1.3　Java 平台的结构

在 Java 平台的结构中，可以看出，Java 虚拟机（JVM）处在核心的位置，是程序与底层操作系统和硬件无关的关键。它的下方是移植接口，移植接口由两部分组成，即适配器和 Java 操作系统，其中依赖于平台的部分称为适配器；JVM 通过移植接口在具体的平台和操作系统上实现；在 JVM 的上方是 Java 的基本类库和扩展类库以及它们的 API，利用 Java API 编写的应用程序（Application）和小程序（Java Applet）可以在任何 Java 平台上运行而无需考虑底层平台，就是因为有 Java 虚拟机（JVM）实现了程序与操作系统的分离，从而实现了 Java 的平台无关性。

JVM 在它的生存周期中有一个明确的任务，那就是运行 Java 程序，因此当 Java 程序启动的时候，就产生 JVM 的一个实例；当程序运行结束的时候，该实例也跟着消失了。

1.1.4　JDK、JRE、JVM

（1）Java 开发工具包

Java 开发工具包（JDK）是 Sun Microsystems 公司针对 Java 开发者发布的产品。JDK

中包含 JRE。在 JDK 的安装目录下有一个名为 jre 的目录，里面有两个文件夹 bin 和 lib，在这里可以认为 bin 中的就是 JVM，lib 中则是 JVM 工作所需要的类库，而 JVM 和 lib 合起来称为 jre。

（2）Java 运行环境

Java 运行环境（JRE）是运行基于 Java 语言编写的程序所不可缺少的运行环境。也是通过它，Java 的开发者才得以将自己开发的程序发布到用户手中，让用户使用。

JRE 中包含了 JVM、runtime class libraries 和 Java application launcher，这些是运行 Java 程序的必要组件。

与大家熟知的 JDK 不同，JRE 是 Java 的运行环境，而不是一个开发环境，所以无法包含任何开发工具（如编译器和调试器），只是针对使用 Java 程序的用户。

（3）Java 虚拟机

Java 虚拟机（JVM）是整个 Java 实现跨平台的核心部分，所有的 Java 程序都会首先被编译为.class 的类文件，这种类文件可以在虚拟机上执行。

class 文件并不直接与操作系统对应，而是通过 JVM 与系统交互。JVM 的这种屏蔽了具体操作系统的特点，是 Java 跨平台的关键，因此可以实现一次编译，到处运行。

1.2　Java 开发环境搭建

搭建 Java 开发环境是使用 Java 语言进行编程开发的第一步，也是学好 Java 语言的基础，目前，Java 的开发环境有很多，除 Sun 公司最早提供的免费的 JDK（Java Development Kit，Java 开发工具包）开发环境以外，还有常见的 Eclipse、JBuilder、NetBean 等集成开发环境，但都需要提前安装 JDK 工具包，鉴于实际开发中基本上都是使用集成开发环境进行开发，故本书仅介绍在 Windows10 操作系统下的 JDK 与 Eclipse 的安装与使用。

Java 开发工具包 JDK 是整个 Java 的核心，包括了 Java 运行环境（Java Runtime Environment，JRE）、Java 工具和 Java 基础类库。JRE 是运行 Java 程序所必需的环境集合，包含 Java 虚拟机标准实现及 Java 核心类库。JVM 是整个 Java 实现跨平台核心的部分，能够运行以 Java 语言书写的程序。Java 开发环境的搭建就是 JDK 的安装过程。

1.2.1　JDK 的下载与安装

【案例 1-1】JDK 下载与安装。

（1）下载 JDK

下面介绍下载 JDK 的方法，具体步骤如下。

① 打开 Oracle 的官网，进入 JDK 的下载页面(本书以 2021 年 3 月 16 日发布 JDK16 为例)。如图 1.4 所示。

图 1.4　JDK 下载页面

② 单击 JDK Download 图标,进入下载列表,如图 1.5 所示,选中 Windows x64 Installer 行后面的 jdk-16.0.1_windows-x64_bin.exe，单击，则会弹出一个 Accept License Agreement 的对话框，如图 1.6 所示，勾选 I reviewed and accept the Oracle Technology Network License Agreement for Oracle Java SE，点击 Dowload jdk-16.0.1_windows-x64_bin.exe 即可下载。

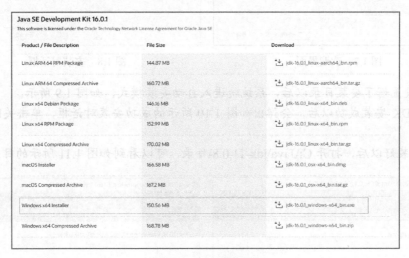

图 1.5　JDK 下载列表

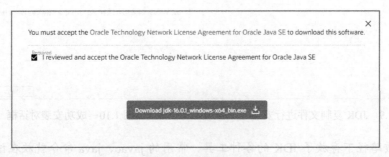

图 1.6　协议对话框

说明：JDK16 仅为 64 位的 Windows 操作系统提供了下载链接，建议 32 位操作系统的用户使用 JDK8 及以上的最新版本。

（2）安装 JDK

当下载好 Windows 平台的 JDK 安装文件 jdk-11.0.8_windows-x64_bin.exe 后，即可进行安装，在 Windows10 下安装步骤如下。

① 双击已经下载好的安装文件，弹出欢迎界面对话框，如图 1.7 所示，单击下一步。

② 在弹出的定制安装中，JDK 默认会安装在 C:\Program Files\Java jdk-11.0.8\目录下，一般修改为自己特定的目录，如：C:\Java\jdk-16.0.1\，单击更改，进行修改，完毕后单击下一步。如图 1.8 所示。

图 1.7　欢迎界面　　　　　　　　　　　图 1.8　安装对话框

③ 设置好了安装目录以后，系统就进入自动安装模式，如图 1.9 所示。

④ JDK 安装成功以后，会弹出如图 1.10 所示的成功安装对话框，单击关闭按钮完成安装。

当安装好以后，打开 C:\Java\jdk-11.0.8\目录，可以看到如图 1.11 所示的目录结构。

图 1.9　JDK 复制文件进行安装　　　　　图 1.10　成功安装对话框

bin：该路径下存放了 JDK 的各种工具，常用的 javac、java 命令就放在该路径下。

conf：该路径存放 Java 的配置文件，可配置 java 访问权限、密码等。

图 1.11　Java 目录结构

Include：C 语言头文件，它支持使用 Java 本地接口和 Java 虚拟机调试程序接口的本地代码编程技术。

jmods：该路径下存入 Java 的调试文件，包括网络、数据库、数据传输、字符集、安全认证等调试文件。

legal：该路径存放 java 的各类模块的 license 文件。

lib：该路径存放 JDK 的开发类库。

（3）配置 JDK

安装好 JDK 后，必须配置环境变量才能使用 Java 环境，在 Windows10 下，只需要配置环境变量 Path（在系统的任何路径下都可以识别 Java 命令）即可，步骤如下。

① 在桌面上，右键单击"此电脑"图标，在弹出的快捷菜单中选择"属性"命令，弹出系统对话框，单击左边的"高级系统属性"，则弹出图 1.12 所示的系统属性对话框。

② 单击系统属性对话框中的"环境变量"按钮，则弹出"环境变量"对话框，如图 1.13 所示，在系统变量中到 Path 变量，点击"编辑"按钮，则出现"编辑环境变量"对话框，如图 1.14 所示。

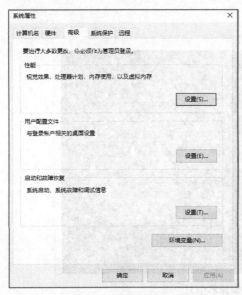

图 1.12　系统属性对话框

图 1.13　环境变量对话框

图 1.14 编辑环境变量对话框

在编辑环境变量对话框中点击"新建"按钮，输入 JDK 路径：C:\Java\jdk-16.0.1\bin，并把其移动到顶端，目的是系统在寻找其 java 路径时，首先在其目录中进行查询，提高其查询的效率。再逐步单击确定按钮，依次退出对话框后，即可完成 Windows10 下配置 JDK 的相关操作。

（4）测试 JDK

JDK 配置完成以后，可以对 JDK 配置是否正确进行测试，在 Windows10 操作系统中测试 JDK 环境需要单击桌面左下角 🔍 图标，输入 cmd，按回车键，启动命令提示符对话框，输入 cmd 的效果如图 1.15 所示。

图 1.15 测试 JDK 编译器信息

左键点击"命令提示符",打开命令提示符窗口,在命令提示符中输入 java -version,则可以显示安装的 JDK 的版本号,输入 javac 可以显示编译命令的使用方法。经过以上测试,如果没有错误出现,则说明安装配置成功。

1.2.2　Eclipse 下载与汉化

Eclipse 是主流的 Java 开发工具之一,是一个开放的可扩展的集成开发环境,不仅用于 Java 桌面应用程序开发,而且可以通过安装开发插件构建 Web 项目等开发环境。Eclipse 本身是开源代码的项目,可以免费下载。

【案例 1-2】Eclipse 下载与汉化。

（1）下载 Eclipse

打开浏览器,输入网址: www.eclipse.org,进入 Eclipse 的官网,然后单击如图 1.16 所示的 Download 64 bit 超链接。出现如图 1.17 所示下载页面,选择其中一个镜像服务器,即可以下载到本地电脑文件 eclipse-java-2020-06-R-win32-x86_64.zip。

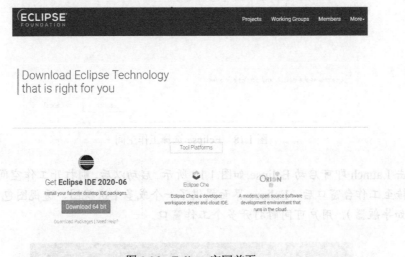

图 1.16　Eclipse 官网首页

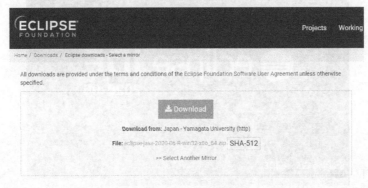

图 1.17　Eclipse 下载页面

（2）安装

Eclipse 的安装非常简单，只需要解压文件 eclipse-java-2020-06-R-win32-x86_64.zip 到本地路径即可使用。如解压到 D 盘，则会生成：eclipse 文件夹。

（3）启动

打开解压以后的 eclipse 文件夹，点击 eclipse.exe 文件，此可启动 eclipse。正式开启 Java 的人生之旅。

（4）有关 Eclipse 界面说明

第一次启动 Eclipse 时，Eclipse 会要求选择一个工作空间(workspace),用于存储项目工作内容（本书选择 d:\eclipse-workspace 作为工作空间），如果希望下次启动时不显示此选择工作空间，则可以勾选"use this as the default and do not ask again" 如图 1.18 所示。

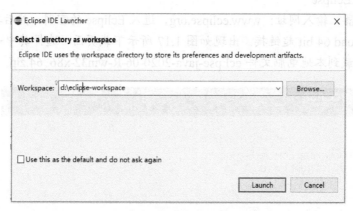

图 1.18　Eclipse 选择工作空间

单击 Launch 即可启动 Eclipse,如图 1.19 所示。启动以后，则打开工作空间，如图 1.20 所示，转至工作台窗口后，Eclipse 界面提供了一个或多个透视图，透视图包含编辑器和视图（如导航器）。用户可同时打开多个工作窗口。

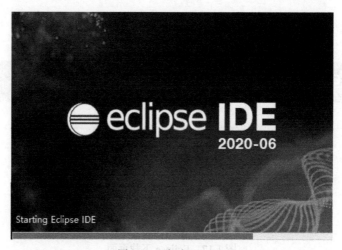

图 1.19　启动 Eclipse

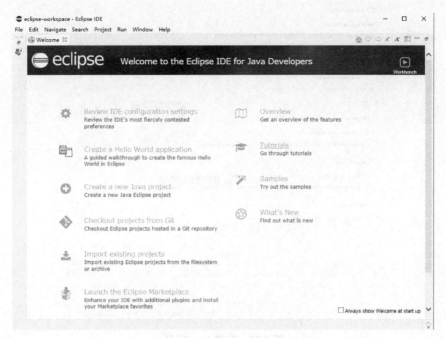

图 1.20　Eclipse 工作台

Eclipse 工作台由几个被称为视图（view）的窗格组成，窗格的集合称为透视图（Perspective）。Java 透视图包含一组更适合于 Java 开发的视图。

（5）Eclipse 的汉化

打开 Eclipse 官网输入网址 https://www.eclipse.org/babel/downloads.php，选择对应的 Eclipse 版本，下载汉化软件。下载以后，解压，复制 features 文件夹和 plugins 文件夹到 Eclipse 程序的根目录下，覆盖同名文件夹，重启 Eclipse 之后，就可以看到汉化效果，本书为了读者更好的学习，不采用汉化版。

1.2.3　使用 Eclipse 编写第一个 Java 程序

在 Eclipse 中编写 Java 程序，首先需要创建 Java 项目，然后创建 Java 类文件，最后编写程序代码和运行程序。

【案例 1-3】使用 Eclipse 编写第一个 Java 程序。

（1）创建 Java 项目

启动 Eclipse，通过 File（文件菜单），选择 new，会弹出二级子菜单，再选择 Java project（Java 工程），则会弹出如图 1.21 所示对话框。

依次输入 Java 工程名，如：java_study，选择安装的 JDK，此处使用已经安装的 jdk16，选择为源文件和类文件创建单独的文件夹，最后单击 Finish。

当单击 Finish 按钮后，会弹出如图 1.22 所示"create module-info.java"对话框，即新建模块化声明文件对话框。模块化开发是 JDK9 以上版本新增的特性，但模块化开发较复杂，新建的模块化声明文件也会影响 Java 项目的运行，因此不需要添加模块化声明，点击"Don't Create"按钮即可。此时完成了 Java 项目的新建操作。

图 1.21　新建 Java 项目

（2）创建 Java 类文件

通过 file（文件菜单），选择 new（新建），在弹出的二级菜单中选择 class（类），则会弹出新建类的对话框，如图 1.23 所示，在对话框中，输入 Java 的类名（Hello.java），注意，类名的第一个字母需要大写。为了以后开发程序方便，选择系统创建主方法选项，单击 Finish，则可以创建一个 Hello 类。

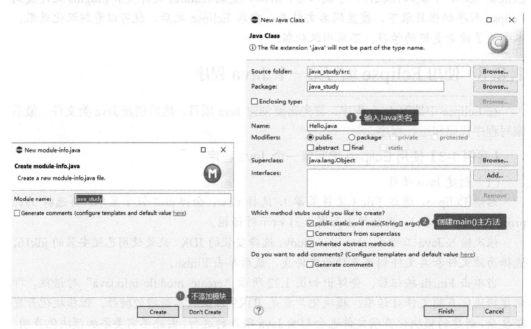

图 1.22　新建模块化声明窗口　　　　　　　　　图 1.23　创建 Java 类

（3）输入程序内容

在 Eclipse 的编辑区中，在主方法中输入一行代码：System.out.println("欢迎来到 JAVA 世界！")；单击 file（文件）菜单下 save（保存）按钮，即完成了第一个程序的编写，如图 1.24 所示。

（4）运行程序

点击 run（运行）菜单下的 run 命令，或者直接按 ctrl+F11 快捷键，即可运行 Java 程序，此程序的运行效果如图 1.25 所示。

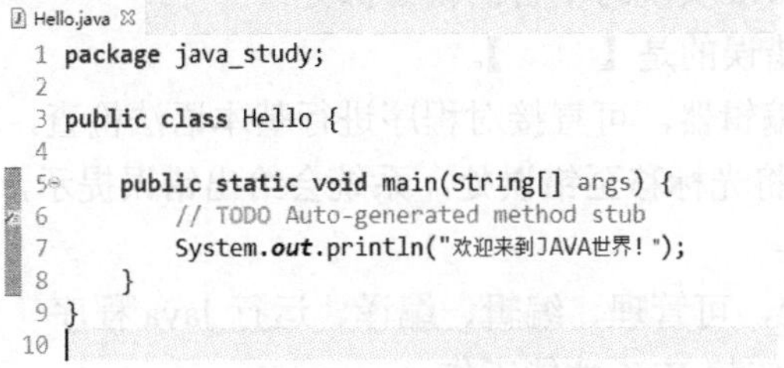

```java
1  package java_study;
2
3  public class Hello {
4
5      public static void main(String[] args) {
6          // TODO Auto-generated method stub
7          System.out.println("欢迎来到JAVA世界！");
8      }
9  }
10
```

Console ☒
<terminated> Hello [Java Application] C:\Java\jdk-16.0.1\bin\javaw.exe （2021年6月
欢迎来到JAVA世界！

图 1.24　输入程序代码 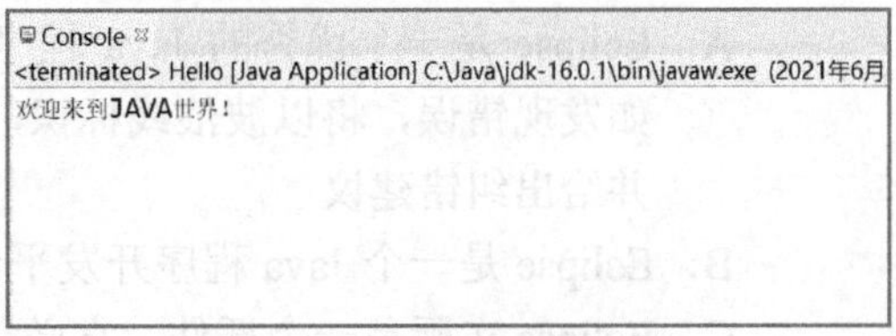　　　　　　　　　图 1.25　程序运行效果

本章小结

本章介绍了 Java 语言的发展历程，Java 语言的特点，Java 语言的工作原理，JDK、JRE、JVM 的关系。介绍了 Java 开发环境搭建，JDK 下载与系统配置，Eclipse 软件的下载与安装，及使用 Eclipse 进行程序代码的编写。

通过本章的学习，要求读者了解 Java 语言的发展历程，Java 语言的特点及工作原理，掌握 JDK、JRE、JVM 之间的关系，能正确搭建 Java 语言的开发环境，能编写简单的 Java 程序，具备开发 Java 程序的基本能力。

思考与练习

一、单选题

1．当用 Eclipse 编写一个 Java 程序时，其源程序的扩展名为【　　】。
　　A．.java　　　　　　B．.class　　　　　　C．.exe　　　　　　D．.com

2．一个 Java 文件经 Java 编译后，生成一个字节码文件，其后缀名为【　　】。
　　A．.java　　　　　　B．.class　　　　　　C．.doc　　　　　　D．.jpg

3．有关 Java 语言的特点，下列描述错误的是【　　】。
　　A．Java 语言是一种跨平台的语言
　　B．Java 语言是一种编译性的语言，可以把原程序编译成扩展名为 exe 的文件执行

C. Java 语言是一种完全面向对象的语言，只支持类的单继承

D. Java 语言把源程序先编译成字节码，再通过 Java 的解释器时进行解释执行，因此其是编译与解释的混合语言

4．下列关于 JDK、JRE、JVM 的叙述错误的是【 　　】。

A. JDK 是 Java 语言的软件开发工具包

B. JDK 包含 JRE

C. JVM 包含 JRE

D. JVM 是 Java 运行的虚拟机，是 Java 实现跨平台的核心部分

5．下列关于 Eclipse 开发工具的描述，错误的是【 　　】。

A. Eclipse 是一个优秀的 Java 程序编辑器，可直接对程序进行基本语法检查，如发现错误，将以波浪线标识，将光标移至错误处，系统会给出错误提示，并给出纠错建议

B. Eclipse 是一个 Java 程序开发平台，可管理、编辑、编译、运行 Java 程序

C. Eclipse 实际是一个插件，它必须依赖 JDK 才能工作

D. Eclipse 自身功能完善，无需任何环境支持

6．下面关于 Java 类的描述，其中错误的是【 　　】。

A. 所有 Java 程序都是由一个类或多个类组成的

B. 所有 Java 程序只能由一个类，不能由多个类组成

C. 使用 Eclipse 写 Java 类时，一个包中可以有多个类

D. 一个 Java 程序只能有一个主类，其中 main()方法是整个程序的入口

7．在安装 Eclipse 软件时，首先需要安装【 　　】。

A. IDE   B. MyEclipse

C. SDK   D. JDK

8．使用记事本写了一个 Java 程序 Hello.java，如果在 doc 命令提示符下，要编译此文件，则其正确的命令格式是【 　　】。

A. javac Hello.java   B. java Hello.java

C. java   D. javac

9．当把 hello.java 编译成 Hello.class 文件以后，如果要执行此文件，查看运行的结果，则下列正确的命令格式为【 　　】。

A. javac Hello   B. java Hello

C. Java Hello.class   D. Javac Hello.class

二、填空题

1．1991 年，Sun 公司的 Jame Gosling 等人，为电视机、微波炉、电话等智能设备的交互操作开发了一个_____语言，它是 Java 的前身。

2．Java 有三种版本，分别是 JavaSE、_____、_____。

3．在 Java 平台的结构中，处在核心位置的是_____。

4.Java 源程序在_____之后生成扩展名为.class 的字节码文件,Java 虚拟机在此基础上_____执行这些字节码。

三、简答题

1．简述 Java 语言的特点。

2．简述 Java 语言程序的执行过程。

3．什么是 Java 虚拟机？Java 的运行机制是怎样的？

四、编程题

1．编写一个程序，在屏幕上分行输出自己的姓名、班级和电话的 Java 程序，并将文件保存为 Test.java。

2．编写一个 Java 程序，在屏幕上实现求两个整数之和，并运行输出其结果。

第 2 章

Java 语言基础

语言的学习，是一种循序渐进的过程，需要从基础学起，后面的学习才会较轻松。本章主要从初学者的角度，讲解 Java 语言基础知识，为后继学习打下基础。

> **【知识目标】**
> 1. 掌握 Java 的常量、变量、基本数据类型；
> 2. 理解表达式和运算符的使用；
> 3. 掌握流程控制语句的使用。
>
> **【能力目标】**
> 1. 能利用 Java 基础知识编写应用程序；
> 2. 在编写 Java 程序时，能进行程序错误的调试与修改。
>
> **【思政与职业素质目标】**
> 1. 培养具有较强的学习毅力；
> 2. 培养具有对遇见问题仔细分析、找出原因并纠正的能力。

2.1 Java 基本数据类型

Java 数据类型分为基本数据类型和复合数据类型，基本数据类型有四种，分别是整型、浮点型、字符型和布尔型，其中整型和浮点型又为分多种。复合数据类型有类、接口和数组。如图 2.1 所示。

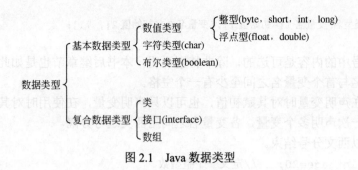

图 2.1　Java 数据类型

2.1.1　常量、变量与标识符

2.1.1.1　常量

常量是指在程序运行过程中其值不能被改变的一类数据。常量主要有两个作用：一是代表常数，便于程序的修改；二是增强程序的可读性。通常 Java 的常量分为字面常量和符号常量。

（1）字面常量

字面常量无需声明，可以从代码中直接写出来，如：

整型常量：18，021（八进制表示的整数），0x2F（十六进制表示的整数），0b101（二进制表示的常量）。

浮点常量：3.14，-3.14F（带后缀表示），.123 等。

字符常量：'A', '\x0051'等。

布尔常量：true，false 等。

（2）符号常量

在程序运行过程中一直不会改变的量称为常量，通常也称为"final 常量"，其在整个程序运行过程中只能被赋值一次，作为所有对象的共享值，常量是非常有用的。

在 Java 语言中声明一个常量，除了要指定数据类型外，还需要通过 final 关键字进行限定，声明常量的标准语言如下：

```
final 数据类型  常量名[=值]
```

常量名通常使用大写字母表示，是为了清楚表明正在使用常量

如声明一个符号常量：

```
final double PI=3.14159;       //声明 double 类型的常量
final boolean BL=true;         //声明 boolean 类型的常量
```

2.1.1.2　变量

变量（Variable）是指在程序运行期间，其值能被修改的量。与 C 语言一样，Java 是静态类型的编辑语言，所有变量必须先声明（Declaration）后，才能使用。此外，变量必须被指定为某种类型，在程序运行过程中其变量将一直保持这一类型。

Java 中变量的声明格式为：

```
[修饰符] 类型名 变量名1[=初始值1],[变量名2=[初始值2],...];
```
说明：

① 方括号中的内容是可选的，除非特别说明，本书后继章节也是如此。

② 类型名与首个变量名之间至少有一个空格。

③ 可以在声明变量时对其赋初值，也可以只声明变量，在使用时对其赋值。

④ 可以一次声明多个变量，各变量名之间用西文逗号分隔。

⑤ 最后以西文分号结束。

如：
```
int age=20;            //定义一个整型数
double salary=2135.46;    //定义一个实型数据
String str1,str2,str3;     //同时定义多个变量
```

2.1.1.3　标识符

声明变量时，要注意变量的命名规则，Java 中变量名是一种标识符，因此应该符合标识符的命名规则，变量名是区分大小写的，变量名的命名规则如下：

① 变量名只能由数字、字母、下画线和$符号组成,没有长度限制。

② 变量名的第一个字符只能是字母、下画线（_）或美元符号（$），不能是数字。

③ 不能使用关键字作为变量名。

关键字是 Java 中已经赋予特定意义的一些单词，其在程序中有着不同的用途，不可以把关键字作为普通标识符来使用。Java 关键字参见附录 1。

其次，在实际进行开发时，常量通常是以大写英文字母单词命名，变量通常以小写英文单词命名，如果一个变量名由多个单词构成，第一个单词为小写，第二个单词首字母大写，如：myClass。类标识符通常以大写英文字母开始。

例如：

合法的标识符：_name, $_name, baidu

非法的标识符：@name, 32Hello, Hello%, class

2.1.2　基本数据类型

基本数据类型也称为简单数据类型，Java 语言中有 8 种简单数据类型，分别用来存储数值、字符和布尔值。

数值类型：byte、short、int、long

浮点类型：float、double

字符类型：char

布尔类型：boolean

2.1.2.1　整数类型

整型常量在 Java 中有四种表示形式，分别为十进制、八进制、十六进制和二进制。

① 十进制，如 150，23，−45，0 等。

② 八进制，如 012，036，−015 等，八进制数必须以 0 开头。

③ 十六进制，如 0x45e，0X6F2，十六进制必须以 0x（小写）或 0X（大写）开头。

④ 二进制，如 0b101（代表十进制 5）。在 JDK7 以后，引入的新特性，可以用 0b

开头表示二进制常量。

　　Java 中整型数据类型根据其所占内存的大写可以分为四种：基本整型（int），短整型（short），长整型（long），字节型（byte），如表 2.1 所示。

表 2.1　整数类型取值范围和占用空间

数据类型	占用空间	取值范围
byte	8 位（1 字节）	$-128\sim127$
short	16 位（2 字节）	$-32768\sim32767$
int	32 位（4 字节）	$-2^{31}\sim2^{31}-1$
long	64 位（8 字节）	$-2^{63}\sim2^{63}-1$

　　注意，如果要指定某个数据是 long 整型数据，则需要在数值后加 L 或 l，以便于和 short、int 数据类型进行区分。整型数据类型默认是 int 类型。

【案例 2-1】定义整型变量。

```
public class Int_variable {
    public static void main(String[ ] args) {
        int age;    //定义整型变量
        age=20;    //对变量进行赋值
        int x = 0b101    //对 x 变量赋二进制值 101
        System.out.println("年龄: "+ age);    //输出 age 的值为 20
        System.out.println("x="+ x);    //输出 x 的值为 5
    }
}
```

2.1.2.2　浮点型类型

　　Java 中的浮点型分为两种，即单精度浮点型（float）和双精度浮点型（double），双精度浮点型表示的范围更大，精度更高。

　　浮点型常量的书写形式与数学表示方式基本一致，如 20.5，-12.8，0.5 等，除此之外，当整数（或小数）部分为 0 时，可以省略小数点左边的 0，如 0.123 可以写成.123。

　　可以在小数后面加 F 或 f 表示单精度浮点数，在其后加 D 或 d 表示双精度浮点数，如 12.56f，145.6D 等的后缀。在 Java 中，如果小数后没有加 D 或 d，则默认为 Double 类型。

　　在 Java 中，任意一个实数，也可以表示成指数形式，如：123.45 可以表示成：1.2345E+2 的形式，与 C 语言表示实数的方式是相同的。指数形式表示特适合于表示较大的实数。

　　单精度浮点型（float）和双精度浮点型（double）表示范围不同，其小数点后的精度也不同，如表 2.2 所示。

表 2.2　浮点型取值范围和占用空间

数据类型	占用空间	有效数字	取值范围
float	32 位（4 字节）	7 位十进制位	约$\pm3.4\times10^{38}$
double	64 位（8 字节）	15 或 16 位十进制值位	约$\pm1.8\times10^{308}$

【案例 2-2】浮点型简单使用。

```java
public class Float_Double {
    public static void main(String[] args) {
        float  score = 87.5f;   //定义一个 float 类型的数，需要后加 f 指定为单精度
        double a = 45.9;   //不加后缀，默认为 double 类型的数
        System.out.println(score);
        System.out.println(a); }  }
```

2.1.2.3　字符类型

（1）字符

Java 中字符型用 char 表示，与 C/C++不同的是，Java 使用两个字节(16)位来存储一个字符，而且存储的并非 ASCII 码而是通用 Unicode 码，Unicode 是一种在计算机上使用的字符编码，其为每种语言定义了统一且唯一的二进制编码，以满足跨平台、跨语言进行本文转换处理的需求。Unicode 码和 ASCII 码是兼容的，所有的 ASCII 码字符会在高字节位添加 0，成为 Unicode，例如，a 的 ASCII 码是 0x61，在 Unicode 中，编码为 0x0061。

如声明一个字符变量，代码如下：

```java
char x='a';
```

由于字符 a 在 Unicode 中排序位置为 97，因此允许将上面代码定义成：

```java
char  x=97;
```

由于 Unicode 表采用无符号编码，可以存储 65536 个字符（0x0000～0xffff），所以 Java 中的字符几乎可以处理所有国家的文字。如果想得到一个 0～65536 的数代表的 Unicode 表中相对应的字符，需要使用 char 型显示转换。

【案例 2-3】字符型数据简单使用。

```java
public class Char_Use {
    public static void main(String[] args) {
        char x = 'a', y = 65;   //定义一个字符 a，把整数 65 赋值给字符变量 y
        int b = 26446;   //定义一个整数
        System.out.println(x+" "+ y +" "+(char)b);   //(char)b 是把 b 转换成通
用字符
    }
}
```

以上程序输出结果为：a　A　李

（2）转义字符

和 C 语言一样，Java 也支持转义字符，Java 中使用 "\" 将转义字符与一般的字符区分开来。转义字符具有特定的含义，不同于字符原有意义，故称为 "转义"，如 "\n" 就是一个转义字符，代表回车换行。Java 中转义字符如表 2.3 所示。

表 2.3　转义字符

转义字符	含义
\'	单引号字符
\\	反斜杠字符

转义字符	含义
\t	水平制表符
\r	回车符
\n	换行符
\b	退格符
\f	换页符
\ddd	1～3位八进制数据所表示的字符 如：\123
\uxxxx	4位十六进制数据所表示的字符 如：\u0052

将转义字符常量赋值给字符变量时，与字符常量值一样需要使用单引号。

【案例2-4】转义字符使用。

```java
public class Trans_Char {
    public static void main(String[] args) {
        char x = '\'' , z = '\u0061';  //定义两个转义字符
        String name = "张三";  //定义一个字符串
        System.out.println("你的姓名:"+ x + name + x + '\n' + '\t' + "
                            成绩等级:"+z);
    }
}
```

程序运行结果为：

```
你的姓名:'张三'
        成绩等级：a
```

2.1.2.4　布尔类型

Java中定义了专门的布尔类型，布尔类型的值只有两个，分别是 true 和 false。布尔类型的变量使用关键字 boolean 来定义，布尔型的值和变量常被用在条件判断语句中。布尔类型的变量，取值只有 true（真）和 false（假）两种，也就是说，当将一个变量定义成布尔类型时，它的值只能是 true 或 false，除此之外，没有其他的值可以赋值给这个变量。如：

```java
boolean status1, status2;  //定义两个布尔类型的变量
status1 = true;  //对 status1 布尔类型变量赋值 true
```

注意：在 Java 中，布尔型变量不是数值类型变量，它不能被转换成任意一种类型，数值型变量也不能被当作布尔类型变量使用，这一点和 C 语言完全不同。

2.1.3　数据类型转换

在编写程序时，经常会遇到参与运算的变量或常量的数据类型不同，或者表达式结果与目标变量的数据类型不同。此时就需要进行数据类型转换，在 Java 系统中，有两种转换方法，一种是系统自动进行转换，不需要用户干预，另一种则必须通过用户强制进行转换。

在 Java 中，为了规范简单数据类型的优先级，系统基于各种简单数据类型取值精度的不同，为各种简单数据类型规定了不同的优先级，具体如下：

（byte、short、char） → int → long → float → double

① 如果赋值变量的数据类型优先级高于表达式结果数据类型的优先级，则表达式结果的数据类型被自动转换为赋值变量的数据类型

如果参与运算的数据类型包含多种时，低级数据类型的值将自动转换为高级数据类型，参与运算。如：

```
int a = 10;
float y = a, z=y*a;
```

则运算结果为：

```
y = 10.0 z=100.0
```

也就是说，低级数据类型向高级数据类型的转换是自动进行，又称为自动数据类型转换。

② 如果赋值的数据类型优先级低于表达式结果数据类型的优先级，或者两者同级，则表达式结果的数据类型必须强制转换为赋值变量的数据类型。如：

```
int a = 10, b;
double c = 20.19D;
b = (int)(a * c);
```

则运行结果为：

```
b=201
```

注意：强制数据类型转换时，可能会产生数据溢出或精度损失，例如上例中，a*c 的值应该为 201.9，转换成整数后，小数部分的值丢失。

2.2　Java 表达式与运算符

程序是由许多语句来组成的，而语句的基本组成单位是表达式与运算符。表达式由操作数与运算符组成，操作数可以是常量、变量，也可以是方法，而运算符就是数学中的运算符，如 "+" "–" "*" "/" 等。

Java 提供了许多运算符，这些运算符除了可以进行一般的数学运算外，还可以做逻辑运算、地址运算等，根据其所使用的类型不同，运算符可以分为算术运算符、关系运算符、逻辑运算符、按位运算符、赋值运算符、条件运算符等。

算术运算符：+、–、*、/、%、++、——

关系运算符：>、<、>=、<=、==、!=

逻辑运算符：!、&&、||

按位运算符：&、|、^、~

赋值运算符：=、+=、–=、*=、/=、%=、&=、|=、^=、<<=、>>=

条件运算符：表达式 1 ? 表达式 2：表达式 3

同时，运算符遵循自右向左结合的原则。例如：a=b=c=10，等价于 a=(b=(c=10))。

2.2.1 算术运算符

Java中算术运算符主要实现相应的算术运算，主要包括加（+）、减（−）、乘（*）、除（/）和求余（%）五种基本运算符，分别实现加、减、乘、除、求余操作。

【案例2-5】简单的算术运算：求一个数值各位之和。

```java
public class Math_Option {
    public static void main(String[] args) {
        int a=345,sum;
        sum=a/100+a/10%10+a%10; //分别取百位、十位、个位数值
        System.out.println(sum);
    }
}
```

注意：运算符"/"如果两边都是整数，结果取整。求余运算符"%"两边的数据类型一般是整数，一般不要在Java中对浮点型数据求余。

在Java中，除了五种基本运算符以外，还有两种特殊的运算符：自增（++）和自减（——）运算符，分别实现变量值的加1和减1操作。

++op：表示先对op的值加1，再参与表达式的运算。

op++：表示先使用op的值参与运算，再对op的值加1。

——op：表示先对op的值减1，再参与表达式的运算。

op——：表示先使用op的值参与运算，再对op的值减1。

【案例2-6】自增自减运算符。

```java
public class Math_Option_2 {
    public static void main(String[] args) {
        int a = 10, b = 20, c, d;
        c = a++;
        d = --b;
        System.out.println(a + " " + c + " " + b + " " + d);
    }
}
```

程序运行结果为：

```
11 10 19 19
```

2.2.2 关系运算符

关系运算符，实现两个运算对象的比较，其结果为布尔值 true（真）或 false（假）。关系运算符有大于（>）、大于等于（>=）、小于（<）、小于等于（<=）、恒等于（==）、不等于（!=）六种。关系运算符，一般用于判断或循环语句中。

【案例2-7】关系运算实例。

```java
public class Relation_Option {
    public static void main(String[] args) {
```

```
        int a = 30 , b = 30;
        boolean c = a > --b;
        System.out.println(c);
    }
}
```

程序运行结果：

```
true
```

说明：

① 关系运算符>，>=，<，<=的优先级高于==，!=。关系运算符的运算级别低于算术运算符。

② 不能使用数学上 a<b<c 的形式来连续比较数据值型的值，因为 a<b 的结果为布尔型，不能与数值型进行比较。

③ 由于精度限制，尽量不要使用关系运算符在整型与浮点型、浮点型与浮点型之间进行大小比较，否则可能得到非预期的结果。

2.2.3 逻辑运算符

Java 中逻辑运算符有三种，分别是逻辑与（&&）、逻辑或（||），逻辑非（!）。要求参与运算的表达式的值为 boolean 型，并且整个表达式的值也是 boolean 型。运算规则如表 2.4 所示，其中 A、B 均是值为 boolean 型的表达式。

表 2.4　逻辑运算符及其运算规则

运算符	使用格式	运算规则
!（逻辑非）	!A	若 A 为 true,则表达式为 false，否则为 true
&&(逻辑与)	A&&B	只有当 A、B 同时为 true，则表达式才为 true,否则为 false
||（逻辑或）	A||B	只有当 A、B 同时为 false，则表达式才为 false,否则为 true

【案例 2-8】逻辑运算实例。

```
public class Logc_Option {
    public static void main(String[] args) {
        int a = 20, b = 30, c = 25;
        boolean d = a < b && b < c; // 输出 false
        boolean e = a < b || b < c; // 输出 true
        System.out.println(d + " " + e);
    }
}
```

程序运行结果：

```
false true
```

说明：

"!" 运算符是一元运算符，其优先级高于四则运算和关系运算，且具有右结合性。"&&" 优先级高于 "||"，其与算术运算、关系运算的优先级为：

！(逻辑非) > 算术运算 > 关系运算 >&&(逻辑与) >||(逻辑或)

在逻辑与（&&）运算中，如A&&B表达式中，如果A假，则不管B是否为假，结果都为假，即如果A为假，则不会对&&右边的表达式进行计算，结果为假。同理，在逻辑或运算中，如A||B表达式中，如果A为真，不管B是否为真，结果为真，即如果A为真，则不会对||运算符中右边的表达式进行计算，结果为真。这种现象称为"短路"现象。

【案例2-9】逻辑运算短路实例。

```java
public class Logc_Option_2 {
    public static void main(String[] args) {
        int a = 20, b = 30, c = 25, d = 32;
        boolean e;
        e = (++a > b) && (--c > (d = d + 2));
        System.out.println("e=" + e + "\na=" + a + "\nc=" + c + "\nd=" + d);
    }
}
```

程序运行结果：

```
e=false
a=21
c=25
d=32
```

说明：由于&&运算符左边的值为假，不会对&&运算符右边的表达式进行计算，故c和d的值不变。

2.2.4 赋值运算符

赋值运算符是指为变量、属性、事件等元素赋值，Java中赋值运算符主要有等于（=）、加等于（+=）、减等于（-=）、乘等于（*=）、除等于（/=）、求余等于（%=）、按位与等于（&=）、按位或等于（|=）、按位异或等于（^=）、右移等于（<<=）、右移等于（>>=），有时也称为复合运算符。

如：a+=2 相当于 a=a+2。

【案例2-10】赋值运算实例。

```java
public class Assign_Option {
    public static void main(String[] args) {
        int a=10;
        a+=a*20;  //相当于a=a+(a*20);
        System.out.println(a);
    }
}
```

程序运行结果：

```
210
```

说明：

① 赋值运算的"="不是数学中相等的意思，在Java中表示把右边表达式的值赋值

给左边变量。等号（=）左侧不能是表达式或者常量，其物理意义是将赋值右边操作数的结果存放在左侧变量标识的存储单元中。

② 赋值运算符和所有复合运算符的优先级相同，并且都具有右结合性。其优先级低于 Java 中其他所有运算符的优先级。

2.2.5　按位运算符

Java 中位运算符有按位与（&）、按位或（|）、按位异或（^）、取反（~）四种基本操作符，其运算对象只能是整型，可以是有符号的也可以是无符号的。位运算符是完全针对二进制位进行操作。因此在实际使用时，需要先将数值转换成二进制位，再进行操作。其运算规则如表 2.5 所示。

表 2.5　按位运算符及其运算规则

运算符	使用格式	运算规则
&（按位与）	A&B	如果 A 与 B 对应的二进制位都为 1，结果为 1，否则为 0
|（按位或）	A|B	如果 A 与 B 对应的二进制位都为 0，结果为 0，否则为 1
^（按位异或）	A^B	如果 A 与 B 对应的二进制位不同，则为 1，否则为 0
~（按位取反）	~A	把 A 相应的位由 1 修改为 0，或由 0 修改为 1

【案例 2-11】按位运算实例。

```java
public class Bit_Option {
    public static void main(String[] args) {
        byte a=10 , b=13;    //byte 在计算机中存储一个字节
        int c , d;
        c=a & b;   //进行按位与运算
        d=a ^ b;   //进行按位异或运算
        System.out.println(c+" "+d);
    }
}
```

程序运行结果:

8 7

其运算规则如图 2.2 所示。

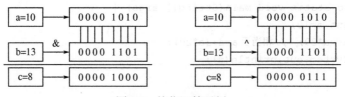

图 2.2　按位运算示例

使用位运算符需要注意以下问题:

① 负数按补码形式参加按位运算。

② 若进行位逻辑运算的两个操作数的数据长度不相同，则返回值应该是数据长度

较长的数据类型。

③ 按位异或可以实现不使用临时变量变成两个值的交换。即：

a=a^b；b=a^b；a=a^b；

按位运算符除了四种基本操作符以外，还有两种特殊运算符，即左移（<<）和右移（>>）运算符。

左移运算符（<<）是指把一个二进制数值按右侧的操作数据指定的位数向左移动，右边移空的部分补 0。右移则复杂一些，当使用"">>""符号时，如果最高位为 0，右移空出的位就填入 0；如果最高位是 1，右移空的位就填入 1。

【案例 2-12】移位运算实例。

```java
public class Shift_Option {
    public static void main(String[] args) {
        int a = 10, b, c = 33, d;
        b = a << 2;
        d = c >> 2;
        System.out.println(b + " " + d);
    }
}
```

程序运行结果为：

```
40  8
```

2.2.6 条件运算符及其他运算符

2.2.6.1 条件运算符

条件运算符用（？：）表示，它是 Java 中仅有的一个三目运算符，该运算需要三个操作数，其格式如下：

<表达式 1>？<表达式 2>：<表达式 3>

其中，表达式 1 是一个布尔值，可以为真或假，如果表达式 1 为真，则返回表达式 2 的值，否则返回表达式 3 的值。如：

```java
int x = 15, y = 16, max;
max = x > y ? x : y;
```

结果 max=16，因为 x>y 不成立，取表达式 2 即 y 的值。

说明：

① 条件表达式的优先级别仅高于赋值运算符，而低于前面遇到的所有运算符。

② 条件表达式允许嵌套，即允许条件表达式 2 或表达式 3 又是一个条件表达式。

2.2.6.2 逗号运算符

在 Java 中，多个表达式可以使用逗号分开，其中用逗号分开的表达式的值分别计算，但整个表达式是最后一个表达式的值，在 Java 中，逗号运算符的通常使用场所是 for 循环语句中。逗号运算符的运算级别是最低的。

2.2.6.3　字符串运算符

"+"号这个运算符，在 Java 中有一项特殊的用法，它不仅起到连接不同的字符串的作用，也有一个隐式转型功能。

2.2.7　运算符的优先级

关于 Java 运算符优先级顺序，首先 Java 是强类型语言，运算符优先级有着严格的规定，先按优先级运行顺序运行，再从左到右运行。如表 2.6 所示。

表 2.6　运算符的优先级

优先级	运算符	结合性
1	[]、.、()	从左向右
2	!、~、++、--	从右向左
3	*、/、%	从左向右
4	+、-	从左向右
5	<<、>>、>>>	从左向右
6	<、<=、>、>=、instanceof	从左向右
7	==、!=	从左向右
8	&	从左向右
9	^	从左向右
10	|	从左向右
11	&&	从左向右
12	||	从左向右
13	?:	从右向左
14	=、+=、-=、*=、/=、%=、&=、|=、^=、<、<=、>、>=、>>=	从右向左

在实际的开发中，不需要去记忆运算符的优先级别，也不要刻意地使用运算符的优先级别，对于不清楚优先级别的地方使用小括号进行替代。

2.3　Java 流程控制语句

在程序设计中，流程是完成一件事情的次序或顺序，而流程控制就是指如何在程序设计过程中控制完成某一功能的程序的顺序，即对程序语句的执行顺序进行规定。整体上，程序运行是按照事先编写的程序（语句）按从前到后的顺序执行。Java 与其他语言一样，有三种程序控制结构，分别是顺序结构、选择结构、循环结构。顺序结构即按程序流程，由前向后顺序执行程序中每条语句，前述所有程序，都是顺序结构，因此，本节主要讲述选择结构和循环结构。

2.3.1　选择结构

选择结构是程序设计过程中最常见的一种结构，比如用户登录、条件判断等都需要用到选择结构。Java 中的选择结构主要包括 if 语句和 switch 语句两种。

2.3.1.1 if 语句

if 语句是最基础的一种选择结构语句，它主要有四种形式，分别为简单的 if 语句，if...else 语句，if...else if...else 语句和嵌套的 if 语句。

（1）简单 if 语句

Java 中使用 if 关键字来组成选择语句，其最简单的语法形式如下：

```
if (表达式) {
    语句块
}
```

其中表达式部分必须使用()将其括起来，它可以是一个单纯的布尔变量或常量，也可以是关系表达式或逻辑表达式，其执行流程如图 2.3 所示。

例：通过 if 语句，只有当年满 18 岁的才能使用此系统。

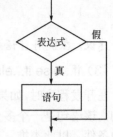

图 2.3　简单 if 语句执行流程

【案例 2-13】if 简单语句。

```java
import java.util.*;
public class If_simple {
    public static void main(String[] args) {
        Scanner sc=new Scanner(System.in);//scanner 类可以实现用户从终端输入信息,使用此类需要引入 java.util 包
        System.out.println("请输入年龄");
        int age=sc.nextInt();  //nextInt()方法可以输入整数
        if (age>=18)
            System.out.println("你可以使用此系统");
    }
}
```

（2）if...else 双分支语句

双分支的 if 结构，提供了条件成立与不成立分别执行的语句块，其语法格式如下：

```
If (表达式) {
    语句块 1
}
else{
    语句块 2
}
```

其执行流程是：当表达式为真时，执行语句块 1，当表达式不成立时，执行语句块 2，如图 2.4 所示。

例：编写一个程序，判断输入成绩，如果大于60 分为及格，否则显示不及格。

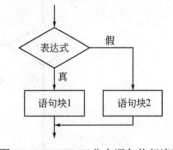

图 2.4　if...else 双分支语句执行流程

【案例 2-14】if...else 语句。

```java
import java.util.*;
public class If_else_simple {
```

```
public static void main(String[] args) {
    Scanner sc =new Scanner(System.in);
    int score=sc.nextInt();
    if (score>=60) {
        System.out.println("成绩及格，继续努力");
    }
    else {
        System.out.println("不及格，需要努力哟!");
    }
}
```

建议，在使用 if 语句时，语句块使用一对花括号{}将其括起来，避免程序结构混乱。

（3）if...else if...else 多分支语句

在开发程序时，如果针对某一事件，需要进行多情况处理，则可以使用 if...else if ...else 语句，该语句是一个多分支语句，如果满足其中一个条件则执行，否则再检查是否满足其他条件，以此类推。其语法格式如下：

```
if (表达式1){
    语句块 1
}else if (表达式2) {
    语句块 2
}......
else if (表达式n){
    语句块 n
}
else {
    语句块 m
}
```

其执行流程如下：当表达式 1 为真时，执行语句块 1，当表达式 1 为假时，判断表达式 2，如果表达式 2 为真，则执行语句块 2，否则继续判断表达式 n，如果前面所有表达式都不成立，则执行语句块 m。如图 2.5 所示。

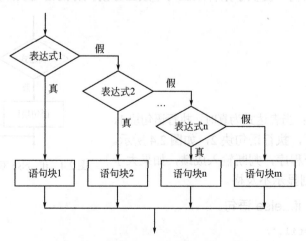

图 2.5　if...else if... else 语句执行流程

例：使用 if...else if...else 语句判断其一个人的年龄层次，儿童 0～6、少年 7～14、青年 15～35、中年 36～60、老年 61 岁以上，编写一个程序，判断一个人的年龄层次。

【案例 2-15】if..elseif...else 语句。

```java
import java.util.*;
public class If_elseif_else_simple {
    public static void main(String[] args) {
        Scanner sc=new Scanner(System.in);
        int age = sc.nextInt();
        if (age>=0 && age<=6) {
            System.out.println("儿童");
        }else if (age>=7 && age<=14) {
            System.out.println("少年");
        }else if (age>=15 && age<=35) {
            System.out.println("青年");
        }else if(age>=36 && age<=60) {
            System.out.println("中年");
        }else if (age>=61) {
            System.out.println("老年");
        }else {
            System.out.println("输入有误!");
        }
    }
}
```

（4）if 嵌套语句

if 嵌套语句是指在一个 if 语句的语句块中，再嵌入一个 if 语句，形成一种嵌套结构。其形式如下：

```
if (表达式1) {
    if (表达式1) {
        语句块1
    }else {
        语句块2
    }
}else {
    if (表达式1){
        语句块1
    }else{
        语句块2
    }
}
```

例：编写一个程序，实现判断三个数中的最大值程序。

【案例 2-16】if 嵌套语句。

```java
public class If_Nest_Simple {
    public static void main(String[] args) {
```

```
        int a=20,b=30,c=25,max;
        if(a>b)  {
            if(a>c) {
                max=a;
            }
            else {
                max=c;
            }
        }else {
            if (b>c) {
                max=b;
            }else {
                max=c;
            }
        }
        System.out.println("最大值为"+max);
    }
}
```

注意，使用 if 嵌套结构时，需要注意 else 关键字和 if 关键字成对出现，并且遵守邻近配对原则，即 else 关键字总是和最近一个不带 else 的 if 配对。

2.3.1.2 switch 语句

采用 if...else 多分支形式来进行多路分支语句处理，就难避免有时过于复杂烦琐，if 语句嵌套层次过深的问题。Java 还提供了一种比较简单的形式，就是 switch 语句，switch 语句也为多分支开关语句，它的一般格式如下：

```
switch (表达式) {
    case 常量值1: 语句体1; break;
    case 常量值2: 语句体2; break;
        ...
    case 常量值n: 语句体n; break;
    [default: 语句体n+1;  break;]
}
```

其执行流程如下：

首先计算出表达式的值，然后和 case 依次比较，一旦有对应的值，就会执行相应的语句，在执行的过程中，遇到 break 就会结束。如果所有的 case 都和表达式的值不匹配，就会执行 default 语句体部分，然后程序结束

使用 switch 语句时，需要注意以下问题：

① switch 表达式的值必须是 byte、short、int 或者 char 类型。

② case 后的常量值必须与表达式的类型一致或者可以兼容，并且不能出现重复。

③ 一般情况下，各语句块最后一个语句使用 break 语句，以便从 switch 结构中退出。如果某个语句块中没有使用 break 语句，则会继续执行下一个语句块，直到遇到 break 语句或者遇到结束符，这种称为"穿透"现象。

④ 多个 case 常量后的语句块相同时，可以将其合并为多个 case 子句，即 case 子句中不同常量可以对应同一组操作。

⑤ switch 语句也可以允许嵌套，即一个语句块也可以是一个 switch 语句。

例：编写一个程序，实现用户输入一个月份，判断此月份属于的季节数，1、2、12 月属于冬季，3、4、5 月属于春季，6、7、8 月属于夏季，9、10、11 月属于秋季。

【案例 2-17】 switch 语句。

```java
public class Case_Simple {
    public static void main(String[] args) {
        Scanner sc = new Scanner(System.in);
        System.out.println("请输入一个月份: ");
        int month = sc.nextInt();
        switch(month) {
            case 1: case 2: case 12:
                System.out.println("冬季");  break;
            case 3: case 4: case 5:
                System.out.println("春季");  break;
            case 6: case 7: case 8:
                System.out.println("夏季");  break;
            case 9: case 10: case 11:
                System.out.println("秋季");  break;
            default:
                System.out.println("你输入的月份有误");
        }
    }
}
```

2.3.2 循环结构

循环是指在一定条件下反复执行的一项操作，如日常生活的运动会赛跑，车轮的旋转等。Java 程序设计中也引入了循环的概念，循环语句会反复执行一段代码，直到循环的条件不满足为止。Java 循环结构有三种常见的形式，分别是 while 语句，do...while 语句和 for 语句。

2.3.2.1 while 语句

while 循环是当条件成立时，反复执行循环体中的代码，其语法格式如下：

```
while (表达式) {
    语句块
}
```

其执行流程如图 2.6 所示。

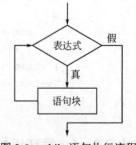

图 2.6 while 语句执行流程

每次执行前，while 语句首先判断表达式的值是否为真，如果为真，则执行语句块，语句块执行完后，再次判断表达式是否成立，如果成立，继续执行语句块，直到表达式值不成立即为假时，才退出循环。

【案例 2-18】编写一个程序，实现求 1 到 100 的累加和，并进行输出。

```java
public class While_Example {
    public static void main(String[] args) {
        int i = 1, sum = 0;
        while (i <= 100) {           // 判断 i 的值是否小于 100,
            sum = sum + i;   // 进行累加
            i++;                     // 循环控制变量 i 自增
        }
        System.out.println("1+2+3...+100 的累加和为:" + sum);
    }
}
```

2.3.2.2 do...while 语句

While 语句需要先判断条件是否成立，只有条件成立了才执行循环体的内容，do...while 循环则有些不同，其先会执行循环体内的内容，然后再判断条件是否成立，如果不成立，则退出循环。即 do…while 循环是先执行后判断，其语法格式如下：

```
do{
    语句块
}while (表达式)
```

其执行流程如图 2.7 所示。

在执行时，首先执行语句块，然后对表达式进行判断，如果表达式的值为真，则转去再执行语句块，再对表达式进行判断，如此这样构成一个循环，当表达式值为假时，则退出循环。

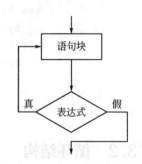

图 2.7　do…while 语句执行流程

do...while 循环是先执行语句，再判断，因此其至少要执行一次语句块，而 while 循环是先判断再执行，有可能一次也不执行。

【案例 2-19】编写一个程序，用 do...while 循环，实现求 1 到 100 的奇数累加和，并进行输出。

```java
public class Dowhile_Example {
    public static void main(String[] args) {
        int i = 1, sum = 0;
        do {
            sum += i;            // 累加求和
            i += 2;              // 循环控制变量每次加 2
        } while (i <= 100);  // 判断 i 的值是否小于 100
        System.out.println("1 到 100 的奇数和为: " + sum);
    }
}
```

2.3.2.3 for 循环语句

for 循环是 Java 中最常用、最灵活的一种循环结构，for 循环既能够用于循环次数已

知的情况，也能用于循环次数未知的情况。for 循环常用的
语法格式如下：

```
for(表达式1；表达式2；表达式3){
    语句块
}
```

其执行流程如图 2.8 所示。

一般情况下，表达式 1 是对循环变量赋初值，表达式 2 用于控制循环执行，表达式 3 用于记录循环控制变量的变化。

在执行时，程序首先计算表达式 1 的值，对表达式 2 进行判断，如果条件成立，则执行语句块，继而计算表达式 3 的值，再对表达式 2 进行判断，如果成立，则继续执行语句块和表达式 3，如此这样构成一个循环。当表达式 2 的值为假时，则退出循环，结束 for 循环的执行。

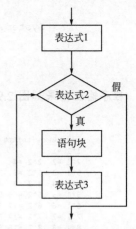

图 2.8　for 循环语句执行流程

【案例 2-20】编写一个程序，用 for 循环，实现求 1 到 100 的累加和，并进行输出。

```java
public class For_Example {
    public static void main(String[] args) {
        int i, sum;
        for (i = 1, sum = 0; i <= 100; i++) {
            sum += i;
        }
        System.out.println("1 到 100 的累加和为：" + sum);
    }
}
```

说明：

① for 循环中的表达式 1、表达式 2、表达式 3 都可以是空语句，但分号不能省略，当三个表达式都省略时，此 for 循环相当于一个死循环。

② 表达式 1 可以在循环体外定义和赋初值，表达式 3 也可以在循环体内部设置其增长的步长的幅度

③ 循环允许嵌套，Java 支持无限循环嵌套，但被嵌套对象必须是一个完整的循环体，循环体之间不能相互交叉，同时不允许外层循环转入内层循环体，但允许内层循环体转到外层循环体。

【案例 2-21】编写一个程序，用 for 循环，实现九九乘法表。

算法思路：可以使用外层 for 循环来控制输出的行数，内层 for 循环用来控制输出的列数，同时在内层循环结束时，输出一个换行控制符来实现换行操作，程序代码如下：

```java
public class For_Multi_Example {
    public static void main(String[] args) {
        int i, j;     // i 代表行，j 代表列
        for (i = 1; i <= 9; i++) {
            for (j = 1; j <= i; j++) {
                System.out.print(i + "*" + j + " =" + i * j + "\t");
```

```
                }
            System.out.print("\n");
        }
    }
}
```

程序输出结果如图 2.9 所示。

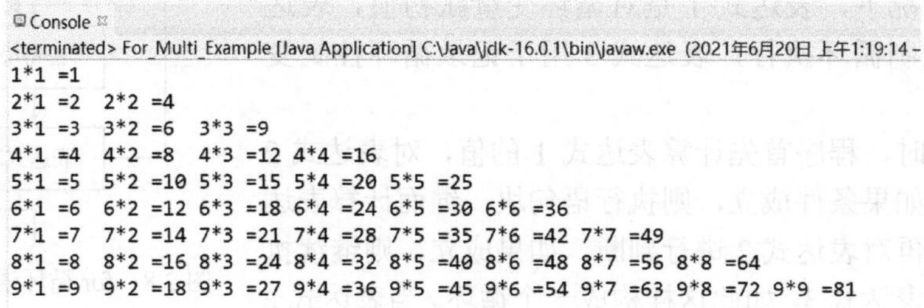

```
□ Console ⊠
<terminated> For_Multi_Example [Java Application] C:\Java\jdk-16.0.1\bin\javaw.exe (2021年6月20日 上午1:19:14 -
1*1 =1
2*1 =2   2*2 =4
3*1 =3   3*2 =6   3*3 =9
4*1 =4   4*2 =8   4*3 =12 4*4 =16
5*1 =5   5*2 =10 5*3 =15 5*4 =20 5*5 =25
6*1 =6   6*2 =12 6*3 =18 6*4 =24 6*5 =30 6*6 =36
7*1 =7   7*2 =14 7*3 =21 7*4 =28 7*5 =35 7*6 =42 7*7 =49
8*1 =8   8*2 =16 8*3 =24 8*4 =32 8*5 =40 8*6 =48 8*7 =56 8*8 =64
9*1 =9   9*2 =18 9*3 =27 9*4 =36 9*5 =45 9*6 =54 9*7 =63 9*8 =72 9*9 =81
```

图 2.9 利用 for 循环语句实现九九乘法表

2.3.3 Java 中跳转语句

跳转语句主要是用于无条件转移控制，它会将控制转到某个位置，这个位置就是跳转语句的目标。如果跳转语句出现在一个语句块内，而跳转语句的目标却在该语句块之外，则称该跳转语句退出该语句块。跳转语句主要包括 break 语句、continue 语句。

2.3.3.1 break 语句

在 switch 语句中，已经使用过 break 语句来终止 case 语句的执行，跳出 switch 结构体。break 语句可以强迫程序跳离循环，当程序执行到 break 语句时，即会离开循环，继续执行循环外的下一个语句，如果 break 语句出现在嵌套循环中的内层循环，则 break 语句会跳离当前层的循环。

【案例 2-22】编写一个程序，实现判断输入一个数是否是素数。

算法思路：素数是指只能被 1 和其本身整除的数，因此，要判断一个数是否是素数，可以用这个数除以 2 到这个数本身减 1 的所有数，如果都不能整除，说明是素数。为了提高执行效率，这个数一半以后的数是这个数前一半的倍数，因此，要判断一个数是否是素数，只需要用 2 到这个数的一半即 x/2 进行相除即可。程序代码如下：

```
import java.util.*;
public class Prime_Example {
    public static void main(String[] args) {
        int i;
        Scanner sc = new Scanner(System.in);
        int number = sc.nextInt();        // 输入一个数
        for (i = 2; i <= number / 2; i++) {
            if (number % i == 0)  break;
```

```
                //当余数为 0 时，说明能被整除,则不是素数,用 break 结束循环
        }
        if (i >= number / 2) {
            System.out.println("此数是素数!");
        } else {
            System.out.println("此数不是素数!");
        }
    }
}
```

2.3.3.2　continue 语句

continue 语句也是退出循环语句，但与 break 语句有所不同，continue 语句可以强迫程序结束当前的一次循环，再重新回到循环开始处，继续执行循环。即在循环体中，如果遇到 continue 语句，则 continue 后的循环体语句不会执行。

【案例 2-23】编写一个程序，实现输出 50 内的所有偶数，要求每行输出 5 个数。

```
public class Continu_Example {
    public static void main(String[] args) {
        int i;
        for (i = 1; i <= 50; i++) {
            if (i % 2 != 0)
                continue;
        //遇到 continue 则不会执行循环体中后面的代码，会跳转到循环开始位置。
            System.out.print(i + "\t");
            if (i % 10 == 0)
                System.out.println("\n");
        }
    }
}
```

程序结果如图 2.10 所示。

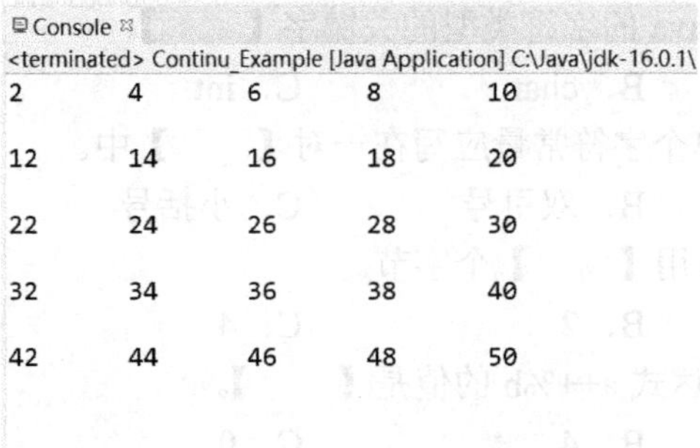

```
🖳 Console ✕
<terminated> Continu_Example [Java Application] C:\Java\jdk-16.0.1\
2        4        6        8        10

12       14       16       18       20

22       24       26       28       30

32       34       36       38       40

42       44       46       48       50
```

图 2.10　输出 50 内的所有偶数程序结果

2.3.3.3　return 语句

return 语句用于方法体中，它的作用是退出该方法并返回指定数值，使用程序的流程转到调用该方法的下一条语句。return 语句的格式有：

① return 表达式、变量或数值

方法有返回值，方法的类型为非 void 类型。

② return

方法没有返回值，即方法的类型为 void 类型。

本章小结

本章是学习 Java 语言的基础，介绍了 Java 的基本数据类型，包括整型、实型、字符型及布尔型四种基本数据类型及复合数据类型数组。介绍了 Java 表达式与运算符，主要介绍了算术运算符、关系运算符、逻辑运算符、赋值运算符、按位运算符、条件运算符及其他运算符。介绍了 Java 流程控制语句，包括选择结构和循环结构，介绍了一维数组和二维数组。

此章内容较多，但难度不大，通过此章的学习，需要重点掌握其知识点的细节，为以后学习面向对象的程序设计打下良好的基础。

思考与练习

一、单选题

1. 下列哪项是合法的 Java 标识符【 　 】。
   A. new 　　　　　　 B. <String> 　　　　　 C. _name 　　　　　 D. 3wSchool
2. Java 中，每个字符占【 　 】个字节。
   A. 1 　　　　　　　　 B. 2 　　　　　　　　　 C. 3 　　　　　　　 D. 4
4. 以下哪一项是 Java 的字符类型的关键字【 　 】。
   A. byte 　　　　　　 B. char 　　　　　　　 C. int 　　　　　　 D. long
5. Java 程序中，单个字符常量应写在一对【 　 】中。
   A. 单引号 　　　　　 B. 双引号 　　　　　　 C. 小括号 　　　　 D. 方括号
6. byte 类型数据占用【 　 】个字节。
   A. 1 　　　　　　　　 B. 2 　　　　　　　　　 C. 4 　　　　　　　 D. 8
7. 若 a=18, b=5,表达式 a++%b 的值是【 　 】。
   A. 3 　　　　　　　　 B. 4 　　　　　　　　　 C. 0 　　　　　　　 D. 2
8. 设 float x = 1, y = 2, z = 3；则表达式 y+=z—/++x 的值是【 　 】。
   A. 3.5 　　　　　　　 B. 3 　　　　　　　　　 C. 4 　　　　　　　 D. 5
9. 有下列程序，其程序运行结果为【 　 】。

```
public static void main(String[] args) {
        int a = 2 , b = 3 , c = 5, d =10;
```

```
boolean e = (++a > b) && (--c > (d = d + 2));
System.out.println("a=" + a + " b=" + b + " c=" + c + " d=" + d);
}
```
  A. a=2 b=3 c=5 d=10   B. a=3 b=3 c=5 d=10

  C. a=3 b=3 c=4 d=12   D. a=2 b=3 c=4 d=12

10. 下列说法正确的是【 】。

  A. 一个表达式可以作为其他表达式的操作数

  B. 单个常量或变量也是表达式

  C. 表达式中各操作数的数据类型必须相同

  D. 表达式的类型可以和操作数的类型不一样

11. 分析下列程序的输出结果【 】。

```
public static void main(String[] args) {
    int a=-1;
    for(int i=4;i>0;i--) {
        a+=i;
        System.out.print(a);
    }
}
```
  A. −1   B. 368   C. 3689   D. 9

12. 分析下列程序的输出结果【 】。

```
public static void main(String[] args) {
    int[][] a= new int[3][5];
    a[2] = new int [4];
    System.out.print(a.length);
    System.out.print(a[2].length);
}
```
  A. 35   B. 34   C. 38   D. 48

二、填空题

1. 假设 x= 10, y= 20, z= 30; 计算下列表达式的值。

  A. x <10 || x > 10 _____

  B. !(x < y + z) || (x + 10 <= 20) _____

  C. z−y == x && Math.abs(y−z) != x _____

2. 在 Java 的基本数据类型中, char 型采用 Unicode 编码方案, 每个 Unicode 码占用_____字节内存空间, 这样, 无论是中文字符还是英文字符, 都是占用_____字节内存空间。

3. 设有数组定义: int MyIntArray[ ] = {10, 20, 30, 40, 50, 60, 70}; 则执行以下几个语句后的输出结果是_____。

```
int s = 0;
for (int i = 0; i < MyIntArray.length; i++)
    if (i % 2 == 1)
        s += MyIntArray[i];
System.out.println(s);
```

三、简答题

1. Java 有哪些基本数据类型？各自占多少个字节？
2. 强制类型转换发生在什么场合？自动类型转换的转换规则是什么？
3. 逻辑运算符有哪些？短路规则有哪些？
4. break 和 continue 语句的区别是什么？

四、编程题

1. 编写一个 Java 程序，用 if-else 语句判断某年份是否为闰年。
2. 编写一个 Java 程序，在屏幕上输出 1! +2! +3! +……+10! 的和。

第3章
面向对象编程

面向对象是一种思想,它最初起源于 20 世纪 60 年代中期的仿真程序设计语言 Simula。面向对象思想将客观世界中的事物描述为对象,并通过抽象思维方法将需要解决的实际问题分解成人们易于理解的对象模型,然后通过这些对象模型来构建应用程序的功能。它的目标是开发出能够反映现实世界某个特定应用的软件。本项目将介绍 Java 语言面向对象程序设计的基础知识。

【知识目标】
1. 理解面向对象的基本原理,掌握面向对象的基本概念和特点;
2. 掌握类和对象的定义、修饰符、对象的创建与使用;
3. 理解方法的定义与调用,构造方法、this 关键字,能对类进行封装;
4. 理解包的概念、会创建与使用包;
5. 掌握类的继承定义,方法的重写,类的多态特性;
6. 理解抽象类,接口和枚举类型,能进行灵活运用。

【能力目标】
1. 能准确表述出面向对象与面向过程语言之间的区别;
2. 能独立完成类的和对象的定义;
3. 能联系实际情况,编写简单的面向对象程序,并能有效运行。
4. 能根据程序设计的要求,灵活运用方法在程序中;
5. 在程序设计中,能用面向对象的思想,制订程序设计解决方案。

【思政与职业素质目标】
1. 培养较强的语言表达能力,不仅会做,还要会说;
2. 培养言必行、行必果的做事魄力;
3. 培养科学探究精神,不为权威所迷惑。

3.1 面向对象程序设计

面向对象（Object Oriented，OO）是当前计算机界关心的重点，它是 20 世纪 90 年代软件开发方法的主流。面向对象的概念和应用已超越了程序设计和软件开发，扩展到很宽的范围。如数据库系统、交互式界面、应用结构、应用平台、分布式系统、网络管理结构、CAD 技术、大数据、物联网、人工智能等领域。

面向对象程序设计（Object Oriented Programming OOP）和相应的面向对象的问题求解代表了一种全新的程序设计思路和观察、表述及处理问题的角度，与传统的符合电脑工作思维方式的结构化的程序设计方法不同，面向对象程序设计方法力求符合人脑的思维方式，无需借助指令、寻址流程等与计算机运行机制有关的概念，而是通过符合人类思维的更抽象的客观世界模型，降低问题的难度和复杂性，并以此来解决问题。

3.1.1 面向对象的基本原理

面向对象方法学（Object Oriented Methodology）是面向对象程序设计技术的理论基础，该理论的出发点和基本原则是尽可能模拟人类习惯的思维方式，使开发软件的方法与人类的认知过程同步，通过对人类认识客观世界及事物发展过程的抽象，建立规范的分析设计方法，由此使程序具有良好的封装性、可读性、可维护性、可重用性等一系列优点。

面向对象设计的基本过程是：首先分析实际需要解决的问题，从中提取出需要设计的对象，然后编写这些对象所对应的类，最后通过集成这些对象的功能解决需要求解的问题。

3.1.2 面向对象的基本概念

（1）对象

对象（Object）是面向对象技术的核心，对象就是现实世界中实体在计算机逻辑中的映射和体现实体具有一定的属性和行为，例如，日常使用的一辆奔驰汽车，是一个由各种零部件组成，有着颜色、型号等属性和行驶、鸣笛等行为的实体，这个实体在面向对象的程序中，就可以表达成一个计算机可理解、可操纵、具有一定属性、特征和方法的对象。

（2）类

类（Class）是面向对象技术的另一个非常重要的概念，类就是具有相同或相似属性和行为对象的抽象。例如，现实世界中有很多汽车，个人开的轿车、公交用的客车、运输用的卡车等都属于汽车的范畴，这些实体在面向对象的程序中被映射成不同的对象，但是这些代表不同实体的对象存在很多实质性的共同点，如都可以驾驶，都可以计算里程等。在现实世界中，人们习惯把具有相似特征和行为的实体归为一类，沿袭这种思维方式，在面向对象程序设计中定义了类的概念来描述同类对象的公共属性和行为。

（3）属性

属性（Attribute）主要用来描述对象的状态，主要指对象内部所包含的各种静态信息。在面向对象的程序中，属性用成员变量来定义，每个对象个体都有自己专有的成员变量，这些成员变量的值标明了对象所处的状态，当对象的状态由于其自身的某种行为发生改变时，具体体现为它的成员变量值的改变，通过检查成员变量的值就可以了解这个对象的性质。

（4）行为

对象的行为（Action）又称为对象的操作，主要描述对象内部的各种动态信息。操作的作用是设置和改变对象的状态。对象的操作在面向对象的程序中用方法来定义，方法类似于面向过程程序中的函数，对象的行为就定义在其方法的内部。

3.1.3　面向对象编程的特点

面向对象程序设计方法与传统方法相比有着自身鲜明的特点，主要概括为封装继承和多态三大特点。

（1）封装

所谓封装，就是将事物的内部实现细节隐藏起来，对外提供一致的公共接口从而间接访问隐藏数据。例如，手机的外壳将其内部的各种器件封装起来，必须通过外部的按键实施操作使其完成某项功能，而对于其内部的结构和工作原理，外界是无法获知的。

Java 语言通过类机制体现其封装性，类将相关的数据和方法封装起来。在实际开发中，类用来构建软件系统的模块，模块之间只能通过接口进行交互，使它们之间的耦合和交叉大大减少，从而降低开发过程的复杂性，减少可能的错误，使 Java 程序具有好的可维护性。

（2）继承

继承是存在于面向对象程序之间的一种关系，当一个类拥有另一个类的数据和操作时，就称这两个类具有继承关系，被继承的类称为父类成超类，继承父类的类称为子类，一个父类可以被多个子类继承，此时父类是所有子类的公共属挂和方法的集合，而每个子类则是父类的特殊化，是在公共属性和方法的基础上的扩展和延伸，子类可以定义属于自己的特有的属性和方法

采用继承机制组织和设计系统中的类，使面向对象的程序结构清晰、易于理解，同时可以降低维护的工作量，提高软件的开发放率。

（3）多态

多态指多种表现形式，就是对象响应外部激励而使其形式发生改变的现象，面向对象的程序中，多态有两种情况，一种情况是通过类之间继承导致的同名方法重写体现的，

另一种情况是通过同一个类中同名方法的重载体现的。这些方法同名的原因，是它们的功能和目的相同，但由于完成同一功能时，具体情况不同，导致了不同的实现形式。

多态这种特点大大提高了程序的抽象程度和简洁性，最大限度降低了类之间的耦合性，方便了程序的修改和扩展，对程序的设计、并发和维护都具有很大的益处。

3.2　类和对象

Java 语言与其他面向对象的语言一样，引入了类和对象的概念。类是用来创建对象的模板，它包含被创建对象的属性和方法的定义。因此，学习 Java 语言编程就必须学会编写类，即用 Java 语法去描述一类事物共有的属性和方法。

3.2.1　定义类

类是 Java 程序的基本单元，Java 程序的编写过程就是定义类的过程。类由成员变量和成员方法组成。成员变量定义了类具有的属性，方法描述了类的行为，定义了用何种方式与被封装的成员进行交互。类是对象的模板，对象是类的实例。

3.2.1.1　类的定义

在类声明中，需要定义类的名称、对该类的访问权限、该类与其他类的关系等。类的声明格式如下：

```
[修饰符] class <类名> [extends <父类名>] [implements <接口列表>]
{
   类体
};
```

说明：

① 修饰符：可选，用于指定类的访问权限，可选值为 pulbic、abstract 和 final。

② class 是类的关键字，首字母不能大写，只能小写。

③ 类名：必选，用于指定类的名称，类名必须是合法的 Java 标识符，要求首字母大写。

④ extends 父类名：可选，用于指定要定义的类继承于哪个父类，当使用 extends 关键字时，父类名为必选参数。

⑤ implements 接口列表：可选，用于指定该类实现的是哪些接口，当使用 implements 关键字时，接口列表为必选参数。

⑥ Java 类文件的扩展名为 ".java"，类文件的名称必须与类名相同，即类文件的名称为 "类名.java"。

⑦ 类体：定义类的成员变量和成员方法。当一个类的类体为空时，则称此类为空类。

一个类被声明为 public，就表明该类可以被所有其他类访问和引用，也就是说程序的其他部分可以创建这个类的对象、访问同这个类内部可见的成员变量和调用它的可见方法。

例如定义一个 Person 类，该类拥有 public 的访问权限，即该类可以被它所在的包之外的其他类访问或引用。代码如下：

```
public class Person { };
```

3.2.1.2　类体

类声明部分大括号中的内容为类体，类体主要由以下两部分构成：

① 成员变量的定义；

② 成员方法的定义。

在程序设计过程中，编写一个能完全描述客观事物的类是不现实的。比如创建一个 Person 类，该类拥有多属性（即成员变量），在定义该类时，选取程序需要的必要属性和行为就可以了。Person 类的成员变量如下：

属性[姓名(name)，年龄(age)，性别(sex)，地址(address)]等

这个 Person 类只包含了人的部分属性和行为，但是它已经能够满足程序的需要。该类的代码如下：

```
public class Person{
        String  name;          //定义了姓名成员变量
        int   age;          //定义了年龄成员变量
        char  sex;          //定义了性别成员变量
        String  address; //定义了地址成员变量
    }
```

3.2.2　类修饰符

类修饰符有 public、abstract 和 final。如果没有声明这些类修饰符，Java 编译器默认该类的 friendly（友好类），对于这样的类，只有同一包中的类才可以访问。

（1）public（公有的）修饰符

带有 pubic 修饰符的类称为公共类，公共类可以被任何包中的类访问，不过，要在一个类中使用其他包中的类，必须在程序中增加 import 语句。如在 javaclass 包中创建了如下类：

```
package javaclass;
public class Person {
    public String name;  //成员变量
    public int age=20;
}
```

在另一个包 java_class 中，新建名为 Test_public 的类，需要使用 javaclass 包中的 Person 类，则需要在类前面加上 import javaclass.Person 语句，表示从 javaclass 类中导入 Person 类。如：

```
import javaclass.Person;    // 引入 javaclass 包中的类 Person
public class Test_public {
    public static void main(String[] args) {
        Person p = new Person();    //引入后，则可以定义对象进行相应的操作
        p.name="张三";
```

```
        System.out.println(p.name+" "+p.age);
    }
}
```

程序运行结果如下：

张三　20

（2）abstract（抽象的）

带有 abstract 修饰符的类称为抽象类，相当于类的抽象。一个抽象类可以包含多个抽象方法，而抽象方法是没有方法体的方法，所以抽象类不具备具体的功能，只用于衍生出子类。因此，抽象类不能被实例化。如：

```
abstract class Animal_2{
    String color;
    public Animal_2() {color="棕色";}  //构造函数
    public abstract void eat();    //定义一个吃的抽象类
    public abstract void speak();  //定义一个叫声有抽象类
}
```

（3）final（最终的）

带有 final 修饰符的类称为最终类，不能通过扩展最终类来创建新类，也就是说，它不能被继承，或者说不能派生子类。如：

先创建一个 Teachar 类：

```
public final class Teacher {
        public String nameString;
        public String ageString;
        public void teach() {
            System.out.println(nameString+"正在上课");
        }
}
```

再建立一个测试类：

```
public class T_teachear extends Teacher { //此处 Teachar 不能被继承，系统出错
    public static void main(String[] args) {


    }
}
```

在上例程序中，因为 Teacher 类是一个 final 修饰的类，是一个最终类，不能被继承，不能有派生的子类，因此，在 T_teachear 类中，不能继承 Teacher 类，系统会显示错误。

3.2.3　成员变量和局部变量

在类体中变量定义部分所声明的变量为类的成员变量，而在方法体中声明的变量和方法的参数则称为局部变量，成员变量又可细分为实例变量和类变量。在声明成员变量时，用关键字 static 修饰的称为类变量（也可称为 static 变量或静态变量），否则称为实例变量。

（1）声明成员变量

Java 用成员变量来表示类的状态和属性，声明成员变量的基本语法格式如下：

```
[修饰符]  [static]  [final]  <变量类型>  <变量名>;
```

修饰符：可选参数，用于指定变量的被访问权限，可选值为 public、protected 和 private。

static：可选，用于指定该成员变量为静态变量，可以直接通过类名访问。如果省略该关键字，则表示该成员变量为实例变量。

final：可选，用于指定该成员变量为取值不会改变的量。

变量类型：必选，用于指定变量的数据类型，其值可以为 Java 中的任何一种数据类型。

变量名：必选，用于指定成员变量的名称，变量名必须是合法的 Java 标识符。

例如，下列程序，在类中声明 3 个成员变量。

【案例 3-1】成员变量的定义与使用。

```java
public class Person {
    public String name;            //声明一个公共成员变量
    public static int age = 20;  //声明一个静态类变量
    public final boolean MARRAY = true;  //声明常量并赋值
    public static void main(String[] args) {
        System.out.println(Person.age);  //类变量可以直接通过类名访问
        Person p1 = new Person();           //实例变量 name,MARRAY 需要通过实例对象 p1 访问
        p1.name = "张强";
        System.out.println(p1.name + "婚否: " + p1.MARRAY);
    }
}
```

程序运行结果如下：

```
20
张强婚否：true
```

类变量与实例变量的区别：在运行时，Java 虚拟机只为类变量分配一次内存，在加载类的过程中完成类变量的内存分配，可以直接通过类名访问类变量；而实例变量则不同，每创建一个实例，就会为该实例的变量分配一次内存。

（2）声明局部变量

如果在类的方法体中声明一个变量，则称为局部变量。由于局部变量是在方法体内所定义的，因而只能在本方法体中使用，局部变量使用前必须初始化。

定义局部变量的基本语法格式与定义成员变量类似，所不同的是不能使用 public、protected、private 和 static 关键字对局部变量进行修饰，但可以使用 final 关键字：

```
[final]  <变量类型>  <变量名>
```

【案例 3-2】局部变量的使用。

```java
public class Person {
    public String name;  //成员变量
    int get_age() {         //在类中定义一个方法 get_age()
```

```
            int age=10;              //局部变量
            return age;
        }
        public static void main(String[] args) {
        Person p1=new Person();
        p1.name="李四";
        System.out.println(p1.name+"年龄:"+p1.get_age());
        }
    }
```

程序运行结果如下：

李四年龄:10

（3）变量的有效范围

变量的有效范围是指该变量在程序代码中的作用区域，在该区域外不能直接访问变量。有效范围决定了变量的生命周期。变量的生命周期是指从声明一个变量并分配内存空间，使用变量，到释放该变量并清除所占内存空间的一个过程。进行变量声明的位置，决定了变量的有效范围，根据有效范围不同，可将变量分为以下两种。

① 成员变量：在类中声明，在整个类中有效。

② 局部变量：在方法体内或复合代码块（即一对{ }之间的代码）中声明。在复合代码块中声明的变量，只在当前复合代码块中有效；在复合代码块外、方法体内声明的变量，在整个方法体内都有效。

如果成员变量与局部变量名称相同，则成员变量被隐藏，即这个成员变量在这个方法内暂时失效，这时，如果想在该方法内使用成员变量，必须使用 this 关键字。如：

【案例 3-3】成员变量与局部变量同名。

```
public class Test {
    int number = 10;                        //成员变量
    void getSum() {
        int number = 20;                    //定义一个局部变量，此时与成员变量同名
        System.out.println(number);  //使用局部变量
        System.out.println(this.number); //使用成员变量，需要使用 this 关键字
    }
    public static void main(String[] args) {
        Test test = new Test();  //实例化类
        test.getSum();
    }
}
```

程序运行结果如下：

20
10

3.2.4　对象创建与使用

在面向对象的语言中，对象是对类的一个具体的描述，是一个客观存在的实体，万

物皆对象，也就是说任何事物都可以看作对象，如一个人、一个动物，一艘轮船等都是对象。

（1）对象的声明

声明对象的格式如下：

类名　对象名;

类名是一个已经存在的类，对象名是指用于指定对象的名称，对象名必须是合法的Java标识符。如声明一个Person对象p1

Person p1;

（2）实例化对象

在声明对象时，只是在内存中为其建立一个引用，并置初值为null，表示不指向任何内存空间。声明对象以后，需要为对象分配内存，这个过程也称为实例化对象，在Java中使用关键字new来实例化对象，具体语法格式如下：

对象名　=new　构造方法名([参数列表])

对象名：用于指定已经声明的对象名。

构造方法名：即类名，因为构造方法与类名相同。

参数列表：用于指定构造方法的入口参数。如果构造方法无参数，则可以省略参数列表，但括号不能省略。

在声明Person类的一个对象p1后，可以通过以下代码为对象p1分配内存。

p1 =new Person();　//由于Person类的构造方法无参数，所以可以省略参数列表。

在实际软件开发中，常把对象的声明和对象的实例化放一起，从而简化程序。常用的声明对象和实例化对象如下：

类名　对象名　= new　构造方法名([参数列表])

如：

Person p1 = new Person();

这相当于同时执行了对象声明和创建对象：

Person p1;
P1 - new Person()

这两步操作。

（3）对象的使用

创建对象后，就可以访问对象的成员变量，并改变成员变量的值了，而且还可以调用对象的成员方法。通过使用运算符"."实现对成员变量的访问和成员方法的调用。

语法格式为：

对象.成员变量;
对象.成员方法([参数列表]);

【案例3-4】定义一个类Student，创建该类的对象S，同时改变对象的成员变量的值并调用该对象的成员方法。

```
public class Student {
    String name;                //定义成员变量
    int age;
```

```java
    public void study() {       //定义成员方法 study
        System.out.println("好好学习，天天向上");  }
    public void doHomework() {    //定义成员方法 doHomework
        System.out.println("键盘敲烂，月薪过万");  }
    public static void main(String[] args) {
        Student s = new Student();    // 创建一个学生对象
        System.out.println(s.name + "," + s.age); //字符型成员变量默认为null,
整型成员变量默认为 0
        s.name = "林青霞";  s.age = 30;  //对成员变量赋值
        System.out.println(s.name + "," + s.age);
        s.study();    //调用成员方法
        s.doHomework();
    }
}
```

程序的输出结果如图 3.1 所示。

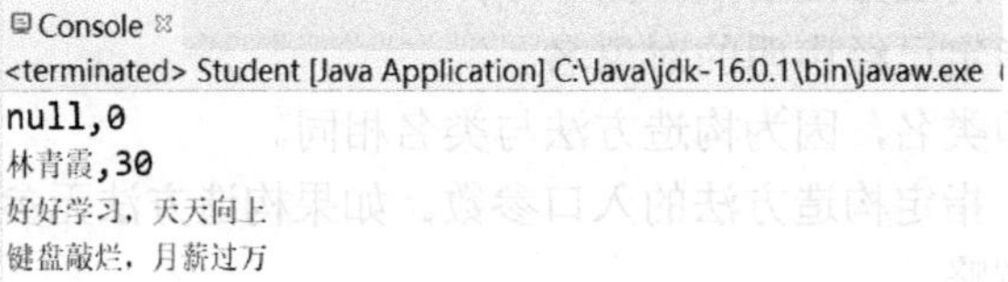

图 3.1　学生类输出结果

（4）对象的销毁

在许多程序设计语言中，需要手动释放对象所占内存，但是在 Java 中则不需要手动完成这项工作。Java 提供的垃圾回收机制可以自动判断对象是否还在使用，并能够自动销毁不再使用的对象，收回对象所占用的资源。

Java 提供了一个名为 finalize() 的方法，用于在对象被垃圾回收机制销毁之前执行一些资源回收工作，由垃圾回收系统调用。但是垃圾回收系统的运行是不可预测的。finalize() 方法是没有任何参数和返回值，每个类有且只有一个 finalize() 方法。

3.2.5　成员变量访问权限

访问权限使用访问修饰符进行限制，访问修饰符主要有 private、protected、public，它们都是 Java 中的关键字。

（1）什么是访问权限

访问权限是指对象是否能通过 "." 运算符操作自己的变量或通过 "." 运算符调用类中的方法。在编写类的时候，类中的实例方法总是可以操作该类中的实例变量和类变量；类方法总是可以操作该类中类变量，与访问修饰符没有关系。

使用访问控制修饰符可以限制访问成员变量或常量的权限，表 3.1 列出了四个访问控制修饰符的作用范围。

表 3.1　成员变量访问控制修饰符的作用范围

类型	private	默认	protected	public
所属类	可访问	可访问	可访问	可访问
同一个包中的其他类	不可访问	可访问	可访问	可访问
同一个包中的子类	不可访问	不可访问	可访问	可访问
不同包中的子类	不可访问	不可访问	不可访问	可访问
不同包中的非子类	不可访问	不可访问	不可访问	可访问

（2）私有变量和私有方法

使用 private 修饰符的成员变量和方法称为私有成员变量和私有方法。例如：

```java
public  class A{
    private int a;
    private int sum(int x,int y) {
        return x+y;
    }
}
```

假如现在有一个 B 类，在 B 类中创建一个 A 类的对象后，该对象不能访问到自己的私有变量和方法，例如：

```java
public class B {
    public static void main(String[] args) {
        A  ap=new A();
        ap.a=18;     //编译出错，访问不到私有变量 a
    }
}
```

如果一个类中的某个成员是私有变量，那么在另一个类中，不能通过类名来操作这个私有变量。如果一个类中的某个方法是私有方法，那么在另外一个类中，也不能通过类名来调用这个私有的类方法。即如果在一个类中定义了 private 成员变量或成员方法，则该成员变量或成员方法只能在本类中才能访问。

（3）公有变量和公有方法

使用 public 修饰符的变量和方法称为公有成员变量和公有方法。

```java
public  class   A{
    public int a;
    public int sum(int x,int y) {
        return x+y;
    }
}
```

使用 public 访问修饰符修饰的变量和方法在任何一个类中创建对象后都可以访问。例如：

```java
public class B {
    public static void main(String[] args) {
        A  ap = new  A ();
        ap.a = 18;   //可以访问，编译通过
    }
}
```

（4）受保护的成员变量和方法

用 protected 访问修饰符修饰的成员变量和方法称为受保护的成员变量和受保护的方法。例如：

```
public class A{
    protected int a;    //成员变量 a 是受保护的变量
    protected int sum(int x,int y) {
        return x+y;
    }
}
```

同一个包的两类，一个类在另一个类创建对象之后可以通过该对象访问自己的 protected 变量和 protected 方法。例如：

```
public class B {
    public static void main(String[] args) {
        A  ap=new A();
        ap.a=18;    //可以访问，编译通过
    }
}
```

（5）友好变量和友好方法

不使用 private、public、protected 修饰符修饰的成员变量和方法称为友好变量和友好方法。例如：

```
public class A{
    int a;
    int sum(int x,int y) {
        return x+y;
    }
}
```

同一包中的两个类，如果在一个类中创建了另外一个类的对象，该对象能访问自己的友好变量和友好方法。例如：

```
public class B {
    public static void main(String[] args) {
        A  ap=new A();
        ap.a=18;    //可以访问，编译通过
    }
}
```

注意：如果源文件使用 import 语句引入了另外一个包中的类，并用该类创建了一个对象，则该类的这个对象不能访问自己的友好变量和友好方法。

（6）public 类与友好类

在声明类的时候，如果在关键字 class 前面加上 public 关键字，那么这样的类就是公有的类。例如：

```
public class A {……}
```

可以在另外任何一个类中，使用 public 类创建对象。如果一个类不加 public 修饰。例如：

```
class a {……}
```
这个没有被 public 修饰的类就称为友好类,那么另一个类中使用友好类创建对象时,
必须保证在同一个包中。

3.3　方法

3.3.1　方法的定义

Java 中类的行为由类的成员方法来实现。类的成员方法由方法的声明部分和方法体
两部分组成。其一般格式如下:

```
[修饰符] <方法返回值类型> <方法名>([参数列表]) {
        [方法体]
}
```

说明:

① 修饰符:用于指定方法的被访问权限,可选值为 public、protected 和 private。

② 方法的返回值:用于指定方法的返回值类型,如果该方法没有返回值,可以使
用关键字 void 进行标识,方法返回值的类型可以是任何 Java 数据类型。

③ 方法名:用于指定成员方法的名称,方法名必须是合法的 Java 标识符。

④ 参数列表:用于指定方法中所需要的参数。当存在多个参数时,各参数之间应
使用逗号分隔。方法的参数可以是任何 Java 数据类型。

⑤ 方法体:是方法的实现部分,是指方法需要完成的工作。如果方法体为空,表
示是一个空方法,不执行任何操作,但外面的一对花括号{}不能省略。

⑥ 方法的定义不能嵌套,即不能在方法体中再定义另一个方法。

⑦ 任何一个 Java 程序对应的多个类中,有且仅有一个名为 main()的主方法(返回
值为 void,形参是一个字符串数组),该方法所在的类称为主类,main 方法是程序的启
动入口,即程序总是从 main 方法开始执行,无论该方法位于类的什么位置。

3.3.2　return 语句

某些方法在执行过程中,若满足一定条件时,需要立即结束方法的执行,但有些方
法需要在方法结束的同时带回一个结果,这就是 return 语句的作用,其语法格式如下:

```
    return <表达式>;
或  return [(表达式)];
```

说明:

① 方法遇到 return 即结束方法的执行,此属于流程控制语句。

② 返回类型为 void 的方法一般不需要 return 语句。如给定 return,则 return 不能给
任何表达式而直接以分号结束。

③ 返回类型不是 void 的方法至少含一条 return 语句，且 return 后必须给一个表达式作为返回结果，并以分号结束，表达式的类型需要与定义的方法返回值的类型兼容。

3.3.3 方法的调用

定义了方法以后，就能对其进行调用了，方法调用常规格式为：

```
方法名([实参列表])          //一般方法的调用或静态成员方法调用
对象名.方法名([实参列表])    //类的成员方法的调用
```

说明：

① 方法调用代码所在的方法称主调方法，被调用的方法称为被调方法。

② 调用方法时，可以在圆括号中直接给出所需要数据，这些数据称为实参，多个实参用逗号分隔，不需要指明类型。实参必须有明确的值，并且所有实参与定义时所指定的参数类型需要一致，若数据类型不一致，系统会尝试转换成定义方法时所指定的类型，如果不能转换，则视为语法错误。

③ 类的静态成员方法，可以直接调用，不需要使用对象名。而类的其他成员方法的调用，需要使用对象名.方法名([实参列表])的形式。

例：下列程序代码中，定义了两个数相加的方法。

【案例 3-5】方法的定义与使用。

```java
public class Count_Sum {
    public int add(int num1, int num2) {        //定义一个成员方法
        return  num1+num2;
    }
    static int erea(int x, int y) {  return x * y; }  //定义静态成员方法
    public static void main(String[] args) {
        Count_Sum number = new Count_Sum();  //类的实例化---对象
        int  x = 10, y = 20;
        int  result = number.add(x, y);      //调用类中的方法
        System.out.println(result);
        int  z = erea(x, y);      //静态成员方法可以直接调用
        System.out.println(z);
    }
}
```

3.3.4 构造方法

构造方法是一种特殊而重要的方法，通过构造方法不仅可以创建对象，还可以在创建对象的同时，完成成员变量的初始化。

类体的定义中除了成员变量、成员方法，还有一个重要的方法，那就是构造方法，通过构造方法可以在创建对象的同时完成对象成员变量的初始化。构造方法是一种特殊的方法，在实例化对象时会被自动调用，但是它不能被实例对象调用。

构造方法定义的基本格式：

```
public    <类名> ([参数列表]){
  方法体的定义
}
```

说明：

① 访问控制修饰符为 public。

② 构造方法没有返回值，并且不能用 void 关键字进行修饰。

③ 构造方法与所在类的类名必须一致。

④ 在一个类中可以定义多个构造方法，但要求的参数列表不同，即可以进行构造中方法重载。

⑤ 如果在类中没有定义构造方法，则该类中隐含一个系统默认的无参构造方法，但是用户定义了构造方法，则默认的无参构造方法不存在。

【案例 3-6】构造方法的使用。

```
public class Student_2 {
    public String name;
    public int age;
    public Student_2(String stuName, int stuAge) {  //定义有参数的构造方法
        name = stuName;
        age = stuAge;
    }
    public static void main(String[] args) {
        Student_2 stu = new Student_2("张三", 22);
        System.out.println(stu.name + "\t" + stu.age);
    }
}
```

程序的运行结果如下：

```
张三    22
```

在此例中，定义了一个带参数的构造方法，则系统默认的构造方法将不存在，因此，在实例化对象 stu 时，new 后面的方法名必须加参数，否则就会出错。

3.3.5 this 关键字

构造方法对成员变量进行初始化时，为了避免成员变量与局部变量命名的冲突，在构造方法的参数中需要给参数变量起另外一个名字，如 stuAge 等，那么，如果在方法的局部变量定义中使用了与成员变量相同的名字，即发生了重名的冲突，有什么方法可以解决？Java 中为用户提供了 this 关键字可以解决这一问题。

① 通过 this 关键字区分成员变量和局部变量，解决成员变量与局部变量命名冲突问题。例如：

```
public Student(int age)
this.age=age;    //前一个 age 是成员变量名，后一个 age 是局部变量名(形参变量)
```

② 通过 this 关键字调用成员方法。例如：

```
public void method1(){  //方法体    }
public void method2( ){
```

```
        this.method1();        //调用当前类中的成员方法
        //方法体
    }
```

③ 在一个构造方法中，可以使用 this 关键字调用其他构造方法，基本格式为"this([参数表]);"。注意：在构造方法中调用其他构造方法时，一定将本条语句放在构造方法的第一行，并且只能出现一次。

【案例 3-7】this 关键字。

```
public class Student_4 {
    public String name;
    public int age;
    public Student_4(String name) {
        this.name=name;  // 成员变量与局部变量同名需要使用 this
    }
    public Student_4(int stuAge) {
        this("张三");        // 使用 this 调用构造方法，必须位于第一行
        age=stuAge;
    }
    public void show() {
        System.out.println("姓名：" + name + "\t" + "年龄：" + age);
    }
    public static void main(String[] args) {
        Student_4 stu1 = new Student_4("李四");
        stu1.show();
        Student_4 stu2 = new Student_4(20);
        stu2.show();
    }
}
```

程序输出结果如图 3.2 所示。

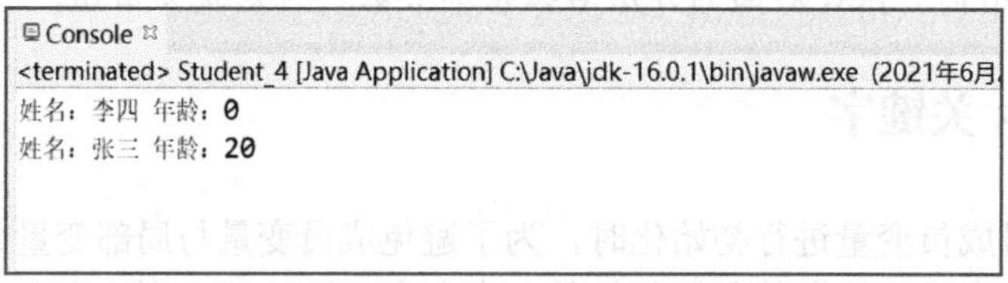

```
□ Console ⌗
<terminated> Student_4 [Java Application] C:\Java\jdk-16.0.1\bin\javaw.exe (2021年6月.
姓名：李四  年龄：0
姓名：张三  年龄：20
```

图 3.2　this 关键字程序输出结果

3.3.6　static 关键字

static 是 Java 的一个关键字，有时希望定义一个类成员，它的使用完全独立于该类的任何对象，在成员的声明前面加上关键字 static 就能创建这样的成员。如果一个成员被声明为 static，那么他就能够在其所在类的任何对象创建之前被访问，而不必通过对象引用该成员，通常用 static 声明的变量称静态变量，也称为类变量，用 static 修饰的方法称为类方法，用 static 修饰的代码块称之为静态代码块。

3.3.6.1 静态变量

用 static 修饰的成员变量，称为静态成员变量，静态成员变量被所在类的所有实例对象共享，所以也称为"类变量"，静态变量不仅可以通过实例对象来进行访问，也可以使用"类名.变量名"对其进行访问。

没有关键字 static 修饰的成员变量，称为非静态成员变量，由于非静态成员变量必须通过实例对象才能进行访问，因此也称为"实例变量"。实例变量必须通过实例对象才能访问。

如下面的程序：

【案例3-8】静态变量的使用。

```
class works {
    public String name = "张三";
    public static String sex = "男";
    public int age = 20;
}
public class Test_static {
    public static void main(String[] args) {
        works p = new works();
        System.out.println(p.name + " " + works.sex + " " + p.age);
        System.out.println(p.name + " " + p.sex + " " + p.age);
    }
}
```

程序的运行结果如下：

```
张三 男 20
张三 男 20
```

因为 sex 成员变量是 static 修饰的，是静态成员变量，因此访问此变量，既可以使用实例化对象访问，又可以采用"类名.成员名"访问。而 name、age 则必须通过实例化对象 p 来进行访问。在实际使用时，可以把静态成员变量理解为共享变量来使用。

3.3.6.2 静态方法

在类中定义静态方法时，如果加上了关键字 static，则该方法是静态方法。静态方法与静态变量一样，被类中所有实例所共享，所以，静态方法可以通过实例对象访问，也可以通过类名进行访问，即"类名.方法名"。如下面的程序：

【案例3-9】静态方法的使用。

```
class works {
    public static String name = "张三";
    public String sex="男";
    public static void work() {
        System.out.println(name+"正在工作");

        //System.out.println(name+sex+"正在工作");  //此句有错误

    }
```

```
    }
public class Test_static {
    public static void main(String[] args) {
        works p = new works();
        p.work();
        works.work();
    }
}
```

程序运行结果如下：

张三正在工作
张三正在工作

说明：

① 静态方法是不用创建对象就直接调用,所以在静态方法中没有 this 指针,不能访问所属类的非静态变量和方法,只能访问方法体内的局部变量、自己的参数和静态变量,如上例中注释的语句中,在静态成员方法中,不能访问非静态成员变量 sex。

② 在实际使用时,访问静态成员变量,一般使用类名.方法,而不使用对象名.方法名形式。

3.3.6.3 静态代码块

用 static 关键字修饰的代码块,称为静态代码块。当类加载时,静态代码被执行,由于类只加载一次,所以静态代码块只执行 1 次。因此,可以用静态代码块对类成员变量进行初始化。

【案例 3-10】静态代码块的使用。

```
public class Student_5 {
    static String interest;    //定义 interest 为静态成员变量
    static String name;        //定义 name 为静态成员变量
    public Student_5() {       //修改默认构造方法,进行成员变量的初始化
        name = "刘刚";
        System.out.println("2.对姓名进行初始化");
    }
    public static void introduce() {
        System.out.println("我是大数据专业学生 " + name + " 我的兴趣是:" + interest);
    }
    static {
        interest = "计算机编程";
        System.out.println("1.Student 类的静态代码块被执行");
    }
    public static void main(String[] args) {
        Student_5 stu1 = new Student_5(); // 实例化对象,系统先执行类中静态代码
块,再自动执行构造方法
        Student_5.introduce();
        System.out.println(Student_5.interest); // 静态代码块,可以通过类名直接访问
    }
}
```

以上程序，定义一个静态代码块，系统在执行时，首先会执行静态代码块的内容，输出"Student 类的静态代码块被执行"，再进行实例化对象，执行构造方法，输出"对姓名进行初始化"。在 introduce()静态方法中，只能访问相应的静态成员如 name，不能访问非静态成员的变量或非静态方法。对静态方法和静态变量，都可以通过类名直接访问，所以程序的输出结果如图 3.3 所示。

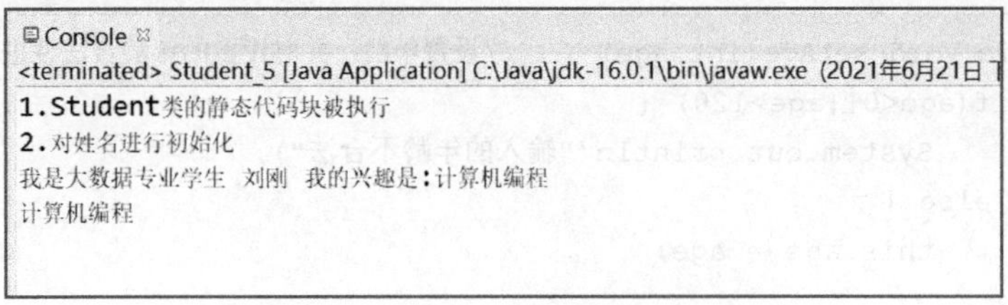

图 3.3　静态代码块程序输出结果

3.3.7　封装

封装性是面向对象三大特征之一，封装（Encapsulation）是指一种将抽象性函式接口的实现细节部分包装、隐藏起来的方法，是将代码及其处理的数据绑定在一起的一种编程机制。该机制保证了程序和数据都不受外部干扰且不被误用。理解封装性的一个方法就是把它想成一个黑匣子，它可以阻止在外部定义的代码随意访问内部代码和数据。对黑匣子内代码和数据的访问通过一个适当定义的接口严格控制。

如人们经常用的手机，手机提供给人们触摸屏的相关的按钮，只在乎其触摸屏是否灵活和按钮是否好用即功能，而不需要知道其按钮和触摸屏的具体实现过程，这个触摸屏和按钮就是手机提供给人们的接口。

封装的目的在于使对象的设计者和使用者分开，使用者不必知道对象行为实现的细节，只需要使用设计者提供的接口来访问对象。

封装是面向对象程序设计（OOP）设计者追求的理想境界，它可以为开发员带来两个好处：模块化和数据隐藏。模块化意味着对象代码的编写和维护可以独立进行，不会影响到其他模块，而且有很好的重用性；数据隐藏则使对象有能力保护自己，它可以自行维护自身的数据和方法。因此，封装机制提高了程序的安全性和可维护性。

实现封装的具体方法为：

① 修改属性的可见性来限制对属性的访问。

② 为每个成员变量（属性）创建一对赋值（setXxx）方法和取值（getXxx）方法，用于对这些属性的访问。

③ 在赋值和取值方法中，加入对属性的存取的限制。

【案例 3-11】实现数据封装。

① 新建一个 Person 类

```
public class Person {
    private String name; //限制 name、age 只能在本类中使用,对外部不可见
```

```java
        private int age;
        public void setName(String name) {    //设置 name 的值
            this.name = name;
        }
        public String getName() {    //取出 name 的值
            return name;
        }
        public void setAge(int age) {    //设置年龄，并对设置的年龄合法性进行判断
            if(age<0||age>120) {
                System.out.println("输入的年龄不合法");
            }else {
                this.age = age;
            }
        }
        public int getAge() {    //取出 age 的值
            return age;
        }
        public void show() {
            System.out.println("姓名: "+ name +"\n年龄:"+ age);
        }
}
```

② 再建一个测试类 PersonDemo

```java
package stuinfo;
public class PersonDemo {
    public static void main(String[] args) {
        Person p =new Person();
        p.setName("张三");
        p.setAge(30);
        p.show();
        //p.name="李四"; 错误，不能访问 Person 类的私有成员，对私有成员起到保护作用
    }
}
```

程序运行结果如下:

张三
30

3.4 包

　　类是面向对象程序设计的基本单元，当利用面向对象技术开发实际系统时，常需要设计许多类，为了更好地管理这类，Java 引入了包的概念，包是一种类似于文件夹的组织形式，包把各种类组织起来，一方面对类的命名空间进行管理，另一方面作为隐含的访问控制修饰符，是信息隐藏和封装的有力工具。

3.4.1　包的概念

包是一种松散的类的集合,处于同一个包中的类一般都有非常明确的相互关系,如继承、关联等,但是由于同一个包的类在缺省的情况下可以相互访问,因此,为了方便管理,通常将要在一起工作的类放在一个包中。

包(package)是 Java 提供的一种区别类的命名空间的机制,是类组织的形式,是一组相关类和接口的集合,它提供了访问权限和命名的管理机制。Java 中提供的包主要有以下三种用途:

① 将功能相近的类放在同一个包中,方便查找和使用。

② 由于在不同包中可以存在同名类,所以使用包在一定程度上可以避免冲突。

③ 在 Java 中,某些访问权限是以包为单位的。

包的引入解决了类命名冲突的问题,因为在 Java 中规定,类名在源程序中必须是唯一的,同时还要简单有意义,这难免会出现类名资植枯竭的问题,为了解决这一问题,定义唯一包名的一种有效方式是使用 Internet 域名,因为它永远不会重复,目前很多系统开发商已经使用了这种方式,例如著名集成开发环境 Jbuilder 的开发商,Borland公司的包名是 com.borland,如果希望在世界范围内发布自己的 Java 类,最好采用这种方式。

Java 的类库是系统提供的已实现的标准类的集合,是 Java 编程的 API(Application Programing Interface),它可以帮助开发者方便、快捷地开发 Java 程序,根据功能的不同Java 的类库被划分为若干个不同的包,每个包中都有若干个具有特定功能和相互关系的类和接口,要想在程序中使用 Java 的类库,只需要使用 import 语句将相关的类库(包)加载到程序中就可以了,下面列出了几种常用类库(包)。

(1)java.lang

java.lang 是 Java 语言的核心类库,包含运行 Java 程序的基础类,涉及领域有基本数据类型、基本数学类、字符串,线程等。由于是核心类库,因此这个类库的加载是由 Java编译器自动完成的,不需要用 import 语句来专门引入。

(2)java.util

java.util 包含了 Java 语言中一些很有用的工具类,包括向量类(Vector)、日期类(Calendar)、时间类(Date)、堆栈类(Stack)等,它需要通过 import 语句来完成引入(以下的各类库同样如此)。

(3)java.io

java.io 提供了对计算机中存储的文件进行相关操作的类,如文件类(File)、文件输入流类(FileInputStream)、文件输出流类(FileOutputStream)等。

(4)java.awt

java.awt 是 Java 语言用来构建图形用户面(GUI)的类库,它包含了许多界面元系和资源,如图形类(Graphics)、窗体类(Frame)、按钮类(Button)等。

（5）java.swing

java.swing 也是构建图形用户界面(GUI)的类库，与 java.awt 相比，同样包含相关界面元素和资源，但用 java.swing 类库形成的界面不会生成同位体，因此，它具有平台无关性。

（6）java.net

java.net 是 Java 语言用来实现网络功能的类库，由支持底层（Internet）编程和实现 html 应用的类组成，利用 java.net 类库中的类，开发者可以方便地编写具有网络功能的程序。

3.4.2　创建包

在缺省的情况下，如果源文件中没有定义包，系统会为源文件创建一个未命名包，该文件中定义的所有类都隶属于这个未命名包，在未命名包中定义的类或接口，其全名就是简单的类或接口的名字，但是由于未命名包没有名字，所以它不能被其他包所引用，即无法被复用，为了解决这个问题，应该创建有名字的包，创建包需要使用关键字package，其一般的格式为：

```
package 包名;
```

需要注意的是，这条语句必须位于源文件的第一行，并且在同一个源文件中只能编写一条 package 语句，利用 package 语句可以建立一个具有指定包名的包，该文作中所有类在编译后存放在这个包中，例如，下面的语句都是合法的创建包的语句：

```
package newpackage;
package com.cn.cqhgxy;
```

包在操作系统中的表现形式就是文件夹，创建包实际上就是在目录（源文件所在目录或特别指定的目录）下建立了一个文件夹，文件夹下存放源文件中定义的类或接口，上面第二条创建包的语句中的"."代表了目录分隔符，即这条语句建立了两个文件夹，第一个是指定目录下的子文件夹 com，第二个是 cn 文件夹下的子文件夹 cqhgxy，当前源文件中所有的类就存放在这个文件夹下。

例如，下列程序创建了一个包含 Student 类的包 school。

```
package school;
public class Student {
    public int stuCode;
    public String stuName;
    public int deptCode;
    public Student(String name,int sCode,int dCode) {
        stuName=name;
        stuCode=sCode;
        deptCode=dCode;
    }
}
```

说明：运行上面的程序，将在指定目录下创建一个包(文件夹)school，同时在包内生成一个 Student.class 文件。

3.4.3 导入包

将类用包组织起来的另一个目的是为了更好地利用包中的类。对于同一个包中的类,可以直接通过类名访问,但是如果需要使用其他包中的类,可以使用 import 语句进行导入,其一般形式为:

```
import 包名[.类名| .*];
```

【案例 3-12】包的使用。

```
package school;
import school.Student.*;  //导入 Student 包
public class Import_package {
    public static void main(String[] args) {
        Student[] s=new Student[5];
        for(int i=0;i<s.length;i++) {
            s[i]=new Student("A"+i,100+i,10+i);
            System.out.println(s[i].stuName+" "+s[i].stuCode+" "+s[i].deptCode);
        }
    }
}
```

3.5　类的继承

继承是面向对象程序设计的重要特征,是从已有的类中派生出新的类,新的类能拥有已有的可访问权限范围内的所有数据属性和行为,并能扩展新的能力,通过继承增强了代码的可用性,本小结将介绍继承的概念、定义格式、方法重写等相关知识。

3.5.1　继承的定义

(1)继承的定义

在现实生活中继承的含义一般是指子女继承父母的财产。Java 语言中继承的含义与此类似,描述的是事物之间的所属关系,图 3.4 描述的是学校中人类群体的所属关系。

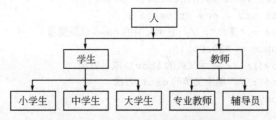

图 3.4　学校中人类群体的所属关系

继承是面向对象的三大特征之一，是指在原有类型的基础上进行功能扩充和改造，创建出新的类型，其中原有类称为父类，新建的类称为子类。继承的好处是子类可以直接拥有父类中可访问权限范围的所有属性和方法，通过继承，可以简化代码实现、代码复用，是多态的基础。

（2）继承定义的基本格式

```
[修饰符] class <子类类名> extends 父类类名{
     //新增属性的定义
     //新增方法的定义
}
```

（3）Java 类继承的机制

① 在 Java 语言中，类只支持单重继承，不允许多重继承，也就是说一个类只能有一个直接的父类。一个类不能同时继承两个父类，如下列继承将出现错误：

```
class C extends A , B //编译将出现错误，不能同时继承两个父类
```

② 一个父类可以有多个子类，如下列代码是合法的：

```
class A { }
class B extends A{ }
class C extends A{ }
```

③ 一个类的间接父类可以有多个，即 Java 允许多层继承，如下列代码是合法的：

```
class A
class B extends A{ }
class C extends B{ }
```

下面的程序创建了 Person_1 类，并在 Person_1 类的基础之上创建子类 Student6。

【案例 3-13】继承的使用。

```
class Person_1 {
     String name;
     String sex;
     int age;
     public void eat() {  System.out.println("正在吃饭");}
     public void show() { System.out.println(name);     }
}
class Student6 extends Person_1 {
     String stuNum;
     public void study() { System.out.println("正在学习");}
}
public class Class_inher {
     public static void main(String[] args) {
          Student6 stu = new Student6();
          stu.name = "陈红"; // 继承父类的 name 成员变量
          stu.stuNum = "2020001";
          stu.show(); // 继承父类的 show()成员方法
          stu.eat(); // 继承父类的 eat()方法
          stu.study();
     }
}
```

程序的运行结果如图 3.5 所示。

从以上例子可以看出，子类 student6 中并没有定义 name 属性和 show()方法，但是在 student6 类中却可以访问，说明父类中的属性和方法，子类通过继承是可以自动拥有的。

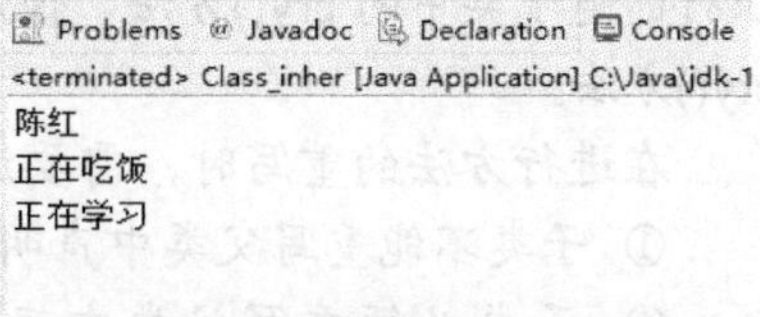

图 3.5　继承程序运行结果

3.5.2　方法重写

（1）方法重写的概念

在子类继承父类的过程中，不仅可以自动继承父类中的属性和方法，还可以根据需要对父类中的原有方法进行改造，即重新定义，这就是方法的重写，有时也称为覆盖。重写体现了子类补充或者改变父类方法的能力，通过重写，可以使一个方法在不同的子类中表现出不同的行为。

（2）方法重写原则

子类对父类方法进行重写时，必须遵循以下原则：

① 重写方法必须与被重写方法具有相同的方法名、返回类型和参数列表。

② 重写方法的访问权限不能小于被重写方法的访问权限。

③ 重写方法声明抛出异常类型的范围要大于被重写方法声明抛出异常类型。

④ 由于父类私有成员子类是不能继承的，因此父类的私有方法不能被重写。

【案例 3-14】定义动物类 Animal 及其子类，然后在 Method_Coverage 类中分别创建各子类对象，并调用子类重写父类的 cry()方法。

```
class Animal {
    public void cry() {  System.out.println("动物发出叫声");}
}
class Dog extends Animal {
    public void cry() {  System.out.println("狗发出汪汪...叫声");}
}
class Cat extends Animal {
    public void cry() {  System.out.println("猫发出喵喵...叫声");}
}
class Cattle extends Animal {  }
public class Method_Coverage {
    public static void main(String[] args) {
        Dog dg = new Dog();   dg.cry();     //调用 Dog 的 cry()方法
        Cat ct = new Cat();
        ct.cry();                //调用 Cat 的 cry()方法
        Cattle ca = new Cattle();
        ca.cry();                //调用 Animal 的 cry()方法
    }
}
```

从上面程序的运行结果可以看出，Dog 类和 Cat 类都重写了父类的 cry()方法，所以执行的是子类中的 cry() 方法，但是 Cattle 类没有重写父类的方法，所以执行的是父类的 cry() 方法。

在进行方法的重写时，需要注意以下几点：

① 子类不能重写父类中声明为 final 或者 static 的方法。

② 子类必须重写父类中声明为 abstract 的方法，或者子类也将该方法声明为 abstract。

③ 子类重写父类中的同名方法时，子类中方法的声明也必须和父类中被重写的方法的声明一样。

下例程序演示了在父类 Person_2 和子类 student7 中都有 show() 方法。

【案例 3-15】方法重写的使用。

```java
class Person_2 {
    String name;
    String sex;
    int age;
    public void show() {
        System.out.println("姓名："+name+" 性别:"+sex+" 年龄:"+age); }
}
class Student7 extends Person_2 {
    String stuNum;
    public void show() {  //重写父类的方法
        System.out.println("姓名："+name+"\n性别:
                "+sex+"\n年龄:"+age+"\ n学号:"+stuNum);
    }
}
public class Method_Rewrite {
    public static void main(String[] args) {
        Student7 stu = new Student7();
        stu.name="李治淳";
        stu.sex="男";
        stu.age=19;
        stu.stuNum="2019002";
        stu.show();  //调用子类的方法
    }
}
```

在以上案例中 Student7 类中，对 Person_2 类中的 show() 方法进行了重写。当定义了 stu 对象以后，使用 stu.show()，则是使用的类 Student7 类中的对父类进行重写的方法 show()。而不是去调用父类的 show() 方法。程序运行的结果如图 3.6 所示。

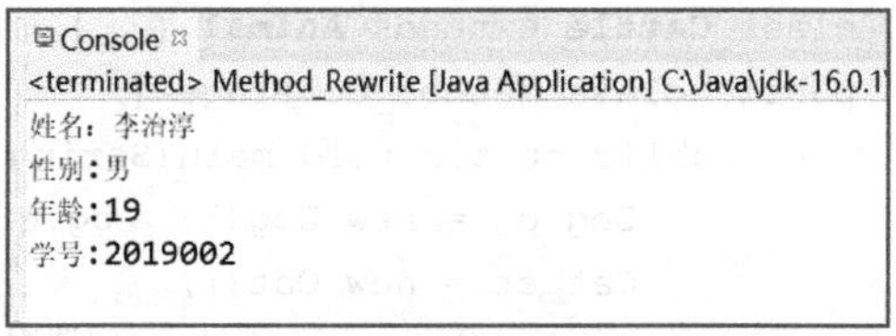

```
Console ⊠
<terminated> Method_Rewrite [Java Application] C:\Java\jdk-16.0.1\
姓名：李治淳
性别:男
年龄:19
学号:2019002
```

图 3.6　方法重写程序运行结果

3.5.3　super 关键字

通过案例 3-15 可以看出，在 Java 语言中，子类可以对父类的方法进行重写，重写的方法覆盖了父类中的方法。那么，要在子类中调用父类中被重写的方法，则可以使用 super 关键字。

super 关键字的主要用法：

① super 关键字调用父类的成员方法：super.<方法名>(参数列表)；

② super 关键字调用父类的成员变量：super.<成员变量>；

③ super 关键字调用父类的构造方法：super(参数列表)。

注意：通过 super 关键字调用父类的构造方法的语句，必须放在子类构造方法的第一行，并且只能出现一次。如果不使用 super 关键字调用父类的构造方法，则在子类的构造方法中，将默认调用父类无参数的构造方法。

下列程序演示了子类调用父类的成员的方法。

【案例 3-16】子类调用父类的成员。

```java
class Parent{
    String a="父类变量";
    public void x1( ) {
        System.out.println("父类中定义的一个方法"); }
}
class Son extends Parent{
    String a="子类变量";
    public void x1( ) {  //子类对父类的重写
        System.out.println("子类中定义的一个方法 "); }
    public void y2() {
        System.out.println(a);    //调用子类变量
        System.out.println("调用父类中变量"+ super.a); //调用父类变量
        x1(); //调用子类重写的方法
        super.x1( );  //调用父类方法
    }
}
public class SonClass_Parent {
    public static void main(String[] args) {
        Son  e =new Son();
        e.y2();
    }
}
```

程序运行的结果如图 3.7 所示。

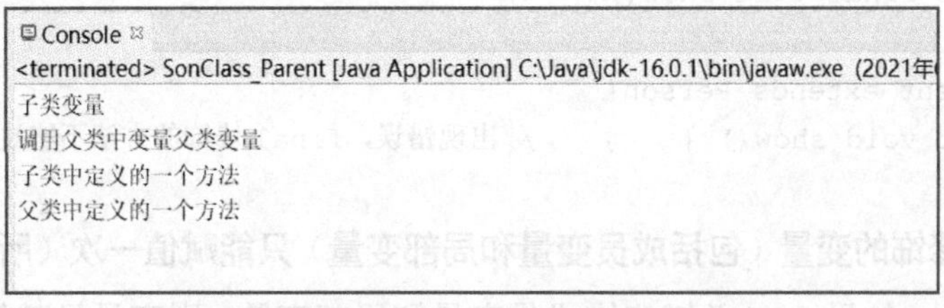

```
🖵 Console ⌧
<terminated> SonClass_Parent [Java Application] C:\Java\jdk-16.0.1\bin\javaw.exe  (2021年
子类变量
调用父类中变量父类变量
子类中定义的一个方法
父类中定义的一个方法
```

图 3.7　子类调用父类的方法程序运行结果

【案例 3-17】子类调用父类的构造方法

```
class Parent_1{
    public Parent_1() { System.out.println("父类无参构造方法"); }
    public Parent_1(String s) {System.out.println("父类有参构造方法: "+s); }
}
class Son_1 extends Parent_1{
    public Son_1() {
        super("重庆");
        System.out.println("子类构造方法");      }
}
public class SonClass_Parent_2 {
    public static void main(String[] args) {
        Son_1 s1=new Son_1();
    }
}
```

程序的运行结果如图 3.8 所示。

在案例 3-17 中，当创建了一个 Son_1 对象 s1 以后，系统在执行时，遇到 super，则系统会自动调用其父类有参数的构造方法，再调用子类构造方法其他内容。如果没有 super，则系统也会自动调用父类的无参数的构造方法，再调用子类无参数的构造方法。

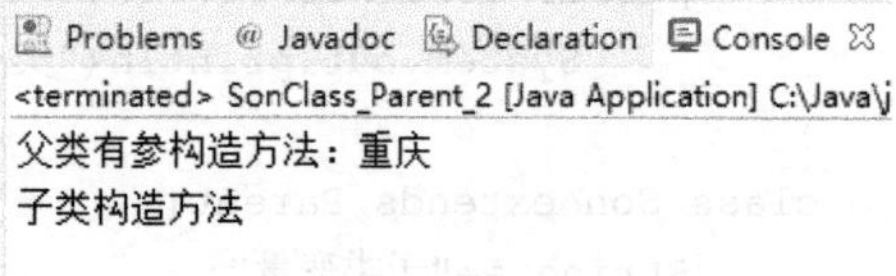

图 3.8　子类调用父类的构造方法

3.5.4　final 关键字

final 关键字的含义是"最终的，最后的"，被该关键字修饰的类，变量和方法具有以下特殊的性质。

（1）final 修饰的类，不能被继承

如：

```
final class Person{   }
class Student extends Person{   }   //出现错误 final 修改的类不能被继承
```

（2）final 修饰的方法，不能被重写

```
class Person{
    public final void show() {   }
}
class Student extends Person{
    public void show() {   }      //出现错误，final 修饰的方法不能被重写
}
```

（3）final 修饰的变量（包括成员变量和局部变量）只能赋值一次（所以可称为常量）

Java 语言中，如果 final 关键修饰成员变量和局部变量，则变量只赋值一次，所以可以视为常量，而且 final 关键字修饰的成员变量，在声明时系统不会对其初始化，必须进

行显示的初始化。如下列代码是错误的：

```
Public class example_1{
    public static void main(String[] args) {
        final int a=10;
        a=20;        //出现错误，final 修饰的变量只能赋值一次
}
```

3.6　多态

Java 语言的多态可以分编译时多态和运行时多态两类。编译时多态又称为静态多态，主要体现为方法重载，即编译时根据对象类型和参数决定调用哪一个方法；运行时多态又称为动态多态，指程序运行过程中对象表现形式的动态变化，即子类对象可以作为父类对象处理，主要体现为动态绑定。

3.6.1　方法重载

Java 允许一个类具有多个同名的方法。如果在一个类中存在多个方法，而这些方法名相同，参数列表不同，返回类型可以相同或不同，这称为方法的重载。创建多个构造方法是典型的方法重载（overload）。方法的重载实际上是多态特性在同一个类中的体现。Java 编译器根据实参的类型确定调用哪一个成员方法。如 java.lang.Math 类的 max()方法能够从两个数字中取最大值，根据参数类型的不同，它有多种实现方式。例如：

```
public static int max(int a, int b)
public static long max(long a, long b)
public static float max(float a, float b)
public static double max( double a, double b)
```

以下程序多次调用 Math 类的 max()方法，运行时，Java 虚拟机先判断给定参数的类型，然后决定到底执行哪个 max()方法。

```
Math.max(1, 2);        //参数均为 int 类型，因此执行 max(int a,int b)方法
Math.max(1.0F,2.0F);   //参数均为 float 类型，因此执行 max( float a,float b)方法
Math,max(1.0,2);       //自动把另一个参数转换为 double 类型,执行 max(double a, double b)
方法
```

重载方法必须满足以下条件：
① 方法名相同。
② 方法中对应的参数类型、个数至少有一项不相同。
注意：重载方法的返回值类型和修饰符可以不相同。

【案例 3-18】方法重载。

```
public class Student_3 {  // 定义一个类，含有三个重载的构造方法
    public String name;
```

```java
    public int age;
    public Student_3( ) {    // 修改默认的构造方法，默认构造方法一般用于成员的初始化操作
        name = "张四"; }
    public Student_3(int stuAge) {        //含有一个参数的构造方法
        age=stuAge;
}
    public Student_3(String stuName,int stuAge) {  //含有两个参数的构造方法
        name=stuName;
        age = stuAge;
    }
    public void show() {
        System.out.println("姓名： " + name + "\t" + "年龄： " + age); }
    public static void main(String[] args) {
        Student_3 stu1 = new Student_3();
        stu1.show();
        Student_3 stu2 = new Student_3(20);
        stu2.show();
        Student_3 stu3 = new Student_3("王五",24);
        stu3.show();
    }
}
```

程序运行结果如图 3.9 所示。

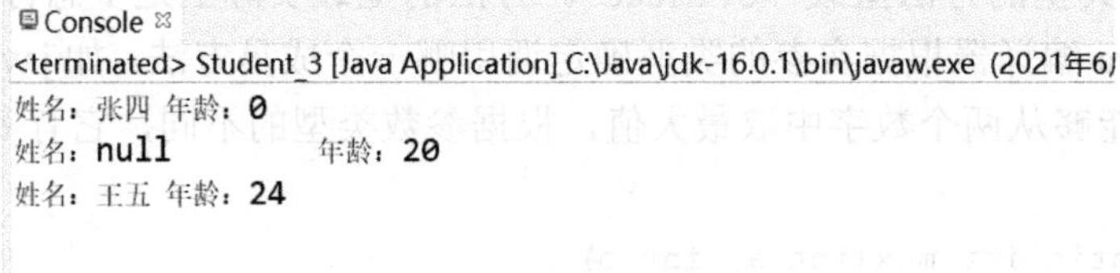

Console ⊠
<terminated> Student_3 [Java Application] C:\Java\jdk-16.0.1\bin\javaw.exe （2021年6/
姓名：张四 年龄：0
姓名：null   年龄：20
姓名：王五 年龄：24

图 3.9　方法重载程序运行结果

【案例 3-19】方法重载的定义和使用。

```java
class Student_6{
    public void  PrintMessage() { System.out.println("a student"); }
}
class GraduateStudent extends  Student_6{
    public void PrintMessage() {
        System.out.println("a Graduate  Student");  } //方法的重写
    public void PrintMessage(String name) {
        System.out.println("a Graduate  Student"+ name); } //方法的重载
}
public class Method_Overload {
    public static void main(String[] args) {
        Student_6 s =new Student_6();
        s.PrintMessage();
        GraduateStudent g =new GraduateStudent();
```

```
            g.PrintMessage();
            g.PrintMessage("李四");
        }
    }
```
运行结果如图 3.10 所示。

图 3.10　方法重载程序运行结果

说明：GraduateStudent 与 Student 类之间具有继承关系，它们的方法 PrintMessage 存在重写与重载的情况，在编译时，Java 编译器根据当前对象的类型和 PrintMessage 方法的参数的类型和数目决定调用哪一种方法。

3.6.2　对象造型

分析【案例 3-19】，GraduateStudent 和 Student 类虽然存在继承关系，但从数据类型的角度看，它们是两种不同的数据类型，而下面的语句将父类类型的变量指向子类类型的对象：
```
Student s = new GraduateStudent();
```
Java 允许这种现象发生，主要是由于 Java 类型的转换机制。Java 的类型转换分为两种，其一是基本数据类型的转换，分为自动转换和强制转换；其二是对象造型机制，分为向上造型和向下造型。

把一个类的子类引用赋值给父类变量，即父类变量指向子类的成员或方法，称为向上造型。向上造型自觉遵守对象替换原理，不需要显示声明，例如：
```
Student s =new GraduateStudent();
```
即声明了一个父类 Student 的变量 s，而 s 指向了 GraduateStudento 子类的成员和方法，这就是向上造型。

把一个父类对象赋值给子类对象需要强制类型转换，称为向下造型。向下造型必须满足这一个前提条件：父类对象必须是从子类对象向上造型过来的。

对象造型机制必须遵守下面两条原则：

① 对象只能转换为有继承关系的子类或父类对象，不能转换为没有继承关系的类实例。

② 一个类的实例也是其所在基类的实例。

【案例 3-20】对象向上造型和向下造型。

```
class Person_3 {
    public String name = "Person";
    public Person_3() { // 父类构造方法
        System.out.println("I'm a Person");
```

```
        }
        protected void sayHi() { // 父类定义 sayHi()方法
            System.out.println("HelloWorld!");
        }
    }
    class Student_8 extends Person_3 {
        String className = "大数据一班";
        public Student_8() { // 子类构造方法初始化值
            name = "haydn"; // 父类的 name 重新赋值
            System.out.println("I'm Student");
        }
        protected void sayHi() { // 重写了父类的 sayHi 方法
            System.out.println("stuClassName=" + className);
        }
    }
    public class Object_Shape_Up { // 对象向上造型
        public static void main(String[] args) {
            Person_3 pstu = new Student_8();  // 向上造型：即父类变量指向子类成员和方法.
            System.out.println("name=" + pstu.name); // 指向子类成员 name;
            pstu.sayHi(); // 指向子类方法
            System.out.println("-----------------");
            Student_8 stu = (Student_8) pstu; // 向下造型 必须是向上造型而来的
            System.out.println("name=" + stu.name);
            stu.sayHi();
        }
    }
```

程序的运行结果如图 3.11 所示。

```
Console ⋈
<terminated> Object_Shape_Up [Java Application] C:\Java\jdk-16.0.1\bin\javaw.exe (2021年6月
I'm a Person
I'm Student
name=haydn
stuClassName=大数据 一班
-----------------
name=haydn
stuClassName=大数据 一班
```

图 3.11　对象向上造型和向下造型程序运行结果

3.7　抽象类、接口、枚举类型

　　抽象类、接口、枚举类型都是引用类型的数据类型。抽象类是一种特殊的类，接口可以是说一种特殊的抽象类。本节介绍抽象方法、抽象类的定义、抽象类的实例化，接口的定义、接口的继承、接口的实现，枚举类型的定义和使用等相关知识。

3.7.1 抽象类

抽象类是类的一种特殊形式，它是类的概念的扩展。在面向对象程序设计中，对象是通过类来描述的。但反过来却不是这样，并不是所有的类都是用来描绘对象的，如果一个类中没有包含足够的信息来描绘一个具体的对象，这样的类就是抽象类。抽象类是在对问题领域进行分析、设计的过程中得出的一种抽象概念，是对一系列看上去不同，但本质上相同的具体概念的抽象。例如，现实世界中有公共汽车、轿车、吉普车等具体的概念，这些概念有一些共同的特点，抽取这些共同点，则可以进一步抽象出车辆这个概念，车辆这是一个抽象的概念，因为无法描述实现世界中任何具体的事物，像这类概念就可以用一个抽象类来描述。

（1）抽象类的定义

在一个类中，如果有某些方法不需要实现具体细节，或不能确定具体细节，则可以定义为抽象类，包含抽象方法的类，称为抽象类。抽象类定义的语法格式如下：

```
[修饰符] abstract class <类名>{
    类体
}
```

说明：

① 抽象类的声明必须使用 abstract 关键字。

② 抽象类中可以不包含抽象方法，即可以有一般的方法，但抽象方法必定属于抽象类。

③ 抽象类不能被实例化。

④ 抽象类的子类如果没有实现父类的所有抽象方法，同样也要定义为抽象类。

（2）抽象方法的定义

在 Java 语言中，定义方法时，以 abstract 修饰的方法只声明返回的数据类型、方法名称和所需的参数，没有方法体，这样的方法称为抽象方法，抽象方法定义的基本语法格式如下：

```
[修饰符] abstract <返回值类型> <方法名> ([参数列表]);
```

说明：抽象方法的声明必须使用 abstract 关键字，不能使用 private 或 static 关键字进行修饰。例如：

```
public abstract void eat();
```

（3）抽象类的作用

抽象类不能创建实例，只能被继承，从语义角度看，抽象类是从多个具体类中抽象出来的父类，它具有更高层次的抽象。从多个具有相同特征的类中抽象出一组抽象类，以这个抽象类为模板，可避免子类的随意设计。抽象类体现的就是这种模板模式的设计，抽象类作为多个子类的模板，子类在抽象类的基础上进行扩展，但是子类大致保留抽象类的行为。

【案例3-21】抽象类与抽象方法。

```
abstract class Animal_2 {
    String color;
```

```
        public Animal_2() {// 构造函数
            color = "棕色";
        }
        public abstract void eat();  //定义一个吃的抽象类
        public abstract void speak();  //定义一个叫声有抽象类
}
class Tigger extends Animal_2 {  //子类必须全部实现父类的抽象方法
        public void eat() {
            System.out.println(color + "老虎喜欢吃肉");
        }
        public void speak() {
            System.out.println("老虎在叫....");
        }
}
class Bird extends Animal_2 {
        public Bird() { // 重写抽象类中的成员变量值
            color = "黑色";
        }
        public void eat() {
            System.out.println(color + "鸟儿喜欢吃虫");
        }
        public void speak() {
            System.out.println("鸟儿在叫....");
        }
}
public class Abstract_Class_Example {
        public static void main(String[] args) {
            Tigger t = new Tigger();
            t.eat();
            t.speak();
            Bird b = new Bird();
            b.eat();
            b.speak();
        }
}
```

程序运行结果如图 3.12 所示。

```
□Console ⊠
<terminated> Abstract_Class_Example [Java Application] C:\Java\jdk-16.0.1\bin\javaw.exe
棕色老虎喜欢吃肉
老虎在叫....
黑色鸟儿喜欢吃虫
鸟儿在叫....
```

图 3.12　抽象类与抽象方法程序运行结果

3.7.2　接口

当多个类中具有多个同名、返回类型相同、参数列表相同的方法时，没有必要一一定义出每个类及每个类中的这些方法，可以通过一个接口，把这些方法定义在其中，再用类去实现接口，在实现接口的时候，只需要将自己具体的内容填写到方法内部即可。例如 USB 接口具有一个抽象方法读 read()，可以连接照相机、手机、U 盘、移动硬盘等外部设备，每一种外部设备，根据自身的特点实现读 read()的具体细节。再如，鼠标单击的操作，在不同的系统、不同的窗口中，产生的结果肯定是不尽相同，那么，我们可以定义一个鼠标事件接口，在其中定义一个"鼠标单击"方法，在不同的类中实现不同的操作结果，这就是我们在后面要学习到的 GUI 图形界面设计中的 MouseListener 接口及其中的 mouseClick（MouserEvent e）方法。

在 Java 中，出于简化程序结构的考虑，不支持类间的多重继承，而只支持单重继承，即一个类最多只能有一个直接父类，然而在解决实际问题的过程中，有很多情况下，仅仅依靠单重继承不能完整地表述问题的复杂性，因此需要其他的机制作为辅助。

为了既能够实现多重继承的功能，又不希望引入多重继承的复杂性和低效率。Java 提供了接口（Interface）。接口是用来实现多重继承功能的一种结构，它在语法上与类相似，接口中有属性和方法，接口间可以形成继承关系，但接口中只包含常量和方法的声明，没有变量和方法的实现。接口是一种概念型的模型，有助于类的层次结构的设计。

（1）接口的概念

如果一个类中所有的方法都是抽象方法，则这个类就可以表示为 Java 中另外一种类型，即接口。也可以说，接口是一种特殊的抽象类。

（2）接口的基本格式

```
[修饰符] interface <接口名> extends 父类接口 1,父类接口 2…{
    //属性和方法的定义
}
```

说明：

① 接口的结构与类完全相同。

② 接口的访问控制修饰符与类一样，但只有 public 和默认两种。

③ 接口的声明要使用关键字 interface。

④ 接口中所有的方法都是抽象方法，默认的修饰符为"public abstract"，在定义中可以省略。如："void eat();"表示定义了一个抽象方法 eat()。

⑤ 接口中所有变量都是全局常量，默认的修饰符为"public static final"，在定义中可以省略。例如："int a=10" 表示定义了一个全局常量 a。

⑥ 接口可以继承多个其他接口，即通过接口实现多重继承。

⑦ 接口不能被实例化，需要通过一个类来实现接口中所有抽象方法，才能被实例化，这个类可以称为接口的实现类。实现接口使用关键字 implements。

【案例 3-22】接口的使用。

```
interface Animal_3 {
    public abstract void eat(); // 可以写成 void eat(),也表示抽象方法
    public abstract void run();
    public static  final  int x=10; //定义一个全局常量
}
class Tigger_1 implements Animal_3 {//类需要实现接口的所有抽象方法
    int  x=20;    //在类 Tigger 中定义了成员变量
    public void eat() {
        System.out.println("老虎喜欢吃肉");
    }
    public void run() {
        System.out.println("老虎用四肢行走");
    }
}
class Bird_1 implements Animal_3 {
    public void eat() {
        System.out.println("鸟儿喜欢吃虫");
    }
    public void run() {
        System.out.println("小鸟在飞.....");
    }
}
public class Interface_Example {
    public static void main(String[] args) {
        Tigger_1 t = new Tigger_1();
        Bird_1 b = new Bird_1();
        t.eat();
        t.run();
        b.eat();
        b.run();
        System.out.println(t.x +" "+b.x);
    }
}
```

程序的执行结果如图 3.13 所示。

```
📃 Console ☒
<terminated> Interface_Example [Java Application] C:\Java\jdk-16.0.1\bin\javaw.exe
老虎喜欢吃肉
老虎用四肢行走
鸟儿喜欢吃虫
小鸟在飞.....
20 10
```

图 3.13　接口的使用程序执行结果

（3）接口的意义

在接口与接口之间是可以具有继承关系的，而且一个接口可以继承多个接口，即

通过接口实现了多重继承，弥补了 Java 语言中类的单重继承的不足，如下面的代码所示：

```
interface Sleeping extends Running,Eating{
    Void sleep();
}
interface Running{ void run();}
interface Eating { void eat(); }
```

（4）接口的多重实现

一个类可以实现多个接口，基本语法格式如下：

```
[修饰符] class <类名>[extends 父类名] [implements 接口1,接口2…]{
    //类体
}
```

说明：一个类可以在继承一个类的同时实现多个接口。如下例所示：

【案例 3-23】接口的多重继承。

```
interface Sports { // 定义一个接口
    void Run();
    void Jump();
}
class Person_4 {
    String name = "李刚";
    int age = 20;
    public void show() {
        System.out.println("姓名:" + this.name + "\t年龄:" + this.age);
    }
}
class Student_9 extends Person_4 implements Sports { // 继承类的同时，实现接口
    public void Run() {
        System.out.println(super.name + "在跑");
    }
    public void Jump() {
        System.out.println(this.name+ "在跳");
    }
}
public class Interface_Many_Extend {
    public static void main(String[] args) {
        Student_9 stu = new Student_9();
        stu.show();
        stu.Run();
        stu.Jump();
    }
}
```

程序的运行结果如图 3.14 所示。

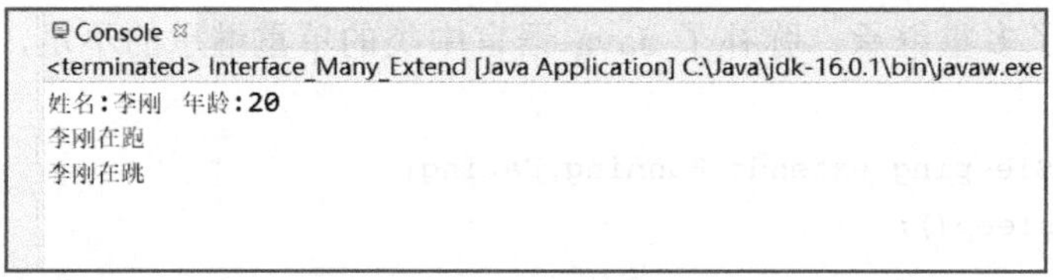

图 3.14　接口的多重继承

3.7.3　枚举

（1）枚举类型的概念

枚举是 Java 语言中一种引用类型，用于表示若干个常量组成的数据集合。枚举类型主要应用于表示数量较少的常量组成的集合。

例如，一周七天，是由周一、周二……周日七个数据构成的数据集合，三基色是由红、绿、蓝三种颜色构成的数据集合，这些常量构成的包含较少的数据集合都可以用枚举类型表示。

（2）枚举类型的定义

其基本格式如下：

```
[访问控制修饰符] enum <枚举类型名>{
    //枚举类型元素
}
```

说明：

① 访问控制修饰符与类相同，只有 public 和默认两种。

② 关键字 enum 用于声明枚举类型。

③ 枚举类型名与类的命名要求和规范相同。

④ 枚举类型的元素表示的是常量，所以枚举类型元素名通常都是大写。

（3）枚举类型元素调用

枚举类型元素的调用格式为："枚举类型名.元素名"。

下列是将交通灯红、绿、黄三种颜色定义为一个枚举类型，并对其元素进行访问。

【案例 3-24】枚举应用。

```java
enum Traffic_Light{
    RED,GREEN,YELLOW
}
public class Enum_Class {
    public void traSignal(Traffic_Light deng) {
        if(deng.equals(Traffic_Light.RED)){System.out.println("红灯停"); }
        if(deng.equals(Traffic_Light.YELLOW)) { System.out.println("黄灯准备"); }
        if(deng.equals(Traffic_Light.GREEN)) { System.out.println("绿灯行"); }
    }
    public static void main(String[] args) {
        Enum_Class e =new Enum_Class();
```

```
        e.traSignal(Traffic_Light.RED);
    }
}
```

本章小结

本章是全书的一个重点章节，面向对象的基础知识，与面向过程 C 语言或其他语言有本质的区别，读者在学习本章时，首先要建立面向对象的思想，才能学好本章节。本章主要讲述了面向对象程序设计的基本原理、概念和特点，重点讲述了类和对象，定义类，类的修饰符，成员变量和局部变量，对象的创建与使用，成员变量的访问权限；方法的定义、方法的调用、构造方法、this 关键字、static 关键字及类的封装；包的概念、创建包和导入包；类的继承定义、方法的重写、super 关键字、final 关键字；多态、方法的重载、对象造型；抽象类、接口和枚举等知识。要求读者一定要熟练掌握基本概念，多进行上机实践操作，逐步熟练掌握。

思考与练习

一、单项选择题

1. 关于类和对象，下列叙述正确的是【   】。
   A. 类是由多种相同的对象的抽象，类是 Java 程序设计的最小单位
   B. 类是对象的抽象，对象是类的实例
   C. 对象是由多个类组合而成的
   D. 类是对象的集合，由多个对象组成类

2. 以下关于接口的叙述中，正确的是【   】。
   A. 所有的接口都是公共接口，可被所有的类和接口使用
   B. 一个类通过使用关键字 interface 声明自己使用一个或多个接口
   C. 接口中所有的变量都默认为 public abstract 属性
   D. 接口体中不提供方法的实现

3. 在以下供选择的概念中，不属于面向对象语言概念的是【   】。
   A. 类   B. 函数   C. 动态联编   D. 抽象

4. 在 Java 语言中，能够实现字符串连接的方法是【   】。
   A. String substring(int startpoint)   B. String concat(String s)
   C. String replace(char old,char new)   D. String trim()

5. Java 语言中，在类定义时用 final 关键字修饰，是指这个类【   】。
   A. 子类必须实现父类未实现的方法   B. 没有具体实现代码

C. 必须要有实例　　　　　　　　　　D. 不能被继承

6. 以下哪一项不是类的修饰符【　　】。
　　A. public　　　　B. final　　　　C. abstract　　　　D. static

7. 定义局部变量时，可以使用以下哪个修饰符进行修饰【　　】。
　　A. final　　　　B. public　　　　C. protected　　　　D. private

8. 类的成员变量也称为类的【　　】。
　　A. 方法　　　　B. 行为　　　　C. 属性　　　　D. 函数

9. Java 中，用【　　】关键字定义类。
　　A. public　　　　B. static　　　　C. this　　　　D. class

10. 定义类时，用【　　】修饰的成员变量或方法，在访问时不需要创建对象。
　　A. public　　　　B. static　　　　C. this　　　　D. class

11. 下面【　　】是正确的类的定义。
　　A. public void HH {…}　　　　　　B. public class Move( ) {…}
　　C. public class void number{}　　D. public class Car {…}

12. 构造方法的名称和【　　】的名称相同。
　　A. 类　　　　B. 对象　　　　C. 成员变量　　　　D. 成员方法

13. 被【　　】修饰的类成员，只能在同一个类中被访问。
　　A. private　　　　B. default　　　　C. protected　　　　D. public

14. 以下控制级别（可访问范围）由小到大依次列出正确的是【　　】。
　　A. private、default、protected 和 public
　　B. default、private、protected 和 public
　　C. protected、default、private 和 public
　　D. protected、private、default 和 public

15. 类的封装是指在定义一个类时，使用【　　】关键字来修饰类中的属性。
　　A. private　　　　B. default　　　　C. protected　　　　D. public

16. 在进行类的封装时，set 方法通常【　　】。
　　A. 无参数、无返回值　　　　　　B. 无参数、有返回值
　　C. 有参数、无返回值　　　　　　D. 有参数、有返回值

17. 在进行类的封装时，get 方法通常【　　】。
　　A. 无参数、无返回值　　　　　　B. 无参数、有返回值
　　C. 有参数、无返回值　　　　　　D. 有参数、有返回值

18. 在类的继承关系中，需要遵循【　　】继承原则。
　　A. 多重　　　　B. 单一　　　　C. 双重　　　　D. 不能继承

二、多项选择题

1. 以下【　　】是面向对象的三大特征。
　　A. 构造　　　　B. 多态　　　　C. 继承　　　　D. 封装

2. 下面对于构造方法的描述，正确的有【　　】。
　　A. 方法名必须和类名相同
　　B. 方法名的前面没有返回值类型的声明

C．在方法中不能使用 return 语句返回一个值

D．当定义了带参数的构造方法，系统默认的不带参数的构造方法依然存在

3．Java 提供了【　　】访问级别。

A．private　　　　B．default　　　　C．protected　　　　D．public

4．关于 super 关键字以下说法【　　】是正确的。

A．super 关键字可以调用父类的构造方法

B．super 关键字可以使用父类的私有成员

C．super 与 this 不能同时存在于同一个构造方法中

D．super 与 this 可以同时存在于同一个构造方法中

三、简答题

1．final 修饰符在 Java 中有什么用？

2．接口有什么特点？

3．接口与抽象类有什么区别？

4．什么是重写？什么是重载？

四、编程题

1．设计人类 Person、学生类 Student 以及一个测试类 Test，要求如下：

（1）人类 Person 中包含姓名 name 和年龄 age 两个属性，以及一个说话 speak 方法；具有无参数构造方法和带有两个参数的构造方法；完成两个属性的封装；speak 方法无参数、无返回值，用于输出"我叫（姓名），今年（几）岁了"，其中（）内的数据来源于属性值。

（2）学生类 Student 继承了人类 Person。

（3）在测试类 Test 的主方法中创建学生类对象，姓名为"田可"，年龄 20 岁。

2．设计一个形状类 Shape，方法：求周长和求面积。形状类的子类：Rect（矩形），Circle（圆形）。Rect 类的子类：Square（正方形）。不同的子类会有不同的计算周长和面积的方法。

3．设计一个台灯类（Lamp），其中台灯有灯泡类（Buble）这个属性，还有开灯（on）这个方法。设计一个灯泡类（Buble），灯泡类有发亮的方法，其中有红灯泡类（RedBuble）和绿灯泡类（GreenBuble），它们都继承灯泡类（Buble）一个发亮的方法。

第 4 章
字符串

字符串是编写各种类型的程序时使用最为频繁的数据类型之一，在 C 语言中，字符串一般用一维字符数组或者字符指针表示，并以 ASCII 码为 0 的字符作为字符串结束标识，Java 将字符串作为对象来处理，并提供了数量众多的 API，以使对字符串的各种操作变得更加容易和规范。

【知识目标】

1. 掌握字符串常量的不可变性与字符串的创建方法；
2. 理解字符串对象的等价性；
3. 掌握字符中对象的常用 API 的使用方法；
4. 理解 StringBuffer 类常用 API，并能正确应用。

【能力目标】

1. 能在程序设计中，灵活运用字符串对象编写相关程序；
2. 能使用 StringBuffer 类进行字符串的追加、插入、删除、拼接等相关操作。

【思政与职业素质目标】

1. 培养具有科学的分析思维，对出现的问题有主观分析、客观分析的能力；
2. 培养具有对自己正确的认识，能发现自己的不足，能制订改进的措施；
3. 培养具有强烈的自我约束能力，能进行很好的自我控制。

4.1 String 类

字符串（Character String）是指由若干字符组成的序列。Java 将字符串作为对象来进行处理，并使用一对双引号（" "）将其括起来，其可以是一个字符，也可以是一个字符序列或多个字符序列组成。Java 的核心类库中提供了一系列的 API 来操作字符串对象。

Java 中主要的字符串相关类有 String、StringBuffer 和 StringBuilder，都位于 java.lang 包下，其中 String 类用于表示字符串常量，即建立以后不能改变，而 StringBuffer 和 StringBuilder 类则当于字符缓冲区，建立以后可以修改。

4.1.1 字符串常量与创建

4.1.1.1 字符串常量

字符串常量是指使用双引号括起来的若干个字符，Java 编译器自动为每个字符串常量生成一个 String 类的实例，因此可以用字符串常量直接初始化一个 String 对象。如：

```
String s = "hello world! ";
```

上述语句的实际意义是：为字符串"hello world! "创建一个 String 类的实例，并将其赋值给 String 类对象的引用 s，这种创建字符串的方式称为隐式创建。

由于每个字符串常量对应一个 String 类对象，所以字符串常量可以直接调用类 String 串提供的 API。例如：

```
int len = "hello world!".length();   //len 为 12,即字符串包含字符的个数
```

String 类是专门用于处理字符串常量的类，也就是说，String 类的对象就是字符串常量。因此，一旦被创建，其内容就不能再被改变，若要对字符串常量进行任何处理，只能通过 String 类的 API 来完成。此外，String 类中定义的 API 也不会改变其对象的内容。如下例：

【案例 4-1】字符串不可变。

```
public class String_Const_Test {
    public static void main(String[] args) {
        String s = "abcd";
        System.out.println("s=" + s);
        s = "abcde";
        System.out.println("s=" + s);
    }
}
```

程序的运行结果为：

```
s=abcd
s=abcde
```

这里，s 的值确实改变了，那么怎么还说 String 对象是不可变的呢。其实这里存在一个误区：s 只是一个 String 对象的引用，并不是对象本身。对象在内存中是一块内存区，成员变量越多，这块内存区占的空间越大。引用只是一个 4 字节的数据，里面存放了它所指向的对象的地址，通过这个地址可以访问对象。也就是说，s 只是一个引用，它指向了一个具体的对象，当 s="abcd"; 这句代码执行过之后，又创建了一个新的对象"abcde"，而引用 s 重新指向了这个新的对象，原来的对象"abcd"还在内存中存在，并没有改变。因此，可以简单地理解为 s 只是一个引用，其指向了对象。

4.1.1.2 字符串对象创建

和创建其他类的对象一样，String 对象的创建也可以使用关键字 new 来实现，这种创建字符串的方式称为显示创建。由于 String 类含有多个重载的构造方法，因此，在创建 String 对象时，可以选择使用不同的方式来创建对象，表 4.1 列出了 String 类提供的常用构造方法。

表 4.1　String 类常用构造方法

构造方法	主要功能
String()	创建空的字符串
String(String value)	创建与参数相同的字符串
String (byte[] bytes)	使用字节数组生成一个字符串
String(char[ ] chr)	通过字符数组生成一个字符串
String s ="abcd";	直接赋值方法生成一个字符串

如下列程序，创建字符串。

【案例 4-2】创建字符串。

```
public class String_Create {
    public static void main(String[] args) {
        // 1.通过字符串构造方法
        String s = new String();
        System.out.println("s:" + s);
        String s1 = new String("abcde");
        System.out.println("s1:" + s1);
        // 2.通过字符数组生成一个字符串
        char[] c = { 'a', 'b', 'c', 'd' };
        String s2 = new String(c);
        System.out.println("s2:" + s2);
        // 3.通过字节数组生成一个字符串
        byte[] bye = { 65, 66, 67 };
        String s3 = new String(bye);
        System.out.println("s3:" + s3);
        // 4.直接赋值方法生成一个字符串
        String s4 = "abcedef";
        System.out.println("s4:" + s4); // 最简单，最常用。
    }
}
```

程序运行结果如图 4.1 所示。

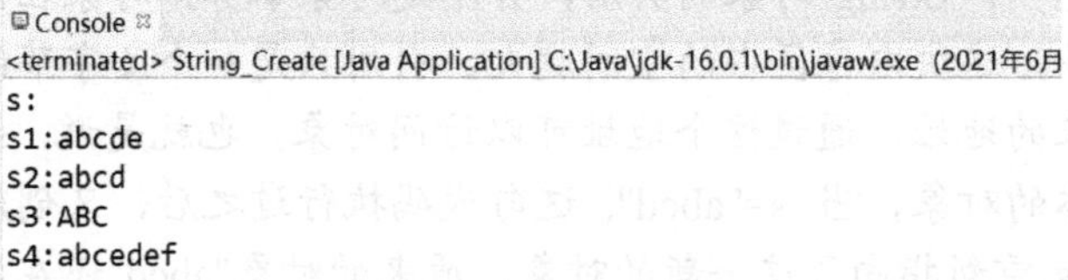

```
Console ⊠
<terminated> String_Create [Java Application] C:\Java\jdk-16.0.1\bin\javaw.exe (2021年6月
s:
s1:abcde
s2:abcd
s3:ABC
s4:abcedef
```

图 4.1　字符串创建

4.1.2　字符串对象的等价性

在 Java 中，对于两个具有相同基本类型的数据，可以使用关系运算符 "==" 来比较它们是否相等，对于对象类型却不能如此，因为有可能两个内容相同的对象其引用并不相等。

对于两个字符串对象的比较，若比较的是内容，必须使用 String 类重写自根类 Object 的 equals 方法。若比较的是引用，即两个字符串对象是否引用了同个对象，则使用 "==" 运算符。

【案例 4-3】 字符串的比较。

```
public class String_equals {
    public static void main(String[] args) {
        // 构造方法的方式得到对象
        char[] chs = { 'a', 'b', 'c', 'd' };
        String s1 = new String(chs);
        String s2 = new String(chs);
        // 直接赋值的方式得到对象
        String s3 = "abcd";
        String s4 = "abcd";
        // 比较字符串对象地址是否相同
        System.out.println(s1 == s2); // false 地址是不相同的
        System.out.println(s3 == s4); // true 地址是相同的
        System.out.println(s1 == s3); // false  s1 在栈中, s3 在公共池中
        System.out.println("-------------");
        // 比较字符串的内容是否相同
        System.out.println(s1.equals(s2));
        System.out.println(s1.equals(s3));
        System.out.println(s3.equals(s4));
    }
}
```

说明：

① s1 和 s2 尽管创建时内容相同，但其地址是不相同的，所以返回为 false。

② 为什么 s3 和 s4 进行比较地址，输出为 true 呢？这里需要理解 Java 在字符串对象的管理过程中使用的字符串常量池（String spool）机制。当隐式创建字符串对象 s4 时，JVM 会先查询字符串常量池是否已经存在该字符串对象 "abcd"，若存在，则直接让 s4 引用该常量，否则会在池中产生一个新的字符串 "abcd"，然后让 s4 指向它。因此，s3 和 s4 指向的字符串都是常量池中的 "abcd" 对象。

③ 为什么 s1 和 s3 比较的地址也为 false 呢？因为使用 new 生成对象 s1 时，其对象是放在栈中，而 s3 是对象的引用，是在公共池中，是在内存的两个不同位置，因此地址是不同的。

④ equals 是 String 类提供的一个字符串内容比较的方法，只要字符串内容相同，则返回为 true。

4.1.3 字符串常用的 API

String 类定义的 API 较多，大体上可以分为求字符串长度及字符的访问、子串操作、子符串比较、字符串修改和字符串类型转换等几类，详细情况请读者查阅相关 JDK 帮助文档。

（1）求字符串长度及字符的访问

① int length()：返回当前字符串对象的长度，即字符串中字符个数。Length 在这里是 String 类的方法，但对数组来说，它是属性，注意区别。

② char charAt(int index)：返回当前字符串串索引为 index 的字符，index 必须介于 0-length()-1 之间，否则会抛出 StringIndexOutOfBoundsException 异常。

```
public static void main(String[] args) {
        String str = "java程序设计实用教程";
        for(int i=0;i<str.length();i++) {
            System.out.print(str.charAt(i));
        }
}
```

程序运行结果为：

Java 程序设计实用教程

（2）子串操作

① int indexOf(String str, int from)：查找子串 str 在当前字符串中从 from 索引开始首次出现的位置，若不存在子串 str 则返回-1。

② int lastIndex(String str int from)：查找子串 str 在当前字符串中从 from 索引开始最后一次出现的位置。若不存在子串 str 则返回-1。

③ String substring(int begin,int end)：取得当前字符串中从索引 begin 开始（含）至索引 end 线束（不含）的子串。例如：

```
public static void main(String[] args) {
        // 取出张三的年龄和电话号码
        String tel = "张三年龄:23电话:13637888809";
        int index = tel.indexOf(':');
        int lastindex = tel.lastIndexOf("电");
        System.out.println(tel.substring(index + 1, lastindex));
        int last = tel.lastIndexOf(':');
        System.out.println(tel.substring(last + 1));
}
```

程序运行结果为：

23
13637888809

（3）字符串比较

① boolean equals(object obj)：重写自根类 Object 的方法。若 obj 是 String 类型，则比较内容是否相同，否则返回 false。

② boolean equalsIgnoreCase(String str)：以忽略字母大小写的方式比较 str 与当前字符串对象内容是否相同。

③ int compareTo(String str)：按对应字符的 Unicode 编码比较 str 与当前字符串对象的大小。若当前对象比 str 大，返回正整数；若比 str 小，返回负整数；若相等则返回为 0。此方法相当于 C 语言的 strcmp 函数。

④ int compareToIgnoreCase(String str)：与方法③类似，但忽略字母大小写。

⑤ Boolean startsWith(String prefix)：判断当前字符串对象是否以 prefix 开头。

⑥ Boolean endsWith(String suffix)：判断当前字符串对象是否以 suffix 结尾。

例：

```java
public static void main(String[] args) {
    String x1 = "abcd";
    String x2 = "abcD";
    boolean b1 = x1.equals(x2);
    System.out.println(b1); // false;
    boolean b2 = x1.equalsIgnoreCase(x2);
    System.out.println(b2); // true;
    int y = x1.compareTo(x2);
    System.out.println(y); // 返回一个大于 0 的正值
    int z = x1.compareToIgnoreCase(x2);
    System.out.println(z); // 返回 0
    String str = "</title>清华大学</title>";
    if (str.startsWith("</title>") && str.endsWith("</title>")) {
        System.out.println("这是网页标题");
    }
}
```

程序输出结果如图 4.2 所示。

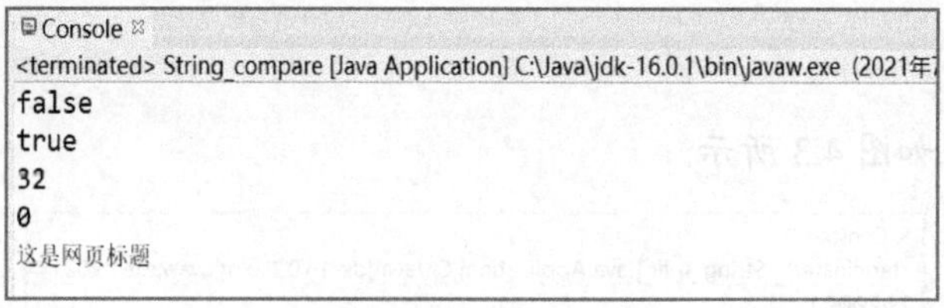

```
Console ※
<terminated> String_compare [Java Application] C:\Java\jdk-16.0.1\bin\javaw.exe (2021年
false
true
32
0
这是网页标题
```

图 4.2　程序运行结果

（4）字符串修改

① String toLowCase()：将当前字符串对象中的字母全部转为小写。

② String toUpperCase()：将当前字符串对象中的字母全部转为大写。

如：

```java
System.out.println("abcdEF".toUpperCase()); //ABCDEF
System.out.println("abcdEF".toLowerCase()); //abcdef
```

③ String replace(Char oldChar,char newChar)：将当前字符串对象中的 oldChar 字符全部用 newChar 替换。如：

```java
String s = "abcaefg".replace('a','X');
```

```
System.out.println(s);                    //XbcXefg
```
④ String trim():去掉当前字符串对象的首尾空白字符(通常是空格字符)。
如:
```
String s1 = " abcd   ";
System.out.println(s1.length());  //8
String s2 = s1.trim();
System.out.println(s2.length());  //4
```
(5) 其他字符串 API

① tostring():得到对象本身的字符串描述。如:
```
Integer  a = 123;
System.out.println(x1.toString());
```
② String concat(String str):将 str 连接到当前字符串对象之后。如:
```
String str1 = "Java".concat("程序");
System.out.println(str1.concat("设计")); //Java 程序设计
```
③ String[] split(String str):以 str 作为分隔串分割当前字符串对象,得到的多个子串以字符串数组返回。

【案例 4-4】爬虫数据分割。

在进行网上爬虫时,经常会爬下很多数据,而这些数据是以字符串的形式存放的,因此,可以利用 split()方法进行分割,便于后期数据分析。
```
public class String_split {
    public static void main(String[] args) {
        String str1 ="2020001,张三,男,2003-9-2,重庆,重庆市渝中区";
        String[] str2 =str1.split(",");
        for(String x : str2) {
            System.out.println(x);
        }
    }
}
```
程序运行结果如图 4.3 所示。

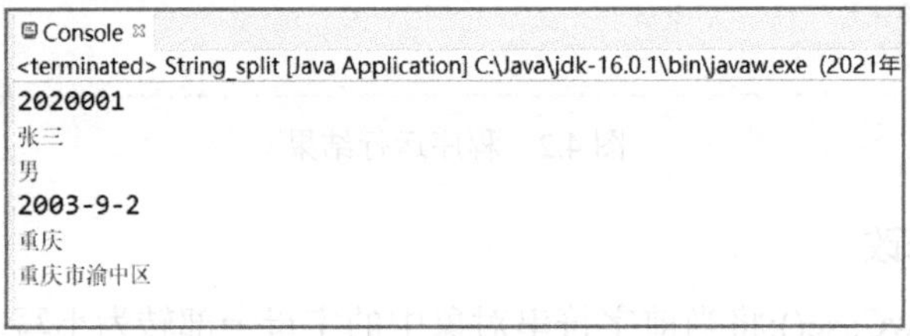

图 4.3 字符串分割

4.1.4 字符串常用的其他方法

(1) 字符串与字符数组和字节数组之间的转换

借助字符串类 String 的构造方法和成员方法,可以方便地将字节数组和字符数组转换为字符串，或者将字符串转换为字节数组和字符数组。

① byte[ ] getByte()：使用平台的默认字符集将此 String 编码为字节序列，将结果存储到新的字节数组中。

② char[] toCharArray()：将此字符串转换为新的字符数组。

如：

```java
public class String_byteArray_to_String {
    public static void main(String[] args) {
        // 字节数组 -->字符串
        byte[] b = { 65, 66, 67, 68, 69 };
        String s = new String(b); //ABCDE
        System.out.println(s);
        // 字符数组-->字符串
        char[] a = { 'a', 'b', 'c', 'd', 'e', 'f' };
        String str = new String(a);
        System.out.println(str); // abcdef
        // 字符串-->字节数组
        byte[] b1 = new byte[10];
        b1 = str.getBytes();
        for (byte x : b1) {
            System.out.print(x + " "); // 97 98 99 100 101 102
        }
        // 字符串-->字符数组
        String str2 = "abcdf";
        char[] ch = str2.toCharArray();
        for (int i = 0; i < ch.length; i++) {
            System.out.print(ch[i] + " "); // a b c d f
        }
    }
}
```

（2）字符串与数值相互转换

通过调用 java.lang 包中 Integer 类的类方法，可以将数字格式的字符串转化为指定的数值。使用 String 类的 valueOf()方法可以将 byte、int、long、float、double 等类型的数值转换为字符串。如：

```java
public class String_int {
    public static void main(String[] args) {
        // 字符串-->整数
        String s = "2021";
        int x = Integer.parseInt(s) + 10;
        System.out.println(x);     // 2031
        // 数值-->字符串
        String s1 = String.valueOf(123.45);
        String s2 = s1 + "101";
        System.out.println(s2);     // 123.45100
    }
}
```

4.2 StringBuffer 类

字符串类 String 是 final 限定的类型，在多线程编程时，因为其不变性的特点，使得其在多线程中共享时不会有额外的开销，这极大提升了性能，但同时也带来了问题，字符串类型作为一个不可变的对象，如果它需要改变，会有什么样的问题呢？

不变的对象有时候会极大地提升程序的性能，但也可能会耗尽系统资源，如下面的代码：

```
String str = "abc" + "def"
```

这段代码看似简单，但实际上程序创建了三个字符串对象，分别是"abc""def""abcdef"。如果这样的拼接数量不断增加，会使程序系统产生极大的性能消耗。为了避免这样的情况发生，Java 使用了 StringBuffer 类和 StringBuilder 两个类来处理这类问题。

4.2.1 StringBuffer 类常用 API

正如类名所揭示的，StringBuffer 实际上是一种字符串缓冲区，每个 StringBuffer 对象所占的内存空间是可以动态调整的，以方便修改其中的字符串内容，从而节约内存开销，表 4.2 列出了 StringBuffer 类的常用 API。

表 4.2　StringBuffer 类的常用 API

方法原型	功能及参数说明
StringBuffer()	创建一个初始容量为 16，不含任何内容的字符串缓冲区
StringBuffer (int capacity)	创建一个初始容量为 capacity，不含任何内容的字符串缓冲区
StringBuffer (String str)	构造一个初始容量为 s.length()+16，内容为 str 的字符串缓冲区
int capacity()	获取字符串缓冲区的当前容量
StringBuffer append (xxx obj)	追加 obj 到缓冲区中字符串的末尾。xxx 可以是任何类型
StringBuffer insert(int offset, xxx obj)	在缓冲区字符串中的 offset 索引处插入 obj。xxx 可以是任何类型
StringBuffer delete(int start, int end)	删除缓冲区字符串从索引 start(含)至索引 end(不含)的子串
StringBuffer deleteCharAt(int index)	删除缓冲区中字符串 index 索引处的字符
StringBuffer reverse()	翻转缓冲区的字符串
void setCharAt(int index,char ch)	将缓冲区中字符串 index 索引处的字符修改为 ch
StringBuffer replace(int start,int end, String s)	将缓冲区字符串从索引 start(含)至索引 end(不含)的子串替换为 s
String substring(int start)	获得缓冲区中字符串从索引 start(含)至末尾的子串
String substring(int start,int end)	获得缓冲区字符串从索引 start(含)至索引 end(不含)的子串
String toString()	获得缓冲区的字符串

注意：从 JDK5 开始新增了 StringBuilder 类，其功能与 StringBuffer 类似，但前者是非线程安全的，而后者是线程安全的。在单线程情况下，建议优先使用 StringBuilder 类，其性能通常高于 StringBuffer。由于 StringBuilder 类和 StringBuffer 类使用基本相同，在

本书中只介绍 StringBuffer，读者可以自行学习 StringBuilder 类。

4.2.2　StringBuffer 的应用

4.2.2.1　字符串的追加 append

在 StringBuffer 中，字符串的追加可以使用 append 方法，其功能是把字符串追加到缓冲区字符串的末尾。例：

【案例 4-5】字符串追加。

```java
public class StringBuffer_2 {
    public static void main(String[] args) {
        StringBuffer sb1 = new StringBuffer("abc");
        System.out.println("sb1:" + sb1);
        // 1.追加字符串
        sb1.append("123qwe");
        System.out.println("sb1:" + sb1);
        sb1.append("北京").append("邮电").append("大学"); // 链式追加
        System.out.println("sb1:" + sb1);
        // 2.追加字符数组
        char[] a = { 'a', 'b', 'c' };
        StringBuffer sb2 = new StringBuffer();
        sb2.append(a);
        System.out.println("sb2:" + sb2);
        // 3.追加字符数组部分内容
        char[] b = { 'a', 'b', 'c', 'd', 'e', 'f' };
        StringBuffer sb3 = new StringBuffer("xyz");
        sb3.append(b, 2, 3);
        System.out.println("sb3:" + sb3);
        // 4.追加数值
        sb3.append(10);
        System.out.println("sb3:" + sb3);
    }
}
```

程序运行结果如图 4.4 所示。

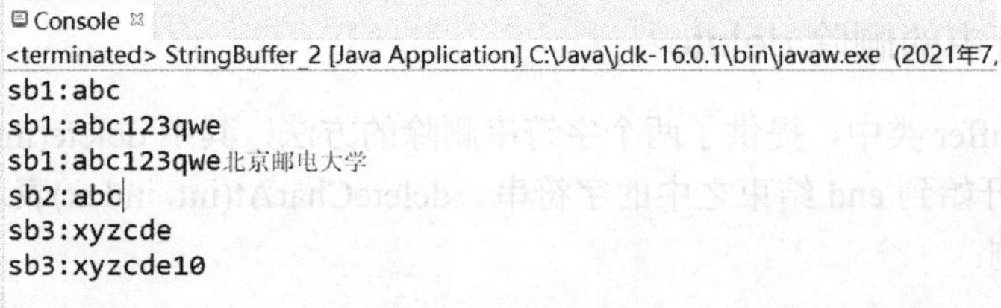

```
Console
<terminated> StringBuffer_2 [Java Application] C:\Java\jdk-16.0.1\bin\javaw.exe (2021年7,
sb1:abc
sb1:abc123qwe
sb1:abc123qwe北京邮电大学
sb2:abc
sb3:xyzcde
sb3:xyzcde10
```

图 4.4　字符串的追加

4.2.2.2 字符串的插入 insert

StringBuffer 类的 insert 方法可以在指定位置插入相应的值，这个值可以是 Java 的任何基本类型，如果是 boolean 类型，则以字面量值插入到指定的索引位置，该索引位置的值依次向后移动。insert 可接受一个字符序列作为参数，从指定的字符序列索引位置取出指定长度的字符序列，插入到 StringBuffer 对象的指定索引位置，该索引位置及之后的字符依次向后移动。

【案例 4-6】字符串插入。

```
public static void main(String[] args) {
        String s = "abcdefg";
        StringBuffer sb1 = new StringBuffer(s);
        // 以上这两行的功能，实质是把定长的字符串，转换成可变长度的字符串
        System.out.println("sb1:" + sb1);
        // 1.插入字符串/字符
        sb1.insert(2, 'A');// 在 sb1 字符串索引 2 位置插入 ABCD
        System.out.println("sb1:" + sb1);
        // 2.插入一个字符数组
        char[] a = { 'A', 'B', 'C', 'D', 'E' };
        StringBuffer sb2 = new StringBuffer("abcd");
        sb2.insert(2, a);
        System.out.println("sb2:" + sb2);
        // 3.插入相应的数值
        StringBuffer sb3 = new StringBuffer("abcd");
        sb3.insert(2, 100);
        System.out.println("sb3:" + sb3);
    }
```

程序的运行结果如图 4.5 所示。

```
Console
<terminated> StringBuffer_insert [Java Application] C:\Java\jdk-16.0.1\bin\javaw.exe (2021年7月
sb1:abcdefg
sb1:abAcdefg
sb2:abABCDEcd
sb3:ab100cd
```

图 4.5　字符串插入程序运行结果

4.2.2.3 字符中的删除 delete

在 StringBuffer 类中，提供了两个字符串删除的方法，其中 delete(int start, int end)表示删除从 start 开始到 end 结束之中的字符串。deleteCharAt(int index)表示删除指定索引的字符。如下例：

【案例 4-7】字符串的删除。

```
public static void main(String[] args) {
```

```
//删除字符串的一部分字符
StringBuffer sb = new StringBuffer("北京邮电大学2019计算机科学与技术专业");
sb.delete(6, 10); //删除2020
System.out.println(sb);
//删除指定索引位置的字符
StringBuffer  sb2 = new StringBuffer("abcdABCD");
sb2.deleteCharAt(4);
System.out.println(sb2);
}
```

程序运行结果如图 4.6 所示。

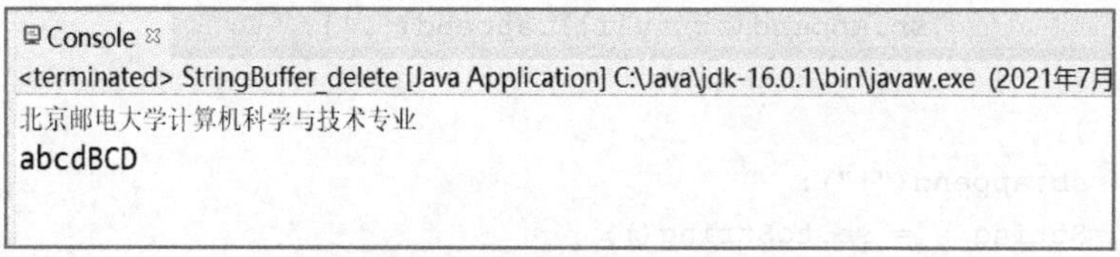

```
🖵 Console ⊠
<terminated> StringBuffer_delete [Java Application] C:\Java\jdk-16.0.1\bin\javaw.exe (2021年7月
北京邮电大学计算机科学与技术专业
abcdBCD
```

图 4.6　字符串删除程序运行结果

4.2.2.4　字符串与可变字符串的相互转换

由于字符串是定长的，因此在使用时，可根据需要，把定长字符串转换成可变长度的字符串，即把 String 类转换成 StringBuffer 类。其转换方法如下。

把 StringBuffer 转换为 String。利用 toString()方法可以实现把 StringBuffer 转换成 String。把 String 转换为 StringBuffer，利用构造方法 public StringBuffer(String s)可实现把 String 转换成 StringBuffer。如下例所示：

【案例4-8】定长字符串与可变字符串转换。

```
public static void main(String[] args) {
        // 1.StringBuffer 转换为 String
        StringBuffer sb1 = new StringBuffer();
        sb1.append("hello");
        String str1 = sb1.toString(); // StringBuffer 类型转换成成 String 类型
        System.out.println(str1);
        // 2.String 转换为 StringBuffer
        String s1 = "world";
        StringBuffer sb2 = new StringBuffer(s1);
        System.out.println(sb2);
    }
```

需要注意的是，不能直接把 StringBuffer 类型赋值给 String 类型，如上例中，不能使用 String str1 = sb1;这样的形式，因为两边的数据类型不一致，系统不能进行自动转换。同样，也不能使用 StringBuffer sb2 = s1;的形式。

4.2.2.5　字符串的拼接

字符串的拼接，主要使用 append 方法，即在前一个字符串的基础之上，追加字符串，如下例：

【案例4-9】把 int 数组中数据按照指定的格式拼接成一个字符串返回.如：int[] a ={1,2,3,4}转换成一个字符串，结果为[1,2,3,4]。

```java
public class StringBuffer_intArray_toString {
    public static String intArray_to_String(int[] array) {
        StringBuffer sb = new StringBuffer();
        sb.append('[');
        for (int i = 0; i < array.length; i++) {
            if (i == array.length - 1) {
                sb.append(array[i]);
            } else {
                sb.append(array[i]).append(',');
            }
        }
        sb.append("]");
        String s = sb.toString();
        return s;
    }
    public static void main(String[] args) {
        int[] a = { 1, 2, 3, 4, 5 };
        String str = intArray_to_String(a);
        System.out.println(str);    //[1,2,3,4]
    }
}
```

本章小结

本章主要描述了 Java 中常用的一种类——String 类，该类在程序设计中使用比较频繁，通过本章的学习，读者需要掌握字符串常量的创建，特别是字符串常用的 API，能利用字符串常量进行简单的编程，对于可变长度的字符串类 StringBuffer 类，需要重点掌握，包括其相应的 API，并且需要学习其使用。

思考与练习

一、单项选择题

1. 下面的程序段执行后，输出的结果是【　　】。

```java
StringBuffer  s = new  StringBuffer("Chongqing2021");
s.insert(9,"@");
System.out.println(s.toString());
```

A. Chongqing@2021　　　　　　B. @ Chongqing2021

C. Chongqing2021@　　　　　　D. Chongqin@g2021

2. 当执行了下列程序，其说法正确的是【　　】。

```
String s="abc";
String s="abcd";
System.out.println(s);
```

A. 字符串 s 是一个对象，其值被修改为 abcd

B. S 是一个对象的引用，其指向位置发生了变化，"abc" 在内存中依然存在

C. 字符串 S 是一个对象，其值没有被改变

D. S 是一个对象的引用，其指向位置能发生变化，但 "abc" 不再存在

3. 如果有下列程序，执行后，其输出结果为【　　】。

```
byte[] bye = {97, 98, 99 };
String str = new String(bye);
System.out.println(str);
```

A. abc　　　　　B. ABC　　　　　C. 979899　　　　　D. 程序出错

4. 已知 String s="ABCDEFGHIJABC"，以下说法错误的是【　　】。

A. s.indexOf("C")等于 2　　　　　B. s.indexOf("EFG",2)等于 4

C. s.indexOf("A"，7)等于 10　　　　　D. s.indexOf("D"，4)等于−1

5. 有如下程序，其输出值是【　　】。

```
char[] chs = { 'a', 'b', 'c', 'd' };
String str1 = new String(chs);
String str2 = "abcd";
System.out.println(str1 == str2);
System.out.println(str1.equals(str2));
```

A. true　　true　　　B.false　true　　　C. true　false　　　D.false　false

6. 执行如下程序，其输出结果为【　　】。

```
String s="JavaWorld";
System.out.print(s.indexOf("a", 4));
```

A. −1　　　　　B. 0　　　　　C. 1　　　　　D. 4

7. 执行如下程序，其输出结果为【　　】。

```
String x1 = "abcd";
String x2 = "Abcd"
int y = x1.compareTo(x2);
System.out.println(y);
```

A. 32　　　　　B. 1　　　　　C. 0　　　　　D. −32

8. 执行下列程序，其输出结果为【　　】。

```
String s1 = String.valueOf(100.20);
String s2 = s1 + 100;
System.out.println(s2);
```

A. 200.20　　　　　B. 200　　　　　C. 出现错误　　　　　D. 100.2100

二、简答题

1. Java 中操作字符串都有哪些类？它们之间有什么区别。

2．简述使用 String s1="abc"，与 String s2= new String("abc")定义对象的区别。

三、编程题

1．通过键盘输入一串带有英文、数字的字符串，统计其数字的个数。

2．给定一个字符串，判断该字符串中是否包含某个子串，如果包含，求出子串的所有出现位置。如："abcd23abc34bcd"中，"bc"子串的出现位置为：1,7,11。字符串和子串均由用户输入。

3．编写一个程序，要求输入一个字符串和一个字符长度，对该字符串进行分隔。

第 5 章

数组

基本数据类型的变量只能存放单个值，而程序经常需要处理若干个具有相同类型的数据，如 100 个学生的某门课程成绩。尽管可以声明 100 个变量来分别存放这 100 个学生的某门课程成绩，但显然这样的方式过于烦琐，此时采用数组将极大方便编程。在 Java 中，也提供了与 C 语言一样的数组，同样有一维数组和二维数组这样的静态数组。同时 Java 还提供了 ArrayList 类的动态数组。本章主要介绍一维数组、二维数组和 ArrayList 动态数组。

> 【知识目标】
>   1. 掌握一维数组与二维数组的定义、初始化与应用；
>   2. 理解 Java 中数组与其他语言定义数组的不同之处；
>   3. 掌握动态数组类 ArrayList 常用的 API，并能正确的应用。
>
> 【能力目标】
>   1. 能正确应用数组进行应用程序的开发，在解决实际生产与生活的问题；
>   2. 能灵活运用 Arraylist 类，解决较为复杂的列表问题。
>
> 【思政与职业素质目标】
>   1. 培养具有解决复杂技术问题的耐心和信心；
>   2. 培养具有不怕困难，勇攀科学高峰的勇气与毅力。

5.1　Java 数组的使用

Java 语言中，数组是一种简单的引用类型，用来保存有序数据的集合，数组中每个元素具有相同的数据类型，可以用统一的数组名和下标来唯一确定数组中的元素。数组可以被定义为任何类型，包括基本类型和引用类型。数组可分为一维数组和二维数组和多维数组。

5.1.1 一维数组

5.1.1.1 一维数组的声明

数组实际上是相同类型的变量列表，在程序中声明一个数组就是确定数组名、数组的维数和数组元素的数据类型。数组的声明格式有如下两种：

```
类型[ ] 数组名        // int[ ] a  声明了基本类型的数组 a
类型   数组名[ ]      //String names[ ]   声明了对象类型的数组 names
```

其中第二种方法与 C 语言定义数组的方法是一致的，但不推荐使用。

在 Java 语言中，声明数组时，并不为其分配内存空间，所以声明数组时不能为数组指明长度。同时，声明数组后并不能立即对其进行访问，必须使用 new 关键字其为分配内存空间，并为数组中每个元素赋予其数据类型的初始值。格式如下：

```
对象名 = new 类型名[长度]
```

其中长度，即数组中容纳元素的个数，可以是整型常量，有值的整型变量或整型表达式。数组一经创建，其长度不能改变。如：

```
int[ ] studentNo;          //声明一个 studentNo 的整型数组
studentNo =new int[5];    //使用 new 关键字为其分配长度为 5 的存储空间
```

在实际使用时，常常把以上两行代码，合二为一，声明数组时，就为对象分配空间，其格式如下：

```
数据类型名[ ]   数组名 = new   数据类型名[数组长度]
```

上面两段代码可以写成如下形式：

```
int[ ] studentNo=new int[5];    //声明的同时创建数组
```

数组本身就是对象的一种特殊形式，通过 new 关键字在内存中创建对象空间存储数组各项数据，对 studentNo 数组分配内存的方法如图 5.1 所示，studentNo 变量中保存开辟数据空间的引用（即地址如 0x1FH）。

数组通过 new 关键字为其分配存储空间以后，也相应完成了初始化的操作，只是其初始化为数据类型的默认值，即 int 类型默认为 0，char 类型默认为 Unicode 编码为 0 的值，boolean 类型默认值为 false，引用类型默认为 null。

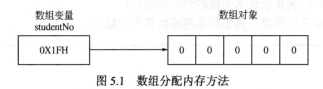

图 5.1　数组分配内存方法

5.1.1.2 一维数组初始化

可以在声明数组的同时给数组赋初值，所赋初值的个数决定数组元素的数目。

（1）动态初始化

使用 new 关键字和 { } 相结合的方式进行，其中 [ ] 不需要指定数组的长度，语法格式如下：

数据类型名[ ]　数组名 ＝ new　数据类型名[ ] {v₁, v₂, v₃..., vₙ};

如：int[ ] stuNo=new int[ ] {101,102,103,104};

（2）静态初始化

静态初始化是在创建数组的同时，使用花括号 { } 将一组表达式括起来，各表达式之间用逗号分隔。静态初始化只能用在数组变量定义语句中，其格式如下：

数据类型名[ ] 数组名={v₁, v₂, v₃..., vₙ};

该语句将数组变量定义、数组创建以及数组元素初始化合并成一步完成。每个表达式按其次序从左到右依次被计算，计算结果作为对应数组元素的初值。如：

int[ ] stuScore= {89,98,75};

需要注意的是，静态初始化方法不能将定义和初始化语句分开，比如下面代码是错误的。

```
int[ ] stuScore;
stuScore={89,98,75}
```

动态初始化和静态初始化适合对于少量元素构成的数组进行初始化，如果数组元素较多，则可以通过使用数组访问的方式对其中各元素进行显示赋值。

5.1.1.3　一维数组的访问

数组作为一个对象，也有自己的成员变量和方法，一旦创建，就可以通过数组对象的引用访问数组中各元素，或者引用数组成员变量和方法。数组引用方式为：

数组名[下标]

其中下标是一个表达式，其类型可以是 byte、char、short 或 int 型，但最终都会自动进行单目运算提升为 int 型，注意下标类型不能是 long 型。Java 数组的下标从 0 开始，直到数组长度减 1。Java 运行系统会检查数组下标以确保其在正确的范围内，如果下标值超过了允许的取值范围，将引发运行时异常。

如：下列程序，输出每个学生的成绩。

```
int[ ] stuScore= {89,98,75};
for(int i = 0; i< 3 ; i++) {
    System.out.println(stuScore[i]);
}
```

在 Java 中任何数组有一个标识数组长度的属性 length，可以通过"数组名.length"的形式动态取得数组长度，如上述程序可以修改为：

```
int[ ] stuScore = { 89, 98, 75 };
for (int i = 0; i < stuScore.length; i++) {
    System.out.println(stuScore[i]);
}
```

【案例 5-1】编写一个程序，实现数组逆序输出。

```
public class Arrary_Output {
```

```
public static void main(String[] args) {
    int[ ] number = new int[10];
    for (int i = 0; i < number.length; i++) {
        number[i] = i * 2 + 1; // 对数组元素进行赋初值
    }
    for (int i = 0; i < number.length; i++) { // 顺序进行输出
        System.out.print(number[i] + " ");
    }
    System.out.println(); // 输出一个换行
    for (int i = number.length - 1; i >= 0; i--) { // 逆序输出
        System.out.print(number[i] + " ");
    }
}
```

程序运行结果如下：

```
1 3 5 7 9 11 13 15 17 19
19 17 15 13 11 9 7 5 3 1
```

5.1.1.4 增强型 for 循环

Java 提供了一种快速访问数组全部元素的新语法，即增强型 for 循环（也称 for...each 循环），其语法格式如下：

```
for（数据类型 e：  数组名）{
    循环体   //访问元素 e
}
```

说明：

① 增强型 for 循环在执行时，会依次取出数组中各元素并赋值给变量 e。

② 元素 e 的类型要与声明数组时的类型兼容。

③ 增强型 for 循环屏蔽了数组元素的下标，若要在循环体中取得下标，可以在循环外部声明一个初值为 0 的 int 类型的变量。并在循环体结束前将该变量自增 1。

④ 在有可能的情况下，应优先使用增强型 for 循环而非常规的 for 循环。但增强型 for 循环由于没有索引，其不能修改元素的值。

【案例 5-2】编写一个程序，利用增强型循环输出字符数组中每个元素的长度。

```
public class Arrary_Foreach {
    public static void main(String[ ] args) {
        String[ ] str = new String[ ] { "abc", "abcd", "lixueguo" };
        for (String e : str) {   //使用增强循环，输出每个元素的长度
            System.out.println(e.length());
        }
    }
}
```

程序运行结果如下：

```
3 4 8
```

5.1.2　二维数组

虽然一维数组可以处理一般简单的数据，但在实际的应用中仍显不足，所以 Java 也提供了二维数组以及多维数组供程序设计人员使用。二维数组是指一个数组元素是一维数组，多维数组是数组的元素本身也是数组。由此可见，二维数组是在一维数组的基础上扩展而形成的。一维数组的多层嵌套就构成了多维数组。

5.1.2.1　二维数组的声明与创建

二维数组的声明语法格式如下：

```
数据类型 [ ][ ]   数组名
数据类型   数组名 [ ][ ]
```

两个方括号决定了数组是二维的。前述有关一维数组的声明和创建的说明也适用于二维数组。

如：　int [ ][ ]　a;　　//声明一个 a 是二维数组

二维数组的创建语法格式如下：

```
数组名 = new  数据类型 [行数][列数]
```

如：　a = new int[3][4]　　//创建一个三行四列的二维数组 a

一般情况下，程序开发人员在进行程序编写时，声明一个二维数组和创建同时进行，其语法格式如下：

```
数据类型 [ ][ ]  数组名 = new 数据类型 [行数][列数]
```

如：

```
int[ ][ ]  a = new int[3][4];
```

与一维数组类似，可以在声明数组的同时为各元素指定初值，其语法格式如下：

```
数据类型 [ ][ ]   数组名={{第一行初值},{第二行初值}.....};
```

如：

```
int[ ][ ]  a = { { 1, 2, 3 }, { 4, 5, 6, 7, 8 }, { 9, 10 } }; // 定义二维数组时赋初值
int[ ][ ]  b = new int[ ][ ] { { 1, 2, 3 }, { 4, 5, 6, 7 }, { 8, 9, 10, 11 } };
// 声明一个新二维数组的对象时，如果要进行赋初值，不能指定行和列数
```

说明：

① 二维数组常用于数学上由若干行和若干列所构成的矩阵，因此第一维常称为行长度（行数），第二维则称为列长度（列数）。

② 在对二维数组赋初值时，其内层花括号必不可少，花括号的对数即是二维数组的行数。

③ 每一对括号内层花括号中值的个数可以不同，Java 允许二维数组的每一行具有不同的列数。

5.1.2.2　二维数组的存储结构

计算机内存总是一维存储结构，由若干个字节单元线性排列而成，因此，不管声明的数组是几维的，在内存中它们都会被映射成一维结构。

对于二维数组，可以将其每一行看作一个元素。如图 5.2 所示，该二维数组其实是

包含 3 个元素(a[0],a[1],a[2])的一维数组，只不过这些元素各自又是一个包含若干个元素的一维数组。

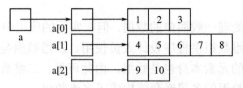

图 5.2　二维数组的存储结构

说明：

① 二维数组中，第一维如 a[0],a[1],a[2]是包含的一维数组的数组名。

② 二维数组中，不同行的元素所占的内存单元可能不连续。

③ 二维数组的各行是相对独立的，故创建二维数组时，可以省略列数，但行数不能省略，然后再单独创建行。如：

```
int[ ][ ] c = new int[3][ ];
a[0] = new int[3];
a[1] = new int[5];
a[2] = new int[2];
```

5.1.2.3　二维数组应用

【案例 5-3】编写一个程序，求一个二维数组中行数和每一行的长度。

```
public class Two_dime_Array {
    public static void main(String[] args) {
        int[ ][ ] a = { { 1, 2, 3 }, { 4, 5, 6, 7 }, { 8, 9 } };
        System.out.println("二维数组的行数: "+a.length);  //取二维数组的行数
        for(int i=0;i<a.length;i++) {
            System.out.println("第"+(i+1)+"行长度:"+a[i].length);
            //取每一行的长度
        }
    }
}
```

程序的输出结果如图 5.3 所示。

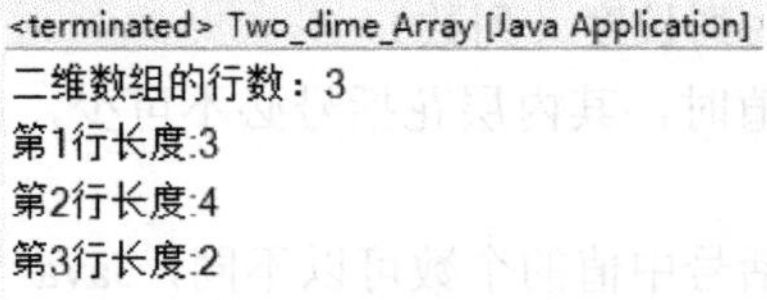

```
<terminated> Two_dime_Array [Java Application]
二维数组的行数：3
第1行长度:3
第2行长度:4
第3行长度:2
```

图 5.3　求二维数组的行数和每一行的长度

【案例 5-4】编写一个程序，求一个二维数组中最大值。

```
public class Two_Dim_Array_max {
    public static void main(String[] args) {
        int[ ][ ] twoArray = { { 12, 34, 45 }, { 32, 65 }, { 67, 98, 50, 49 } };
```

```
        int max = twoArray[0][0]; // 设一个值为最大值
        for (int i = 0; i < twoArray.length; i++) {
            for (int j = 0; j < twoArray[i].length; j++) {
                if (max < twoArray[i][j]) {
                    max = twoArray[i][j];
                }
            }
        }
        System.out.println("二维数组的最大值为：" + max);
    }
}
```

程序运行结果如下：

二维数组的最大值为：98

【案例 5-5】打印一个 10 阶的杨辉三角形，杨辉三角形是方阵的左半角，方阵的第一列和主对角线上的元素均为 1，其余位置的元素满足 a[i][j]=a[i-1][j]+a[i-1][j-1]。

```
public class Two_dim_YangHui {
    public static void main(String[] args) {
        int[ ][ ] a = new int[10][]; // 定义一个有 10 列的二维数组
        for (int i = 0; i < a.length; i++) {  // 把第一列和对角线元素置为 1
            a[i] = new int[i + 1]; // 第 i 行有 i+1 列
            a[i][0] = 1; a[i][i] = 1;
        }
        for (int i = 2; i < a.length; i++) {    // 置杨辉三角形中间的元素
            for (int j = 1; j < a[i].length - 1; j++) {
                a[i][j] = a[i - 1][j] + a[i - 1][j - 1];
            }
        }
        for (int[ ] e : a) {        // 使用增强 for 循环输出杨辉三角形
            for (int x : e) {
                System.out.print(x + "\t");
            }
            System.out.println();
        }
    }
}
```

程序运行结果如图 5.4 所示。

```
<terminated> Two_dim_YangHui [Java Application] C:\Java\jdk-11.0.8\bin\javaw.exe (2020年8月2日 下午10:50:04 – 下午10:50:05)
1
1    1
1    2    1
1    3    3    1
1    4    6    4    1
1    5    10   10   5    1
1    6    15   20   15   6    1
1    7    21   35   35   21   7    1
1    8    28   56   70   56   28   8    1
1    9    36   84   126  126  84   36   9    1
```

图 5.4 杨辉三角形程序运行结果

5.2 ArrayLlist 类

以上 Java 提供的一维数组或二维数组在使用时，其空间大小是事先固定的，如果遇到数组元素个数超过了事先定义数组的大小时，则会报超过数组上界的错误。但在实际使用时，经常会遇到事先不能确定数组大小的情况，希望能动态扩充数组的大小。Java 在 java.until 包中提供了 ArrayList 类，可以实现数组的动态操控。

ArrayList 类，是接口 List 的实现类，其实质是基于可变长度数组的列表实现，简称顺序表。对于顺序表，那些在逻辑上具有相邻关系的元素在物理上（内存）也相邻。因此 ArrayList 和数组一样具有随机存取的特性，即查找列表中任意位置的元素的耗费的时间是固定的。对于插入、删除元素等操作，因需要移动位于插入、删除点之后的元素以维持操作之后的各元素占内存的连续性，故 ArrayList 在这些操作上的时间复杂度与元素总个数以及插入、删除点的位置呈线性关系。

5.2.1 ArrayList 常用 API

ArrayList 类，称为顺序表，具有顺序表的所有特征，是一种简单的数据结构，其提供了较多的方法，在此列出常用的方法，见表 5.1。其他方法请参见相关的 API。

表 5.1 ArrayList 常用 API

ArrayList()	构造一个初始容量为 10 的空列表
ArrayList (int initialCapacity)	构造具有指定初始容量的空列表
public void add(int index,E element)	在此列表中指定位置插入指定的元素
void add (int index, E element)	将指定元素插入此列表中的指定位置
boolean add (E e)	将指定的元素追加到此列表的末尾
boolean addAll (int index, Collection<? extends E> c)	从指定位置开始，将指定集合中的所有元素插入此列表
public Boolean remove(Object o)	删除指定的元素，返回删除是否成功
public E remove(int index)	删除指定索引处的元素，返回被删除的元素
public set(int index,E element)	修改指定索引处的元素，返回被修改的元素
public get(int index)	返回指定索引处的元素
public int size()	返回列表中元素的个数

在实际使用时，ArrayList 列表中存储的数据类型可以有多种数据类型，因此，定义列表时，需要指定其存储的类型是什么，可以是一个简单的数据类型，也可以是组合数据类型，还可以是其他类，有时也称 Arraylist 是集合。如：

定义默认长度为 10 的字符串类型的列表，可以使用下列语句：

```
ArrayList<String> list = new ArrayList<String>();
```

定义一个长度为 20 的整型数据列表，可以使用下列语句：

```
ArrayList<Integer> list2 = new ArrayList<Integer>(20);
```

如有一个学生类 Student 包括 name,age 等成员变量，可以使用下列语句，定义一个存储学生信息的列表：

```
ArrayList<Student> list3 = new ArrayList<>();
```

其中左右两边的<>不能省略。

5.2.2　Arraylist 应用

Arraylist 主要有向列表中添加元素、修改列表的元素及删除列表元素等操作，下面逐一讲解。

5.2.2.1　向列表添加元素

向列表添加元素可以使用 add()方法和 addall()方法。其中 add()方法是指把元素添加到集合中，而 addall()方法是指把集合中所有元素添加集列表中。如下例：

【案例 5-6】向列表添加元素。

```
public class ArrayList_add {
    public static void main(String[] args) {
        ArrayList<String> arr = new ArrayList<String>();
        System.out.println("arr:"+ arr);  //此时输入集合是空的集合
        //向集合中添加三个元素
        arr.add("hello");
        arr.add("word");
        arr.add("java");
        System.out.println(arr);
        //在指定位置进行添加
        arr.add(2, "lixueguo");
        System.out.println(arr);
        //可以在最后一个元素后，进行插入，如：
        arr.add(4,"chongqing");
        System.out.println(arr);
        //集合中的元素能重复
        arr.add(5,"chongqing");
        System.out.println(arr);
        //在一个列表中加入另一个列表中全部元素
        ArrayList<String> str = new ArrayList<String>();
        str.add("大数据");
        str.add("物联网");
        str.addAll(1,arr);//1 不是列表中元素的索引。而是列表本身个数的索引
        System.out.println(str);

    }
}
```

程序执行结果如图 5.5 所示。

注意，在指定位置添加集合元素时，不能越界，如上述程序如果执行 arr.add(7,

"chongqing");此时运行，将会出现 IndexOutOfBoundsException 的错误。另外，向一个集合中加入另一个集合中所有元素时，索引不是列表中元素的索引，而是列表本身的个数的索引。

图 5.5 程序执行结果

5.2.2.2 列表修改和删除元素

列表修改是使用 ArrayList 提供的 set()方法，可以用指定的元素替换此列表中指定位置的元素。列表的删除是使用 remove()方法，可以删除指定的元素，也可以删除指定索引处的元素。如下例：

【案例 5-7】列表的修改与删除。

```java
public class ArrayList_set_remove {
    public static void main(String[] args) {
        ArrayList<String> array = new ArrayList<String>();
        //向列表添加元素
        array.add("hello");
        array.add("java");
        array.add("world");
        array.add("huagong");
        array.add("java");
        System.out.println("原列表: " + array);
        // 1.删除指定的元素
        array.remove("java"); // 删除 Java,返回一个 boolean 类型
        System.out.println("删除 java 后:" + array);
        // 2.删除指定索引处的元素，返回被删除的元素
        String delstr = array.remove(2);
        System.out.println("被删除的元素是: " + delstr);
        System.out.println("删除以后的集合: " + array);
        // 3.修改指定索引处的元素，返回被修改的元素
        String changeString = array.set(2, "javase");
        System.out.println("被修改的元素是: " + changeString);
        System.out.println("修改以后的集合: " + array);
        // 4.返回指定索引处的元素
        String getString = array.get(2);
        System.out.println("取出的元素是: " + getString);
        System.out.println("列表的元素是: " + array);
        // 5.求列表中元素个数
```

```
            int arraysize = array.size();
            System.out.println("列表中元素个数为: " + arraysize);
        }
}
```

程序的运行结果如图 5.6 所示。

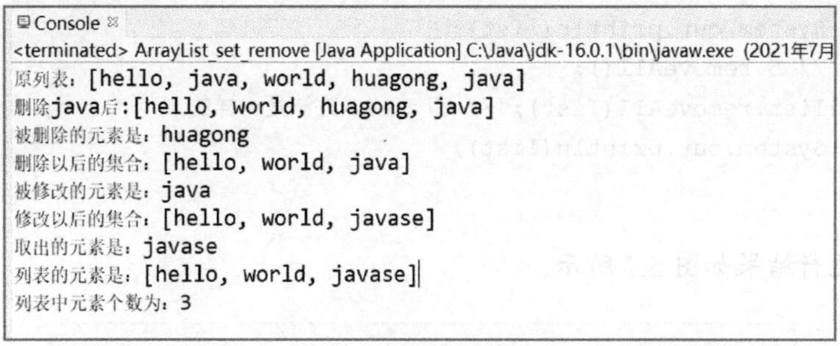

```
Console ✕
<terminated> ArrayList_set_remove [Java Application] C:\Java\jdk-16.0.1\bin\javaw.exe (2021年7月
原列表: [hello, java, world, huagong, java]
删除java后:[hello, world, huagong, java]
被删除的元素是: huagong
删除以后的集合: [hello, world, java]
被修改的元素是: java
修改以后的集合: [hello, world, javase]
取出的元素是: javase
列表的元素是: [hello, world, javase]
列表中元素个数为: 3
```

图 5.6　程序运行结果

由于列表中可能有重复元素，使用 remove 删除列表中元素时，如果遇到重复元素，则只删除找到列表的第一个元素。

5.2.2.3　列表的其他方法

列表常用的其他方法主要有：isEmpty()判断列表是否为空，clear() 清空列表所有元素，removeAll()删除列表中的所有元素，contains()判断列表中是否包含相关元素，indexOf()返回指定元素在列表的索引位置的值，toArray()把集合转换成数组等。如下例：

【案例 5-8】列表中其他方法的应用。

```
public class ArrayList_other {
    public static void main(String[] args) {
        ArrayList<String> list = new ArrayList<>();
        // 1.isEmpty();判断列表是否为空
        boolean t = list.isEmpty();// 列表是空的
        System.out.println(t);
        list.add("hello");
        list.add("大数据4班");
        list.add("study");
        list.add("java");
        list.add("sdf");
        System.out.println(list);
        // 2.contains();判断列表中是否包含相关元素
        boolean f = list.contains("java");
        System.out.println(f);
        // 3.indexOf() :返回指定元素在列表的索引位置的值。没有，则返回为-1
        int x = list.indexOf("java");
        System.out.println(x);
        // 4.把列表转换成数组
        Object[] str = list.toArray(); // 转换成一个对象数组
```

```
        for (Object a : str) {
            System.out.print(a + " ");
        }
        // 5.clear() //清空集中所有元素
        System.out.println(); //输出一个换行
        list.clear();
        System.out.println(list);
        // 6.removeAll();
//      list.removeAll(list); // 和 clear 方法是一样的
//      System.out.println(list);
    }
}
```

程序的运行结果如图 5.7 所示。

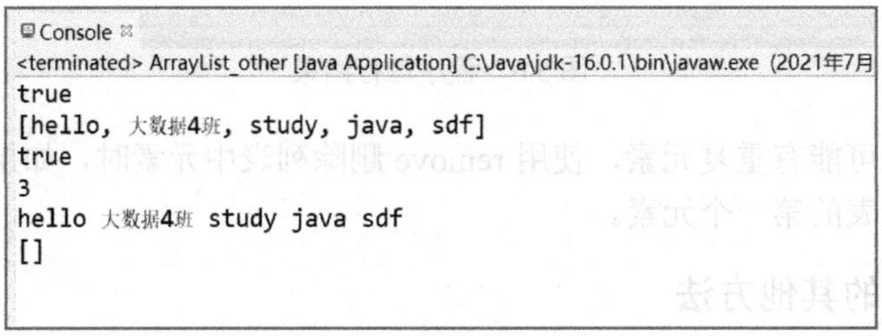

```
Console ✕
<terminated> ArrayList_other [Java Application] C:\Java\jdk-16.0.1\bin\javaw.exe  (2021年7月
true
[hello, 大数据4班, study, java, sdf]
true
3
hello 大数据4班 study java sdf
[]
```

图 5.7　程序运行结果

注意：把列表转换成一个对象数组，不能转换成 String[]类型，因为列表元素类型是不确定的，所以需要使用 Object[]对象类型。

5.2.2.4　列表的遍历

列表的遍历，其实很简单，主要是使用 get()方法，循环取出列表中的元素即可，如案例 5-9。

【案例 5-9】列表的遍历。

该案例实现对学生类进行遍历，学生类中有学号、姓名、性别、年龄四个属性，先建立一个学生类，如下例：

```
public class Stu {
    String xh;
    String sname;
    String sex;
    int age;
    //快捷键 alt+shift+s+r 对类进行封装
    public String getXh() { return xh;}
    public void setXh(String xh) { this.xh = xh;}
    public String getSname() { return sname;}
    public void setSname(String sname) { this.sname = sname;}
    public String getSex() { return sex;}
    public void setSex(String sex) {this.sex = sex;}
```

```
    public int getAge() {return age;}
    public void setAge(int age) {this.age = age;}
}
```

再建立一个遍历类 ArrList_Student_Test

```
import java.util.ArrayList;
public class ArrList_Stu_Test {
    public static void main(String[] args) {
        ArrayList<Stu> list = new ArrayList<>();
        Stu stu0 = new Stu("2020100","冯小宇","女",19);
        Stu stu1 = new Stu("2020101","关云海","男",21);
        Stu stu2 = new Stu("2020102","高洪林","男",18);
        Stu stu3 = new Stu("2020103","胡皓南","男",20);
        list.add(stu0);
        list.add(stu1);
        list.add(stu2);
        list.add(stu3);
        System.out.println("学号\t姓名\t性别\t年龄");
        for (int i = 0; i < list.size(); i++) {
            Stu t=list.get(i);
    System.out.println(t.getXh()+"\t"+t.getSname()+"\t"+t.getSex()+
"\t"+t.getAge());
        }
    }
}
```

程序的运行结果如图 5.8 所示。

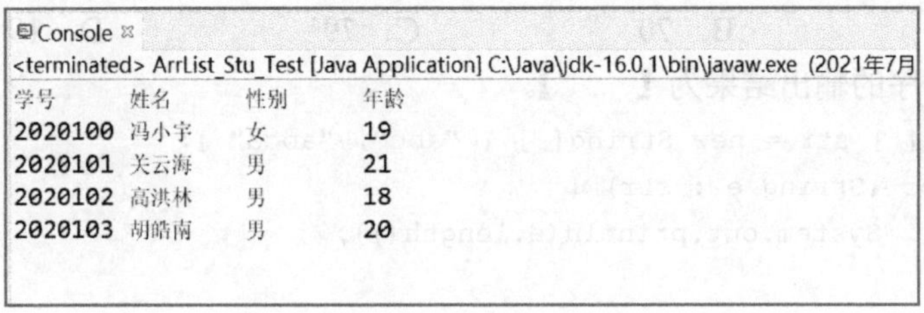

图 5.8　学生信息遍历结果

本章小结

数组是 Java 一个重要的知识点，本章介绍了 Java 的一维数组与二维数组的定义与使用，注意其定义与原有 C 语言的区别。同时介绍了 Java 中一个重要类 ArrayList 类，其在实践使用时，一般做动态列表应用，在软件开发中，经常用到，请读者一定掌握其常用的 API，为后期学习打下良好的基础。

思考与练习

一、选择题

1. 下列定义 Java 一维数组的格式正确的是【　　】。
   A. int[] a;　　　　　B. int[] a[10];　　　　C. int a[10];　　　　D. int a;

2. 在 Java 中，声明一维数组的正确格式是【　　】。
   A. int[] = new a[10];　　　　　　　　　B. int[] a =new int[10];
   C. int[] a[10] = new int[10];　　　　　D. int　a[10] = new int[10];

3. 下列对一维数组 a 进行初始化为 70,80,90，正确的赋值初值方式为【　　】。
   A. int a[10] = new int[]{70,80,90}　　B. int[] a = new int[10]{70,80,90};
   C. int[] a = new　int[]{70,80,90};　　D. int a[] = new int[10]{70,80,90};

4. 下列程序输出的结果为【　　】。
```
int[] a = new int[] { 10, 3, 20, 5, 1, 40 };
int x = 0;
    for (int i = 0; i < a. length; i++) {
        if (a[i] % 2 != 0) {
            x += a[i];
        }
    }
System.out.println(x);
```
   A. 9　　　　　　　B. 70　　　　　　　C. 79　　　　　　　D. 19

5. 下列程序的输出结果为【　　】。
```
String[ ] str = new String[ ] { "abc", "abcd" };
    for (String e : str) {
        System.out.println(e.length());
    }
```
   A. 3 4　　　　　B. 4 3　　　　　C. 3 3　　　　　D. 4 4

6. 下列创建一个具有三行四列的 Java 二维数组 a 的正确格式是【　　】。
   A. int a[3][4];　　　　　　　　　　　B. int[3][4]　a;
   C. int[3][4] a = new int[3][4];　　　D. int[][]　a = new int[3][4];

7. 分析下列程序的运行结果为【　　】。
```
int[ ][ ] a = { { 1, 2, 3 }, { 4, 5, 6, 7 }, { 8, 9 } };
for(int i=0;i<a. length;i++) {
    if(a[i].length<4) {
        System.out.println(a[i].length);
    }
}
```
   A. 3 2　　　　B. 3 2 4　　　　C. 2 3 4　　　　D. 3 4 2

8. 分析下列程序的运行结果为【　　】。

```
ArrayList<String> arr = new ArrayList<String>(){{add("hello");
add("world");}};
    arr.add("java");
    arr.add(1,"cq");
    arr.remove(2);
System.out.println(arr);
```

A. [hello,world,java]   B. [hello,cq,java]

C. [hello,world,cq,java]   D. [hello,java]

9. 分析下列程序的运行结果为【   】。

```
ArrayList<String> arr = new ArrayList<String>();
    arr.add("hello");
    arr.add("world");
    arr.add("java");
    int x=arr.indexOf("cq");
System.out.println(x);
```

A. 1   B. −1   C. 0   D. 非负整数

二、编程题

1. 编写一个程序，对一维数组中的数据按升序进行排序，并输出。

2. 编写一个程序，去掉一维数组中重复的值，并把剩余的值进行输出。

3. 编写一个程序，对三行三列的二维数组，求其对角线元素的和，并输出其值。

4. 应用列表 ArrayList 编写一个程序，存储学生的学号、姓名，计算机、数学、英语三门课程的成绩，并输出其列表。

第6章

GUI 编程基础

GUI（Graphical User Interface，图形用户界面，又称图形用户接口）是指以图形方式展现的计算机及软件操作界面，GUI 应用有时也称为桌面应用，与之前编写的基于控制台/命令行的程序相比，GUI 程序不仅在视觉上更易于接受，同时提供了更好的交互检验。Java 语言提供了抽象窗口工具集（Abstract Window Toolkit，AWT）作为程序员"绘制"图形用户界面的工具。

【知识目标】

1. 掌握 GUI 的基本元素,程序设计的一般流程;
2. 理解框架类、标签类、文本编辑组件类、按钮类等的基本使用;
3. 掌握 GUI 事件处理的机制与 GUI 事件类型;
4. 理解 Swing 库的架构，掌握 Swing 中窗口、面板、标签图片、按钮、菜单等组件的使用方法。

【能力目标】

1. 能进行 Java 应用程序 GUI 界面的开发与程序的编写;
2. 能正确使用 Java 布局管理器对界面进行布局与管理;
3. 能灵活运用 GUI 事件处理机制进行事件代码的编写;
4. 能灵活运用 Swing 库的架构中相应的组件进行程序编写。

【思政与职业素质目标】

1. 培养具有美感的欣赏能力与艺术表达的设计与实现能力;
2. 培养具有对知识的不懈追求沟望获取新知识的能力;
3. 培养具有团队协作,解决实际问题的能力。

6.1 AWT 抽象窗口工具集

6.1.1 GUI 编程基础

Java AWT（Abstract Window Toolkit）抽象窗口工具箱被定义在 java.awt 包中，它是 Java 较大的包之一。AWT 的基本思想是将一个窗口看作一系列嵌套的构件，最外层可以是框架或包容器等，包容器又可以包含其他的构件或包容器，这样由表及里，所有的构件构成了一个嵌套结构。

6.1.1.1 GUI 的基本元素分类

从嵌套结构这个思想出发，AWT 将 Java 用户界面的基本元素分成四类。

① 包容器（Container）：包含构件、包容器的 AWT 构件。

② 基本构件（UI Component）：UI 是由若干 UI 构件组成的。每个 UI 构件（组件）是一个可见对象，用户可通过鼠标或键盘对它进行操作，基本构件包括标签、按钮、列表等用户界面的基本元素。

③ 画布（Canvas）：是 AWT 提供的专门用来绘画的构件。

④ 窗口构造构件（Windows Construction Gomponent）：包括框架、菜单条、对话框等。

6.1.1.2 GUI 程序设计的一般流程

（1）容器对象的创建

设计完整的 GUI 程序，必须把这些组件对象添加到某个界面中，在 Java 中，一个界面就是一个容纳和排列组件对象的容器，组件对象 般是作为一个界面元素放置在容器中。

注意：容器类对象一般都要设置其在屏幕上显示的大小和可见属性。

（2）组件对象的创建

组件对象也是通过类本身的构造方法来创建的，它们通用的创建对象的格式一般为：

```
XX 组件类   对象名 = new  XX 组件类 （[参数列表] ）
```

（3）组件的添加或删除

容器类一般都提供了相关的添加或删除组件的方法，例如，Frame 类提供了 add( ) 方法向容器中加某个组件，提供了 remove()方法从容器中删除某个组件。

（4）界面布局

界面布局确定组件对象在容器对象中的排列位置与顺序。

（5）事件处理

Java 语言采用委托事件模型进行事件的处理。例如，通过 Java 语言实现简单的登录界面。如图 6.1 所示，简单的登录界面主要由框架、标签、文本框和按钮组成。实现简单的登录界面，首先创建框架并设置框属性，其次创建标签、文本框、按钮并设置其属性，然后将这些组成添加到框架中。

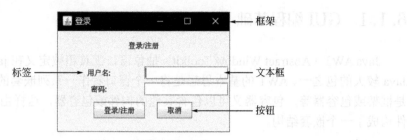

图 6.1　简单的登录界面

6.1.2　组件与容器

6.1.2.1　框架类

框架（Frame）是一种带标题栏并且可以改变大小的窗口。在应用程序中，使用框架作为容器，在框架中放置组件。框架类在实例化时默认是最小化、不可见的，必须通过 setSize()方法设置框架大小，通过 setVisible(true)方法使框架可见。框架类的构造方法和主要成员方法如表 6.1 和表 6.2 所示。

表 6.1　框架类的构造方法

构造方法	主要功能
Frame	创建没有标题的窗口
Frame(String title)	创建以 title 为标题的窗口

表 6.2　框架类的主要成员方法

成员方法	主要功能
int getSize()	获得 Frame 窗口的状态（NORMAL 正常状态，ICONIFIED 最小化状态）
void setState(int state)	设置 Frame 窗口的状态（NORMAL 正常状态，ICONIFIED 最小化状态）
String getTitle()	获得 Frame 窗口标题
void setTitle(String title)	设置 Frame 窗口标题
boolean isResizable()	测试 Frame 窗口是否可以改变大小
void setResizable(boolean r)	设置 Frame 窗口是否可以改变大小
void setVisible(Boolean r)	设置 Frame 窗口的可见性
void setSize(int width,int height)	设置 Frame 窗口的大小
void setLocation(int a,int b)	设置 Frame 窗口的位置
Image getIconImage()	返回窗口的图标

成员方法	主要功能
void setIconImage(Image img)	设置窗口的图标为 img
void setBounds(int a,int b,int width,int height)	设置组件出现时的初始位置和大小
void validate	当窗口调用 setSize()和 setBounds()方法调整后，都应该调用该方法，以确保组件的显示
void dispose	撤销当前窗口，释放所占有资源

【案例6-1】创建标题为"登录界面"的窗口。

```java
import java.awt.*;    //导入 AWT 包
public class Frm_Login {
    public static void main(String[] args) {
        Frame frm =new Frame ();
        frm.setSize(400, 250);     //设置窗口的大小
        frm.setTitle("登录界面");
        frm.setLocation(100, 200);    //设置窗口的位置
        frm.setVisible(true);    //设置窗口的可见性
        frm.setBackground(Color.pink);   //设置窗口的背景色为pink
    }
}
```

程序运行结果如图 6.2 所示。

图 6.2　登录界面窗口

6.1.2.2　标签类

标签类(Label)组件用于显示一行文本信息。标签只能显示信息，不能用于输入。标签类的构造方法和主要成员方法如表 6.3 和表 6.4 所示。

表 6.3　标签类的构造方法

构造方法	主要功能
Label()	创建一个没有文本的标签
Label(String text)	创建一个以 text 为文本的标签
Label(String text,int alignment)	创建一个以 text 为文本的标签，并以 alignmet 为对齐方式，其中 alignment 为取值，可以是 Label.LEFT、Label.RIGHT、Label.CENTER

表 6.4　标签类的主要成员方法

成员方法	主要功能
Int getAlignment()	获取此标签的当前对齐方式
void setAlignment(int alignment)	将此标签的对齐方式设置为指定的对齐方式
String getText();	获得标签文本
void setText(String text)	设置标签文本为 text
void setForeground(Color color)	设置标签的前景色
void setBackground(Color color)	设置标签的背景色
void setBounds(int x,int y,int width,int height)	设置组件出现时的初始位置和大小

【案例 6-2】在登录界面窗口中建立"请输入用户名"和"请输入密码"两个标签。

```java
import java.awt.*;    //导入 AWT 包
public class Frm_Login {
    public static void main(String[] args) {
        Frame frm =new Frame();
        frm.setSize(400, 250);
        frm.setTitle("登录界面");
        frm.setLocation(100,200);
        frm.setLayout(null);    //关闭窗口的默认布局
        frm.setBackground(Color.pink);
        frm.setVisible(true);
        Label lb1=new Label("请输入用户名");  //创建 lb1 对象，并设置标签的内容
        Label lb2 = new Label("请输入密码");
        lb1.setAlignment(Label.LEFT);     //设置标签的对齐方式
        lb2.setAlignment(Label.LEFT);
        lb1.setBounds(40, 60, 100, 30);   //设置标签的位置
        lb2.setBounds(40, 110, 100, 30);
        frm.add(lb1);    //在窗体上添加标签
        frm.add(lb2);
    }
}
```

程序的运行结果如图 6.3 所示。

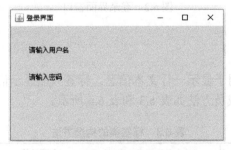

图 6.3　在登录界面中添加标签

6.1.2.3　文本编辑组件

文本编辑组件有文本框和文本区。文本框(TextField)是一个单行文本编辑框，用于输

入一行文字，或是显示一行文字，同时可以把输入的文字转化为特定的符号。在 Java 中，可以用 TextField 来创建文本框，用 TextArea 来创建文本区，它们均继承自 TextComponent 类。文本框类的构造方法和主要成员方法如表 6.5 和表 6.6 所示。

表 6.5   文本框类的构造方法

构造方法	主要功能
TextField()	创建空的文本框
TextField(int columns)	创建空的文本框，具有指定列数
TextField(String text)	创建文本为 Text 的文本框
TextField(String text,int columns)	创建具有指定列数，文本为 text 的文本框

表 6.6   文本框类的主要成员方法

成员方法	主要功能
String getText()	获得文本框的文本
Int getColumns()	获得文本框的列数
void setText(String text)	设置文本框的文本为 text
void setColumns(int columns)	设置文本框的列数
char getEchoChar()	取得文本框的响应字符
void setEchoChar(char c)	设置文本框的响应字符
boolean echoCharIsSet()	测试文本框的字符是否被显示成其他字符
void setEditable(boolean r)	设置文本框的编辑状态，r 取 false 是表示不可编辑

【案例 6-3】在登录界面窗口中添加两个文本框。

```java
import java.awt.*;    //导入 AWT 包
public class Frm_Login {
    public static void main(String[] args) {
        Frame frm =new Frame();
        frm.setSize(400, 250);
        frm.setTitle("登录界面");
        frm.setLocation(100,200);
        frm.setLayout(null);    //关闭窗口的默认布局
        frm.setBackground(Color.pink);
        frm.setVisible(true);
        Label lb1=new Label("请输入用户名");    //创建 lb1 对象，并设置标签的内容
        Label lb2 = new Label("请输入密码");
        lb1.setAlignment(Label.LEFT);    //设置标签的对齐方式
        lb2.setAlignment(Label.LEFT);
        lb1.setBounds(40, 60, 100, 30);    //设置标签的位置
        lb2.setBounds(40, 110, 100, 30);
        TextField txt1= new TextField(20);    //创建列数为 20 列的文本输入框
txt1,txt2
        TextField txt2 = new TextField(20);
        txt1.setBounds(140, 60, 150, 30);
        txt2.setBounds(140, 110, 150, 30);
```

```
        txt2.setEchoChar('*');                        //设置密码框显示为*
        txt1.setFont(new Font("宋体",Font.BOLD,18));   //设置文本框的字体(宋体,
粗体,18 号)
        txt1.setFont(new Font("宋体",Font.BOLD,18));
        frm.add(lb1);  frm.add(lb2);                   //在窗体上添加标签
        frm.add(txt1);  frm.add(txt2);
    }
}
```

程序运行结果如图 6.4 所示。

图 6.4　在登录界面中添加文本框

6.1.2.4　按钮类

按钮（Button）组件用来控制程序运行的方向。用户单击按钮时，计算机将执行一系列命令，完成一定的功能（即会激活该按钮对应的事件）。按钮类的构造方法和主要成员方法如表 6.7 和表 6.8 所示。

表 6.7　按钮类的构造方法

构造方法	主要功能
Button()	创建一个没有标签的按钮
Button(String title)	创建一个以 title 为标签的按钮

表 6.8　按钮类的主要成员方法

成员方法	主要功能
String getLabel()	返回按钮标签
Void setLabel(String title)	设置按钮内的标签为 title
Void setSize(int width,int height)	调整组件大小，使其宽度为 width，高度为 height
Void setLocation(int x ,int y)	设置组件的位置
Void setBounds(int a,int b ,int width,int height)	设置组件的位置和大小

【案例6-4】 在登录界面窗口中添加两个按钮。

```
import java.awt.*;    //导入 AWT 包
public class Frm_Login {
    public static void main(String[] args) {
        Frame frm =new Frame();
```

```
        frm.setSize(400, 250);
        frm.setTitle("登录界面");
        frm.setLocation(100,200);
        frm.setLayout(null);
        frm.setBackground(Color.pink);
        frm.setVisible(true);
        Label lb1=new Label("请输入用户名");
        Label lb2 = new Label("请输入密码");
        lb1.setAlignment(Label.LEFT);
        lb2.setAlignment(Label.LEFT);
        lb1.setBounds(40, 60, 100, 30);
        lb2.setBounds(40, 110, 100, 30);
        TextField txt1= new TextField(20);
        TextField txt2 = new TextField(20);
        txt1.setBounds(140, 60, 150, 30);
        txt2.setBounds(140, 110, 150, 30);
        txt2.setEchoChar('*');
        txt1.setFont(new Font("宋体",Font.BOLD,18));
        txt1.setFont(new Font("宋体",Font.BOLD,18));
        Button but1 = new Button("确定");      //添加确定按钮
        Button but2 =new Button();
        but2.setLabel("取消");      //设置 but2 按钮文本为取消
        but1.setLocation(70, 170);
        but1.setSize(80, 30);      //以上两行设置按钮的位置和大小等价于下面一行的设置
        but2.setBounds(200, 170, 80, 30);
        frm.add(lb1);   frm.add(lb2);      //在窗体上添加标签
        frm.add(txt1);  frm.add(txt2);      //在窗体上添加文本框
        frm.add(but1);  frm.add(but2);      //在窗体上添加按钮
    }
}
```

程序运行结果如图 6.5 所示。

图 6.5 在登录界面中添加文本框

6.1.3 布局管理器

一个窗口可以看作一系列嵌套的构件，最外层是框架或包容器等，基本 GUI 构件按

照一定的大小和位置嵌套（包含）在框架或包容器里。容器中构件的位置通过 setLocation() 方法设置，尺寸大小通过 setSize() 方法设置，当窗口的组件较少时可用上述方法，当组件较多时，这种方法就很不方便了。为了让窗口中的组件布局合理，又能够方便用户编程，Java 中提供了布局管理器（Layout Manager），用来对窗口中的组件进行相对定位并根据窗口大小自动改变组件大小，合理布局各组件，通过布局管理器，只需告知想放置的构件同其他构件的相对位置即可，不需要通过调用 setLocation() 和 setSize() 方法设置构件的位置和大小。

Java 提供了多种风格和特点的布局管理器，每一种布局管理器指定一种组件的相对位置和大小布局，布局管理器是容器类所具有的特性，每种容器都有一种默认的布局管理器。Frame 的默认布局管理器是 BorderLayout。

在 java.awt 包中共提供了五个布局管理器类，分别是 BorderLayout（边界页面设置）、FlowLayout（流动式页面设置）、CardLayout（多层页面设置）、GridLayout（方格式页面设置）和 GridBagLayout（网格包装布局），每一个布局类都对应一种布局策略，这五个类都是 java,lang. Object 类的子类。

6.1.3.1　BorderLayout 类

BorderLayout(边界页面设置)的布局策略是把容器内的空间划分为东、西、南、北、中五个区域，五个区域分别用英文的 East、West、 South、 North、 Center 表示，其中前四个方向占据屏幕的四边，Center 方向占据剩下的空白，向容器中加入每个组件都要指明它放在容器的哪个区域，否则，默认将组件放置在中部区域，对于东南西北区域，这个区域没有分配组件，区域的显示面积为零。容器拉伸之后，东西区域宽度不变，区域组件保持最佳宽度，同时南北区域高度不变，区域组件保持最佳高度，组件的相对位置不变，组件的大小会发生变化。在一个区域中，如果添加了多个组件，只有最后一个组件是可见的。边界页面设置可以用来将组件配置于窗口的边界，Borderlayout 类的构造方法和主要成员方法如表 6.9 和表 6.10 所示。

表 6.9　BorderLayout 类的构造方法

构造方法	主要功能
BorderLayout()	创建 BorderLayout 对象
BorderLayout(int hgap,int vgap)	创建 BorderLayout 对象,并设置水平间距 hgap、垂直间距 vgap

表 6.10　BorderLayout 类的主要成员方法

成员方法	主要功能
void setHgap(int hgap)	设置 BorderLayout 的水平间距
void setVgap(int vgap)	设置 BorderLayout 的垂直间距
int getHgap()	获得 BorderLayout 的水平间距
int getVgap()	获得 BorderLayout 的垂直间距
void layoutContainer(Container targer)	设置容器组件的页面设置方式
void removeLayoutComponent(Component comp)	删除 BorderLayout 中的组件 comp

【案例 6-5】应用 BorderLayout 布局管理器。

```
import java.awt.*;
public class BorderLayout_Test {
    public static void main(String[] args) {
        Frame frm = new Frame("边界页面管理器");
        frm.setLayout(new BorderLayout(30,5));//设置布局管理器水平间距30,垂直间距
为5的BorderLayout
        frm.add(new Button("南"),BorderLayout.SOUTH);
        frm.add(new Button("北"),BorderLayout.NORTH);
        frm.add(new Button("中"));
        frm.add(new Button("东"),BorderLayout.EAST);
        frm.add(new Button("西"),BorderLayout.WEST);
        frm.pack();
        frm.setVisible(true);
    }
}
```

程序运行结果如图 6.6 所示。

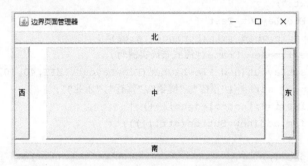

图 6.6　应用 BorderLayout 布局管理器

6.1.3.2　FlowLayout 类

FlowLayout(流动式页面设置)的布局策略提供按流布局组件方式，容器中组件按照设置的方式进行排列，不管对齐方式如何，组件均按从左到右的方式进行排列，一行排满，转到下一行。如按照右对齐排列，每一个组件在第一行最右边，添加第二个组件时，第一个组件向左平移，第二个组件变成该行最右边的组件。

与其他布局管理器不一样，FlowLayout 布局管理器不限制它所管理组件的大小，所有组件以最佳尺寸显示。

流式布局一般用来安排面板中的按钮。它使得按钮呈水平放置，直到同一条线上再没有合适的空间放置更多的按钮。FlowLayout 类的构造方法和主要的成员方法如表 6.11 和表 6.12。

表 6.11　FlowLayout 类的构造方法

构造方法	主要功能
FlowLayout()	构造一个新的 Flowlayout，默认居中对齐，默认的水平和垂直间隙是 5 像素

构造方法	主要功能
FlowLayout(int align)	构造一个指定对齐方式的 FlowLayout，默认的水平和垂直间隙是 5 像素。0 或 FlowLayout.LEFT，控件左对齐；1 或 FlowLayout.CENTER，居中对齐；2 或 FlowLayout.RIGHT，右对齐；3 或 FlowLayout.LEADING，控件与容器方向开始边对应；4 或 FlowLayout.TRAILING，控件与容器方向结束边对应
FlowLayout(int align，int hgap，int vgap)	创建一个具有指定对齐方式以及指定的水平和垂直间隙的流式布局管理器

表 6.12　FlowLayout 类的主要成员方法

成员方法	主要功能
void setAlignment(int align)	设置此布局的对齐方式
void setHgap(int hgap)	设置组件之间以及组件与 Container 的边之间的水平间隙
void setVgap(int vgap)	设置组件之间以及组件与 Container 的边之间的垂直间隙

【案例 6-6】 应用 FlowLayout 布局管理器。

```java
import java.awt.*;
public class FlowLayout_Test {
    public static void main(String[] args) {
        Frame frm=new Frame("流式布局实例");
        frm.setLayout(new FlowLayout(FlowLayout.LEFT,40,10));
        String[] str = {"厚德","博学","笃行","乐业"};
        for(int i=0;i<str.length;i++) {
            frm.add(new Button(str[i]));
        }
        frm.pack();
        frm.setVisible(true);
    }
}
```

程序运行结果如图 6.7、图 6.8 所示。

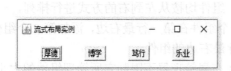

图 6.7　应用 FlowLayout 布局管理器

图 6.8　修改窗体的大小自动改变布局

6.1.3.3　CardLayout 类

Cardlayout（多层页面设置）布局管理器以时间而非空间来管理它里面的组件，它将容器中的每个组件看作一张卡片，一次只能看到一张卡片，容器则充当卡片的堆栈。当容器第一次显示时，第一个添加到 CardLayout 对象的组件为可见组件，卡片的顺序由组件对象本身在容器内部的顺序决定，卡片间的切换类似于翻牌的效果，CardLayout 类的构造方法和主要成员方法如表 6.13 和表 6.14 所示。

表 6.13　Cardlayout 类的构造方法

表 6.13　Cardlayout 类的构造方法

构造方法	主要功能
CardLayout()	创建 CardLayout 类的对象，水平间距和垂直间距都是 0
CardLayout(int hgap,int vgap)	创建 CardLayout 类的对象，并设置水平间距为 hgap,垂直间距为 vgap

表 6.14　Cardlayout 类的主要成员方法

成员方法	主要功能
int getHgap()	取得 CardLayout 的水平间距
int getVgap()	取得 CardLayout 的垂直间距
void setHgap(int hgap)	设置 CardLayout 的水平间距
void setVgap(int vgap)	设置 CardLayout 的垂直间距
void layoutContainer(Container targer)	设置容器组件的页面设置方式为 CardLayout 布局
void removeLayoutComponent(Component comp)	删除 CardLayout 中的组件 comp
void first(Container parent)	显示第一个对象
void previous(Container parent)	显示前一个对象
void next(Container parent)	显示下一个对象
void last(Container parent)	显示最后一个对象
void show(Container parent,String name)	显示 Container 中名称为 name 的对象

【案例 6-7】应用 CardLayout 布局管理器。

```java
import java.awt.*;
public class CardLayout_Test {
    public static void main(String[] args) {
        Frame frm = new Frame("卡片式布局");
        String[] name = {"第一张","第二张","第三张","第四张"};
        final CardLayout c= new CardLayout();    //创建 CardLayout 对象
        final Panel p1=new Panel();  //创建 Panel 面板对象 p1
        Button but= new Button("第五张");    //创建按钮对象
        p1.setLayout(c);    //设置面板 p1 的布局形式
        for(int i=0;i<name.length;i++) {    //在面板中添加按钮
            p1.add(name[i],new Button(name[i]));
        }
        p1.add("第五张",but);    //再添加一个按钮
        c.show(p1, "第三张");    //设置面板中显示标题为第三张的按钮
        frm.add(p1);    //在窗口中添加面板
        frm.pack();
        frm.setVisible(true);
    }
}
```

程序运行结果如图 6.9 所示。

6.1.3.4　GridLayout 布局管理器

GridLayout（方格式页面管理/网格）布局管理器的布局策略是将容器分隔成很多行和列组成的网格，组件按行顺序填充到每个网格中，添加的组件首先从左上角开始放置，

图 6.9　CardLayout 布局

从左到右，直到这一行已经占满，才开始下一行，放置的组件的相对位置不会发生变化，但是组件的大小会随网格大小发生改变。

忽略组件的最佳大小，所有的组件都是相同大小的，根据添加的顺序确定放置的位置。如果组件数比网格数多，系统会自动增加网格数；如果组件数比网格数少，未用的网格区空闲。GirdLayout 类的构造方法和主要成员方法如表 6.15 和表 6.16 所示。

表 6.15　GridLayout 类的构造方法

构造方法	主要功能
GridLayout()	创建 GridLayout 类的对象
GridLayout(int rows,int cols)	创建 GridLayout 类的对象，将此布局中的行数设置为 rows，列数设置为 cols
GridLayout(int rows,int cols,int hgap,int vgap)	创建 GridLayout 类的对象，将此布局中的行数设置为 rows，列数设置为 cols，并设置水平间距为 hgap，垂直间距为 vgap

表 6.16　GridLayout 类的主要成员方法

成员方法	主要功能
int getHgap()	取得 GridLayout 的水平间距
int getVgap()	取得 GridLayout 的垂直间距
void setHgap(int hgap)	设置 GridLayout 的水平间距
void setVgap(int vgap)	设置 GridLayout 的垂直间距
void setRows(int rows)	将此布局的行数设置为指定值
int getRows()	获取此布局的行数
void setColumns(int cols)	将此布局的列数设置为指定值
Int getColumns()	获取此布局的列数
void layoutContainer(Container targer)	设置容器组件的页面设置方式为 GridLayout 布局
void first(Container parent)	显示 GridLayout 类中的对象

【案例 6-8】应用 GridLayou 布局管理器，设计计算器界面。

```
import java.awt.*;
public class GridLayout_Test {
    public static void main(String[] args) {
        Frame frm = new Frame("网格布局");
        Panel p1=new Panel();
        p1.add(new TextField(60));
```

```
        frm.add(p1,BorderLayout.NORTH);
        Panel p2=new Panel();
        p2.setLayout(new GridLayout(4,4,5,5));
        String[] txt = {"*","÷","-","+",".","1","2","3","4","5","6","7","8",
"9","0","="};
        for(int i=0;i<txt.length;i++) {
            p2.add(new Button(txt[i]));
        }
        frm.add(p2);
        frm.pack();
        frm.setVisible(true);
    }
}
```

程序运行结果如图 6.10 所示。

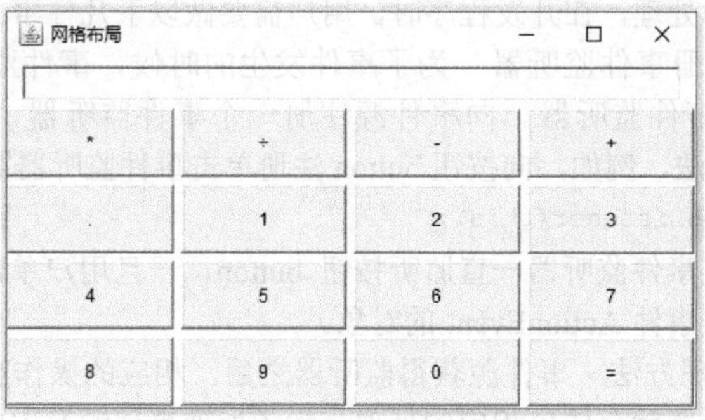

图 6.10　GridLayout 布局

6.2　GUI 事件处理

自 Jdk1.1 以后，就引入了事件代理机制即委托事件模型，通过它，事件源发出的事件被委托给事件监听器，并由它负责执行相应的响应方法。基于这种模型，使用事件源对象和事件监听对象来实现事件处理机制，使得图形用户界面能够与用户完成交互。

6.2.1　GUI 事件处理机制

事件处理机制用于响应用户操作。Java 语言采用委托事件模型进行事件的处理，事件处理的运作流程如图 6.11 所示。

（1）事件

事件（Event）是指一个状态的改变，或者一个活动的发生。例如：单击一个按钮，或者输入、一个按键都是一个事件。

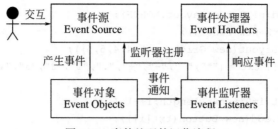

图 6.11　事件处理的运作流程

（2）事件源

能够产生事件的对象称为事件源，如文本框、按钮、下拉列表等。

（3）事件监听器

事件监听器是负责监听事件源上发生的事件，并对事件做出响应处理的对象。

为了实现事件的处理，在开发程序时，用户需要做以下几件事。

① 向事件源注册事件监听器　为了事件发生的时候，事件监听器能得到通知，需要向事件源注册事件监听器。向事件源注册一个事件监听器，需要调用事件源的 addxxxListener 等方法，例如，向按钮 button 注册单击事件监听器需要调用以下方法：

```
Button.addActionListener(this);
```

当程序运行时，事件监听器一直监听按钮 button，一旦用户单击了该按钮，事件监听器将创建一个单击事件 ActionEvent 的对象。

② 实现事件处理方法　事件源获得监听器之后，相应的操作会导致事件的发生，并通知监听器，监听器就会作出相应的处理。为了处理事件源发生的事件，监听器会自动调出一个方法来处理事件，该方法定义在相应事件的监听器接口中。例如单击事件的监听器接口是 ActionListener，其中声明了 actionPerformed 方法，程序运行过程中，当用户单击一个按钮时，事件监听器将通知执行 actionPerformed 方法。由于事件监听器接口中声明的都是抽象方法，因此用户需要在程序中实现接口中声明的抽象方法。如果一个组件要响应多个事件，那么必须向它注册多个事件监听器；如果多个组件需要响应同一个事件，那么必须向它们注册一个事件监听器。

③ 编写事件处理程序代码　可以直接在 GUI 组件所在的类中实现监听器接口，必须在类定义时用 implements 声明要实现哪些接口，并在类中实现这些接口的所有抽象方法。另一种方法是用内部类的特殊形式即匿名内部类来实现监听器，在向组件注册监听器时，直接用 new 创建一个实现了监听器接口的匿名内部类的对象，实现其抽象方法对组件上的事件的处理。

6.2.2　常见的 GUI 事件类型

在 Java 中，用不同的类处理不同的事件。Java 定义的多数事件类在 Java.awt.event 包中。

6.2.2.1　事件监听器接口

Java 中每类的事件都有一个接口，这个接口必须由接收这个事件的类来实现，实现接口的类要实现接口的一个或多个方法，当发生特定的事件时，就会调用这些方法。表 6.17 列出了这些事件的类型，并给出了每个类型对应的接口名称，以及所要求定义的方法。

表 6.17 事件监听器接口和事件监听器接口所声明的方法

事件类	监听器接口	监听器接口提供的事件处理方法
ActionEvent	ActionListener	actionPerformed(ActionEvent)
AdjustmentEvent	AdjustmentListener	adjustmentValueChanged(AdjustmentEvent e)
KeyEvent	KeyListener	keyTyped(KeyEvent e) keyPressed(KeyEvent e) keyReleased(KeyEvent e)
MouseEvent	MouseListener	mouseClicked(MouseEvent e) mouseEntered(MouseEvent e) mouseExited(MouseEvent e) mousePressed (MouseEvent e) mouseReleased(MouseEvent e)
MouseEvent	MouseMotionListener	mouseDragged(MouseEvent e) mouseMoved(MouseEvent e)
TextEvent	TextListener	textValueChanged(TextEvent e)
WindowEvent	WindowListener	windowActivated(WindowEvent e) windowClosed(WindowEvent e) windowClosing(WindowEvent e) windowDeactivated(WinidoEvent e) windowDeiconified(WinidoEvent e) windowIconified(WindowEvent e) windowOpened(WindowEvent e)

AWT 中的组件类和可触发的事件类的对应关系如表 6.18 所示。

表 6.18 AWT 中组件类和可触发的事件类

组件类	产生的事件类
Button	ActionEvent
CheckBox	ActionEvent、ItemEvent
Component	KeyEvent、MouseEvent、ComponentEvent、FocusEvent
MenuItem	ActionEvent
Scrollbar	AdjustmentEvent
TextArea	ActionEvent
TextField	ActionEvent
Window	WinidowEvent

6.2.2.2 注册事件监听器的方法

向组件类对象注册及撤销事件监听器的方法如表 6.19 所示。

6.2.2.3 处理 ActionEvent 事件

当用户单击按钮（Button）、选择列表（List）选项、选择菜单项（MenuItem），或是在文本框（TextField）输入文字并按 Enter 键，便触发动作事件（ActionEvent），触发事件的组件将 ActionEvent 类的对象传递给事件监听器，事件监听器负责执行 actionPerformed() 方法进行相应的事件处理。

表 6.19　注册及撤销事件监听器的方法

Button	public void addActionListener(ActionListener l) pubic void removeActionLisener(ActionListener l)
Component	pubic void addKeyListener(KeyListener l) pubic void removeKeyListener(KeyListener l) pubic void addMouseListener(MouseListener l) pubic void removeMouseListener(MouseListener l) pubic void addMouseMotionListener(MouseMotionListener l) pubic void removeMouseMotionListener(MouseMotionListener l)
MenuItem	pubic void addActionListener(ActionListener l) pubic void removeActionListener(ActionListener l)
TextArea	pubic void addActionListener(ActionListener l) pubic void removeActionListener(ActionListener l)
TextField	pubic void addActionListener(ActionListener l) pubic void removeActionListener(ActionListener l)
Window	pubic void addWindowListener(WindowListener l) pubic void removeWindowListener(WindowListener l)

ActionEvent 类对应的监听器接口是 ActionListener，事件源使用 addActionListener (ActionListener listener)

ActionEvent 类使用常用的方法 getSource()返回事件源（对象）名，使用 getAction Command()方法返回事件源的字符串信息。

【案例 6-9】编写一个程序，实现简单的加法运算。

```java
import java.awt.*;
import java.awt.event.ActionEvent;
import java.awt.event.ActionListener;
public class ActionEvent_1 extends Frame implements ActionListener {
    Frame frm = new Frame("简单的加法器");
    Panel p1 = new Panel();
    TextField txt1 = new TextField(10);
    TextField txt2 = new TextField(10);
    TextField txt3 = new TextField(10);
    Label lb1 = new Label("+");
    Label lb2 = new Label("=");
    Button but = new Button("相加");
     void add() {
        frm.setSize(450, 150);
        frm.setLocation(200, 300);
        frm.setLayout(new FlowLayout());
        txt1.setBackground(Color.pink);
        txt2.setBackground(Color.cyan);
        txt3.setBackground(Color.green);
        p1.add(txt1);p1.add(lb1);p1.add(txt2);p1.add(lb2);
        p1.add(txt3);p1.add(but);
        frm.add(p1);     //在面板上添加相应的控件
        frm.setVisible(true);
        but.addActionListener(this);   //添加事件监听
```

```
        }
        public static void main(String[] args) {
            ActionEvent_1  a =new ActionEvent_1();
            a.add();
        }
        @Override
        public void actionPerformed(ActionEvent e) {  //实现抽象方法,响应事件
            if (e.getActionCommand().equals("相加")) {
                int sum = Integer.parseInt(txt1.getText()) + Integer. ParseInt
(txt2.getText());
                txt3.setText("" + sum);
            }
        }
    }
```

程序运行结果如图 6.12 所示。

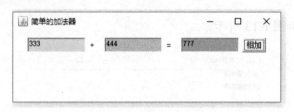

图 6.12   简单的加法运算

6.2.2.4   处理 TextEvent 事件

当用户改变 TextField 或 TextArea 组件中的文本时，便触发文本事件（TextEvent），触发事件的组件将 TextEvent 类的对象传递给事件监听器，事件监听器负责执行 textValueChanged 方法进行相应的事件处理。

TextEvent 类对应的监听器接口是 TextListener，事件源使用 addTextListener (TextListener listener)方法注册该类事件的监听器。

【案例 6-10】编写一个程序，实现 TextField 内容和 TextArea 内容同步。

```
import java.awt.*;
import java.awt.event.*;
import java.awt.event.TextListener;
import com.sun.tools.sjavac.pubapi.PubApi;
public class TextEvent_Test extends Frame  implements TextListener{
    Frame frm =new Frame("文本事件测试");
    TextField  txt;
    TextArea  tarea;
    void frame() {
        txt=new TextField(20);    //设置文本框的宽度
        tarea = new TextArea(8,25);  //设置文本区域的宽度
        tarea.setEditable(false);  //文本区域不可编辑
        frm.setBounds(100, 200, 400, 200);
        frm.setLayout(new BorderLayout());
```

```
            frm.add(txt,BorderLayout.NORTH);
            frm.add(tarea,BorderLayout.SOUTH);
            frm.setVisible(true);
            frm.validate();
            txt.addTextListener(this); //添加事件监听器   }
    public static void main(String[] args) {
        TextEvent_Test   t = new TextEvent_Test();
        t.frame(); }
    @Override
    public void textValueChanged(TextEvent e) {   //实现抽象方法
textValueChanged
        // TODO Auto-generated method stub
        if (e.getSource()==txt) {
                tarea.setText(txt.getText()); }
    }
}
```

程序运行结果如图 6.13 所示。

图 6.13　TextEvent 事件实例程序运行结果

6.2.2.5　处理 ItemEvent 事件

当窗口中具有项目选择功能的组件 List（列表框）和 Checkbox（选择框）被选择时，便触发选项事件（ItemEvent），触发事件的组件将 ItemEvent 类的对象传递给事件监听器，事件监听器负责执行 itemStateChanged()方法进行相应的事件处理。

ItemEvent 类对应监听器接口是 ItemListener，事件源使用 addItemListener(ItemListener listener)方法来注册该类事件的监听器。

【案例 6-11】选择框事件。

```
import java.awt.*;
import java.awt.event.*;
public class ItemEvent_Test extends Frame{
    private static final long serialVersionUID = 1L;
    void Window() { //设置窗体
        Frame frm= new Frame("单选框的测试");
        Label lb = new Label("Color");
        Checkbox chk1,chk2,chk3;
        CheckboxGroup cgroup = new CheckboxGroup();
        chk1=new Checkbox("red"); //设置每个 Checkbox 文本
        chk2=new Checkbox("pink");
```

```
            chk3=new Checkbox("blue");
            chk1.setCheckboxGroup(cgroup);    //把三个Checkbox放在一个组中
            chk2.setCheckboxGroup(cgroup);
            chk3.setCheckboxGroup(cgroup);
            frm.setBounds(200, 300, 400, 200);
            frm.setLayout(new FlowLayout());
            frm.add(chk1);frm.add(chk2);frm.add(chk3);frm.add(lb);
            frm.setVisible(true);
            frm.validate();
            cgroup.setSelectedCheckbox(chk1);     //设置默认选择checkbox1.
            lb.setBackground(Color.red);
            chk1.addItemListener(new ItemListener() {   //增加事件处理程序
                @Override   //重写抽象方法
                public void itemStateChanged(ItemEvent e) {
                    lb.setBackground(Color.red);
                }
            });
            chk2.addItemListener(new ItemListener() {
                @Override
                public void itemStateChanged(ItemEvent e) {
                    // TODO Auto-generated method stub
                    lb.setBackground(Color.pink);
                }
            });
            chk3.addItemListener(new ItemListener() {
                @Override
                public void itemStateChanged(ItemEvent e) {
                    lb.setBackground(Color.blue);
                }
            });
        }
    public static void main(String[] args) {
        ItemEvent_Test  test=new ItemEvent_Test();
        test.Window();
    }
}
```

程序运行结果如图 6.14 所示。

图 6.14　ItemEvent 事件实例程序运行结果

6.2.2.6 处理 WindowEvent 事件

当用户或应用程序在打开、关闭、最大化、最小化窗口时，便触发了窗口事件（WindowsEvent），触发事件的组件由 WindowsEvent 类的对象传递给事件监听器，事件监听器负责执行对应的方法进行相应的事件处理。

WindowsEvent 类对应的监听器接口是 WindowsListener，事件源使用 addWindowListener(WindowListener listener)来注册该类事件的监听器。

【案例 6-12】Window 窗体事件。

```java
import java.awt.*;
import java.awt.event.WindowEvent;
import java.awt.event.WindowListener;
public class WindowsEvent_Test extends Frame {
    static Frame  frm = new Frame("Windows 窗体测试");
    static Label lb;
    public static void main(String[] args) {
        lb =new Label("Windows 窗体测试");
        frm.add(lb);
        frm.setBounds(200, 300, 300, 200);
        frm.setLayout(new FlowLayout());
        frm.setVisible(true);
        frm.validate();
        frm.addWindowListener(new WindowListener() {
            @Override   //实现抽象方法，共 7 个抽象方法
            public void windowOpened(WindowEvent e) {
                lb.setText("窗体打开");
                System.out.println("窗口打开了");
            }
            @Override
            public void windowIconified(WindowEvent e) {
                //窗口由一般状态变为最小化状态事件
                System.out.println("窗口变成最小化了");}
            @Override
            public void windowDeiconified(WindowEvent e) {
                //窗口由最小化状态变成一般状态发生的事件
                System.out.println("窗口还原了");}
            @Override
            public void windowDeactivated(WindowEvent e) {
                //窗口变成非活动状态发生的事件
            }
            @Override
            public void windowClosing(WindowEvent e) {
                //单击窗口关闭按钮事件
                System.exit(0);   }
            @Override
            public void windowClosed(WindowEvent e) {
```

```
            //窗口已经关闭后发生的事件
        }
        @Override
        public void windowActivated(WindowEvent e) {
            //窗口由非活动状态变成活动状态事件
        }
    });
    }
}
```

程序运行结果如图 6.15 所示。

图 6.15　WindowEvent 事件

6.2.3　多重事件监听器

多重事件监听器，是指用户在 GUI 上的操作可能触发了多个事件源的事件，或一个
事件源上产生了多个不同类型的事件。例如：在一个控件上，既可能发生鼠标事件，也
可能发生键盘事件，该控件对象可以授权给事件处理者 A 处理鼠标事件，同时授权给事
件处理者 B 来处理键盘事件。

例如：使用多重事件监听器，鼠标在窗口中移动，离开窗口，进入窗口时，在文本
框中显示相应的提示

【案例 6-13】鼠标事件。

```
import java.awt.*;
import java.awt.event.MouseEvent;
import java.awt.event.MouseListener;
public class MouseEvent_Test extends Frame{
    public static void main(String[] args) {
        Frame frm = new Frame("鼠标事件");
        frm.add(new Label("单击或移动鼠标"),BorderLayout.NORTH);
        TextField txt = new TextField(20);
        frm.add(txt,BorderLayout.SOUTH);
        frm.setBounds(300, 300, 400, 200);
        frm.setVisible(true);
        frm.validate();
        frm.addMouseListener(new MouseListener() {
            @Override
            public void mouseReleased(MouseEvent e) {
```

```
                    // 鼠标按钮在组件上释放时调用
                txt.setText("鼠标释放了!");}
            @Override
            public void mousePressed(MouseEvent e) {
                //  鼠标按键在组件上按下时调用
                txt.setText("鼠标按下了!");      }
            @Override
            public void mouseExited(MouseEvent e) {
                // 鼠标离开组件时调用
                txt.setText("鼠标离开了!");}
            @Override
            public void mouseEntered(MouseEvent e) {
                // 鼠标进入到组件上时调用
                txt.setText("鼠标进入了!");}
            @Override
            public void mouseClicked(MouseEvent e) {
                //鼠标按键在组件上单击（按下并释放）时调用
                txt.setText("鼠标单击了一次!");}
        });
    }
}
```

程序运行结果如图 6.16 所示。

图 6.16　鼠标事件程序运行结果

6.3　Swing 基础

Swing 是在 AWT 基础之上构建的一套新的 Java 图形界面库，其在 JDK1.2 中首次发布，并成为 Java 基础类库（Java Foundation Class JFC）的一部分，Swing 提供了 AWT 的所有功能，并且纯 Java 代码对 AWT 进行了大幅度扩充。Swing 不再依赖于操作系统的本地代码而是自己负责绘制组件的外观，因此被称为轻量级（Light-weight）组件，这是它与 AWT 组件的最大区别。

6.3.1　Swing 库的架构

Swing 库包含了数十种组件，每种组件又包含了众多 API,限于篇幅，只讲授常用的 API，其他的组件，读者可以在学习时可以查阅 API 文档。

Swing 库包含的组件类数目众多，为便于学习，有必要对这些类的继承关系有所了解，图 6.17 中以灰色背景标识的类属于 AWT，其余类则属于 Swing，位于 javax.swing 包下。

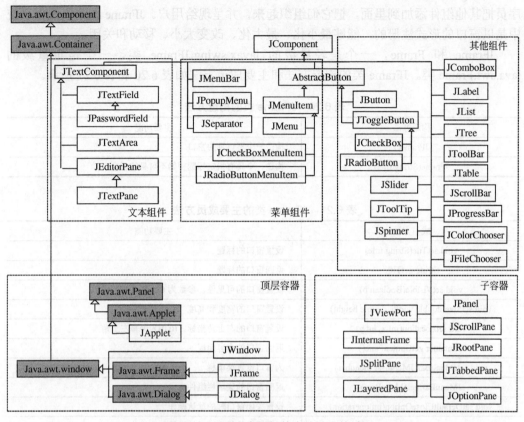

图 6.17 Swing 常用组件类的继承关系

Swing 中的类可以分为两部分。

① 组件（Component）：一般指 GUI 程序中的可见元素，如按钮、文本框、菜单等。组件不能孤立存在，必须被放置在容器中。

② 容器（Container）：指那些能够"容纳"组件的特殊组件，如窗口、面板、对话框等。容器可以嵌套，即容器中又包含容器。

根据组件的功能和特性，可以将 Swing 中的组件分为以下 3 种。

① 文本组件：与文字相关的组件，如文本框、密码框、文本区等。

② 菜单组件：与菜单相关的组件，如菜单栏、菜单项、弹出菜单等。

③ 其他组件：如标签、按钮、进度条、树、表等。

根据容器所在的级，可以将容器分为以下两类。

① 顶层容器：指 GUI 程序中位于"最上层"的容器，它不能被包含到别的容器中，如窗口、对话框等。

② 子容器：位于顶层容器之下的容器，如面板、内部窗口等。

6.3.2 窗口

Swing 中的窗口 JFrame，是从 Frame 类派生的容器，是屏幕上窗口的对象，允许程序员把其他组件添加到里面，把它们组织起来，并呈现给用户。JFrame 在本机操作系统中是以窗口的形式注册的，能够最小化、最大化、改变大小、移动和关闭。

JFrame 和 Frame，一个是轻量级的 javax.swing.JFrame 类，一个是重量级的 java.awt.Frame 类。JFrame 类的构造方法和主要成员方法如表 6.20 和表 6.21 所示。

表 6.20 JFrame 类的构造方法

构造方法	主要功能
JFrame()	构造一个不可见的窗口
JFrame(String title)	构造一个具有指定标题初始不可见的新窗口

表 6.21 JFrame 类的主要成员方法

成员方法	主要功能
void setTile(String title)	设置窗口的标题
String getTitle	返回窗口的标题
void setVisible(Boolean b)	设置窗口的可见性，参数为 true 时窗口可见
void setSize(double width, double height)	设置窗口的宽度和高度
void setLocation(int x, int y)	设置窗口的左上角坐标，(0,0)为屏幕左上角
Container getContenPane()	返回窗口的内容面板
void setJMenuBar(JMenuBar menubar)	为窗口设置菜单栏
JMenuBar getJMenuBar()	返回窗口的菜单栏组件
void setDefaultCloseOption(int operation)	设置关闭窗口时的默认操作
int getDefaultCloseOption()	返回用户关闭窗口时的默认处理操作
void setLayout(LayoutManager manager)	设置窗口的布局
void remove(Component component)	将窗口中的 component 组件删除
void pack()	根据窗口中放置的组件和布局调整窗口大小

【案例 6-14】窗体。

```java
import javax.swing.*;
public class Java_Window {
    public static void main(String[] args) {
        JFrame jfrmFrame =new JFrame("这是一个窗体");
        jfrmFrame.setVisible(true);
        jfrmFrame.setSize(400, 200);
        jfrmFrame.setLocationRelativeTo(null);  //让窗体居中显示
        JPanel panel =new JPanel();  //增加一个面板
        JButton b1=new JButton("第一个按钮");  //添加两个按钮
        JButton b2 = new JButton("第二个按钮");
        panel.add(b1);  //把按钮放在面板上
```

```
        panel.add(b2);
        jfrmFrame.add(panel);  //面板放在窗体上
        jfrmFrame.setDefaultCloseOperation(JFrame.EXIT_ON_CLOSE);  //设置窗
体的关闭
    }
}
```

程序运行结果如图 6.18 所示。

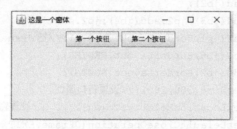

图 6.18　窗体程序运行结果

6.3.3　面板

一个界面只有一个 JFrame 窗体组件，但可以有多个 JPanel 面板组件，而 JPanel 上
也可以使用布局管理器，这样组合可以达到比较复杂的布局效果。

面板（JPanel）是一个默认不可见的矩形容器，可以在其中加入组件或子容器，在
Java 中，有四种面板，分别是常规面板、滚动面板、分割面板和分页面板。

6.3.3.1　常规面板（JPanel）

常规面板 JPanel 构造方法如表 6.22 所示。

表 6.22　JPanel 构造方法

构造方法	主要功能
JPanel()	创建面板默认带有流式布局
JPanel(LayoutManager layout)	使用指定布局创建面板

【案例 6-15】面板。

```
import java.awt.BorderLayout;
import javax.swing.*;
public class JPanel_Example {
    JFrame frm;  //定义组件
    JPanel jp1,jp2;
    JButton jb1,jb2,jb3,jb4,jb5,jb6;
    public static void main(String[] args) {
        JPanel_Example  jp = new JPanel_Example();
    }
        JPanel_Example()  //构造函数
        {
```

```
        frm = new JFrame("面板实例");  //创建组件
        jp1=new JPanel();
        jp2=new JPanel();
        jb1=new JButton("重庆");          jb2=new JButton("北京");
        jb3=new JButton("上海");          jb4=new JButton("天津");
        jb5=new JButton("成都");          jb6=new JButton("南京");
        jp1.add(jb1);//把组件添加 JPanel
        jp1.add(jb2);
        jp2.add(jb3);jp2.add(jb4);jp2.add(jb5);
        frm.add(jp1,BorderLayout.NORTH);//把 JPanel 加入到 JFrame
        frm.add(jb6,BorderLayout.CENTER);
        frm.add(jp2,BorderLayout.SOUTH);
        frm.setSize(300,200);//设置窗口属性
        frm.setLocationRelativeTo(null);    //设置窗体居中
        frm.setDefaultCloseOperation(JFrame.EXIT_ON_CLOSE);
        frm.setResizable(false);//最大化按钮实效
        frm.setVisible(true);
    }
}
```

程序运行结果如图 6.19 所示。

图 6.19　面板实例程序运行结果

6.3.3.2　滚动面板（JScrollPane）

滚动面板是一种带有滚动条的特殊容器，适用于无法同时显示面板所包含的全部组件的情况，滚动面板中所有组件构成的矩形区域超出面板的大小，表 6.23 列出了 JScrollPane 的常用方法。

表 6.23　JScrollPane 常用方法

方法	主要功能
JscrollPane(Component v int vp,int hp)	创建显示区为 V 的滚动面板，参数 2、3 分别指定垂直和水平滚动条的显示策略，取值为 ScrollPaneConstants 接口的静态常量 HORIZONTAL_SCROLLBAR_ALWAYS：总显示水平滚动条 HORIZONTAL_SCROLLBAR_AS_NEEDED：水平滚动条只在需要时显示 HORIZONTAL_SCROLLBAR_NEVER：从不显示水平滚动条
void setVerticalScrollBarPolicy(int p)	指定滚动面板的垂直滚动条显示策略。对应的指定水平滚动条显示策略的方法是 setHorizontalScrollBarPolicy

【案例 6-16】滚动面板。

```java
import javax.swing.*;
public class JscrollPane_Example {
    public static void main(String[] args) {
        JFrame frm = new JFrame("滚动面板");
        JPanel p1 =new JPanel();
        JScrollPane sPane = new JScrollPane(p1); //创建滚动面板对象，以 p 作为其
显示区
        sPane.setVerticalScrollBarPolicy(ScrollPaneConstants.VERTICAL_
SCROLLBAR_AS_NEEDED);
        int count =5;
        JButton[] buts = new JButton[count];
        for(int i=0;i<buts.length;i++) {
            buts[i]= new JButton("按钮"+(i+1));
            p1.add(buts[i]);
        }
        sPane.setLocation(5, 5);
        sPane.setSize(200,100);
        frm.setSize(250, 150);
        frm.add(sPane);
        frm.setVisible(true);
    }
}
```

程序运行结果如图 6.20 所示。

图 6.20　滚动面板程序运行结果

6.3.3.3　分割面板（JSplitPane）

分割面板是带分割条的容器，其按水平（或垂直）方向将整个面板分割成左右（或上下）两个子面板。表 6.24 列出了 JSplitPane 类的常用方法。

表 6.24　JSplitPane 类的常用方法

方法	主要功能
JSplitPane(int o)	创建按指定方向分割的分割面板。参数取值来自 JSplitPane 类 HORIZONTAL_SPLIT：按水平（左右）方向分割 VERTICAL_SPLIT：按垂直（上下）方向分割
JSplitPane(int o,component l,component r)	创建按指定方向分割的分割面板，并将能数 2、3 指定的组件分别设置到左（顶部）和右（底部）子面板

方法	主要功能
void setDividerLocation(int n)	设置分割条左（上）边缘相对于分割面板左（上）边缘的距离
void setDividerLocation(double d)	设置左（顶）部子面板的宽（高）度占整个分割面板的比例，参数和取值介于 0～1 之间。若为 0，则右（底）部面板占整个分割面板；若为 1，则左（顶）部子面板占据整个分割面板。注意：此方法必须在分割面板显示之后调用才有效
void setLeftComponent(Component c)	将组件 C 置于分割面板的左（顶）部
void setRisizeWeight(double w)	设置当分割面板的大小被改变时，如何分配额外空间（即宽度或高度的变化量，记为 d），参数取值介于 0～1 之间。若为 0，右（底）部子面板获得全部额外空间。若为 1，左（顶）部子面板获得全部额外空间。若为其他值，左（顶）部子面板获得 w×d 的额外空间，右（底）部子面板获得 (1-w)×d 的额外空间
void setOrientation (int orientation)	设置方向或分割器的分割方式

【案例 6-17】分割面板。

```java
import javax.swing.*;
public class JSplit_Example {
    public static void main(String[] args) {
        JFrame  jFrame =new JFrame("分割面板演示");
        JSplitPane sp1=new JSplitPane();  //第一个分割面板
        sp1.setOrientation(JSplitPane.HORIZONTAL_SPLIT);
        sp1.setOneTouchExpandable(true);
        sp1.setDividerLocation(100);
        sp1.setLocation(5, 5);
        //第二个分割面板
        JSplitPane sp2 = new JSplitPane(JSplitPane.VERTICAL_SPLIT);
        JPanel p = new JPanel();
        p.add(new JButton("按钮 1"));
        p.add(new JButton("按钮 2"));
        sp2.setLeftComponent(p); //将 p 设置到 sp2 的上部
        sp2.setRightComponent(new JButton("按钮 3"));
        sp1.setRightComponent(sp2); //将 sp2 设置到 sp1 的右部
        jFrame.add(sp1);
        jFrame.setSize(400, 300);
        jFrame.setLocationRelativeTo(null);
        jFrame.setVisible(true);
        sp2.setDividerLocation(0.5); //设置 sp2 的上部子面板所占比例
    }
}
```

程序运行结果如图 6.21 所示。

6.3.3.4 分页面板（JTabbedPane）

分页面板又称选项卡面板，是一个可以同时容纳多个组件的容器，这些组件被组织到不同的"页面"中，用户可以单击分页标签以显示其中的某个页面。表 6.25 列出了 JTabbedPane 类的常用方法。

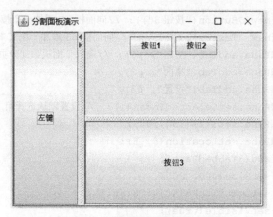

图 6.21　分割面板程序运行结果

表 6.25　JTabbedPane 类的常用方法

方法	主要功能
JTabbedPane(int t,int p)	创建指定了选项卡的位置 t 及选项卡布局策略 p 的分页面板，t 来自 JTabbedPane 类自身 top：选项卡位于顶端 BOTTOM：选项卡位于底端 LEFT：选项卡位于左侧 RIGHT：选项卡位于右侧 布局策略是指当分页面板不足以一次显示所有选项卡时的调整方式，取值也来自 JTabbedPane 类自身 WRAP_TAB_LAYOUT：选项卡显示在多行（默认值） SCROLL_TAB_LAYOUT：选项卡显示在一行，并用左右箭头按钮导航
void addTab(String t Component c)	在分页面板末尾添加标题为 t 的分页，并将组件 c 加入到分页
void insertTab(String t Icon i,Component c,String tip,int index)	在 index 位置插入标题为 t，图标为 i，工具提示文字为 tip 的分页，并将组件 c 加入该分页
void removeTabAt(int i)	移除位置为 i 处的分页
void setEnabledAt(int I,boolean b)	设置是否启用位置为 i 处的分页
Component getTabComponentAt(int i)	得到位置 i 处的分页
int getSelectedIndex()	得到当前位置分页的位置
int indexOfComponent(Component c)	得到组件 c 所在分页的位置

【案例 6-18】分页面板。

```java
import javax.swing.*;
public class JTabbedPane_Example {
    public static void main(String[] args) {
        JFrame jFrame  = new JFrame("分页面板");
        JTabbedPane  jTabbedPane= new JTabbedPane(JTabbedPane.TOP);
        JPanel p1=new JPanel();
        JPanel p2 = new JPanel();
        JPanel p3 = new JPanel();
        p1.add(new JButton("按钮 1"));
        p1.add(new JButton("按钮 2")); //向面板 p1 添加两个按钮
```

```
        p2.add(new JButton("按钮 3")); //向面板 p2 添加一个按钮
        p3.add(new JTextField(20)); //向面板 p3 添加一个文本框
        jTabbedPane.addTab("主题", p1); //向三个面板添加分页面板
        jTabbedPane.addTab("桌面", p2);
        jTabbedPane.addTab("设置", p3);
        jTabbedPane.setSelectedIndex(1);  //设置默认选择第二页
        jTabbedPane.setSize(150, 80);
        jTabbedPane.setLocation(5, 5);
        jFrame.add(jTabbedPane);
        jFrame.setSize(400, 200);
        jFrame.setLocationRelativeTo(null);
        jFrame.setVisible(true);
    }
}
```

程序运行结果如图 6.22 所示。

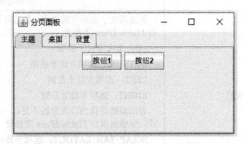

图 6.22　分页面板程序运行结果

6.3.4　标签和图片

6.3.4.1　标签：JLabel

标签用于显示文字或图片，不能获得键盘焦点，因此不具交互功能。表 6.26 列出了 JLabel 类常用的方法原型。

表 6.26　JLabel 类常用的方法原型

方法	主要功能
JLabel(String t,Icon i,int h)	创建带指定文字 t（可含 HTML 标记）、图标 i、水平对齐方式 h 的标签。参数 h 来自于 SwingConstants 接口的静态常量 LEFT：水平居左（默认值） CENTER：水平居中 RIGHT：水平居右 LEADING：标签文字从左到右显示（很少使用，对英语/汉语文字指定该值则等同于 LEFT） TRAILING：标签文字从右到左显示（很少使用，适用于某些书写方向为从右到左的国家的文字，对英语/汉语文字指定该值则等同于 RIGHT）
void setText(String t)	设置标签文字为 t

方法	主要功能
void set VerticalAlignment(int v)	设置标签文字的垂直对齐方式为 v，参数 v 取值为 SwingConstants 接口的静态常量 TOP：垂直居上 CENTER：垂直居中（默认值） BOTTOM：垂直居下
void set VerticalTextPosition(int p)	设置标签文字与图标（如果指定了）之间的垂直相对位置，参数 p 取值同参数 3，但意义有所不同 TOP：文字在图标上方 CENTER：文字与图标都垂直居中（默认值） BOTTOM：文字在图标下方

【案例 6-19】标签。

```java
import java.awt.Color;
import java.awt.Font;
import java.awt.GridLayout;
import javax.swing.*;
public class JLable_Example {
    public static void main(String[] args) {
        JFrame frm= new JFrame("标签案例");
        frm.setLayout(new GridLayout(3, 1));
        JLabel Jlb1 = new JLabel("普通标签");
        JLabel jlb2 = new JLabel("指定字体并水平居中对齐的标签");
        jlb2.setFont(new Font("黑体",Font.BOLD,18));
        jlb2.setOpaque(true);//设置标签不透明，否则背景无效
        jlb2.setBackground(Color.pink);
        jlb2.setForeground(Color.white);
        jlb2.setHorizontalAlignment(SwingConstants.CENTER);
        jlb2.setVerticalAlignment(SwingConstants.CENTER);
        String s ="<html>带<font size=6>HTML</font><i>标记的</i><sub>标签
</sub></html>";
        JLabel jlb3 = new JLabel(s);
        frm.add(Jlb1);frm.add(jlb2);frm.add(jlb3);
        frm.setSize(300, 200);
        frm.setLocationRelativeTo(null);
        frm.setVisible(true);
    }
}
```

程序运行结果如图 6.23 所示。

6.3.4.2　图标和图片

图标和图片的本质是一样的，都代表一个矩形图像。图标是一种尺寸较小的图片，通常用来装饰组件，如带图标的按钮。Swing 中的图标对应着 Icon 接口，该接口主要定义了两个抽象方法:getIconWidth()和 getIconHeight(),分别用来得到图标的宽度和高度。

图 6.23　标签程序运行结果

由于 Icon 是接口，无法实例化，故应使用其实现类，其中之一就是 ImageIcon 类。ImageIcon 类可以根据文件名、字节数组、URL（Uniform Resource Locator，统一资源定位符，如网页地址）等来源创建图片。但需要注意，ImageIcon 类并非继承自 JComponent，它的父类是 Object，因而容器对象不能调用"add(Component c)"方法将图标或图片对象添加到自身中。Swing 中只有特定的几个组件能使用图标或图片（如标签、按钮等），故放在此处介绍。表 6.27 列出了 ImageIcon 类的常用 API。

表 6.27　ImageIcon 类的常用 API

方法原型	主要功能
ImageIcon(String f)	根据图片文件名创建图片
ImageIcon(URL u)	根据图片的 URL 创建图片
ImageIcon(Image i)	根据 AWT 的图片对象创建 Swing 图片
int getIconWidth()	得到图片宽度，是 Icon 接口中对应方法的实现
Image getImage()	转换 Swing 图片为 AWT 图片

【案例 6-20】图标和图片。

```java
import java.awt.Color;
import java.awt.GridLayout;
import javax.swing.*;
public class ImageIcon_Example {
    public static void main(String[] args) {
        JFrame  frm = new JFrame("图标和图片");
        String dir="D://eclipse-workspace//image//";
        int count = 4;
        JLabel[]  labs= new JLabel[count];
        ImageIcon[ ] imgs= new ImageIcon[count];
        imgs[0]= new ImageIcon(dir+"winlog.jpg");
        imgs[1]= new ImageIcon(dir+"java.jpg");
        imgs[2]= new ImageIcon(dir+"apple.jpg");
        imgs[3]= new ImageIcon(dir+"android.jpg");
        frm.setLayout(new GridLayout(2,2,5,5));
        for(int i=0;i<count;i++) {
            labs[i]= new JLabel(imgs[i]);
            labs[i].setOpaque(true);
```

```
                labs[i].setBackground(Color.white);
                frm.add(labs[i]);
        }
        frm.setSize(300, 300);
        frm.setVisible(true);
    }
}
```

程序运行结果如图 6.24 所示。

图 6.24　图标和图片程序运行结果

6.3.5　按钮和工具提示

Java 中提供的按钮是一类允许用户单击的可交互组件，具体包括：常规按钮（JButton）、开关按钮（JToggleButton）、单选按钮（JRadioButton）和复选按钮（JCheckBox），它们都是抽象类 AbstractButton 的直接或间接子类。表 6.28 列出 AbstractButton 类的常用方法。

表 6.28　AbstractButton 类的常用方法

方法原型	主要功能
boolean isSelected()	得到按钮的选中状态。对于开关按钮，选中和未选中分别返回 true 和 false
void set Text(String t)	设置按钮文字为 t（可带 HTML 标记）
void setActionCommand(String c)	设置按钮的动作命令文字为 c，用于按钮的单击事件处理
void setMnemonic(int m)	设置按钮的快捷键字符为 m。按"Alt+参数字符 m"相当于单击按钮，m 取值为 java.awt.KeyEvent 类中形如 VK XXX 的字段
setIcon(Icon i)	设置按钮的默认图标
void setRolloverEnabled（boolean b）	设置当鼠标指针位于按钮之上时是否允许更换图标（默认为 false）
void setRolloverIcon(Icon i)	设置当鼠标指针位于按钮之上时的图标
void setSelectedIcon(Icon i)	设置按钮被选中时的图标（适用于开关按钮）
void setDisabledIcon(Icon i)	设置按钮被禁用时的图标

6.3.5.1 常规按钮（JButton）

所谓常规按钮，即 Java 提供的普通按钮，也是 AbstractButton 提供的最为常用的子类 JButton 常规按钮，表 6.29 列出了 JButton 类的常用方法。

表 6.29　JButton 类常用方法

方法原型	主要功能
JButton(String t)	创建文字为 t 的按钮
JButton(String t,Icon i)	创建文字为 t、图标为 i 的按钮
setText(String text)	设置按钮的文本
setMnemonic(KeyEvent xx)	设置按钮的快捷键
setEnabled(Boolean C)	设置按钮的可用行
setBorder()	设置按钮是否有边框
setContentAreaFilled(Boolean C)	设置按钮是否透明
setFocusable(Boolean C)	设置按钮是否有焦点
setIcon(image)	设置按钮是否有图标

【案例 6-21】普通按钮。

```java
import java.awt.GridLayout;
import java.awt.event.KeyEvent;
import javax.swing.*;
public class JButton_Example {
    public static void main(String[] args) {
        JFrame frm= new JFrame("普通按钮");
        frm.setLayout(new GridLayout(3, 3, 5, 5)); //设置布局为网格布局
        JButton[] btns = new JButton[9];  //按钮数组
        for(int i=0; i<btns.length;i++) {
            btns[i]= new JButton(); //创建没有文字的按钮
            frm.add(btns[i]);
        }
        btns[0].setText("普通按钮");
        btns[1].setText("<html>y=x<sup>2</sup></html>");//带html文本按钮
        btns[2].setText("带快捷键按钮(C)");
        btns[2].setMnemonic(KeyEvent.VK_C);  //带快捷键按钮
        btns[3].setText("禁用的按钮");  //禁用的按钮
        btns[3].setEnabled(false);
        btns[4].setText("不带边框按钮");  //不带边框按钮
        btns[4].setBorder(null);
        btns[5].setText("绘制透明按钮");  //按钮设置为透明，这样就不会挡着后面的背景
        btns[5].setContentAreaFilled(false);
        btns[6].setText("无焦点按钮");  //无焦点按钮
        btns[6].setFocusable(false);
        btns[7].setText("带图标按钮"); //带图标按钮
        Icon right = new ImageIcon("../image/right.png");
        btns[7].setIcon(right);
```

```
        btns[8].setText("图标背景透明");  //带图标背景透明按钮
        Icon errorIcon = new ImageIcon("../image/error.png");
        btns[8].setContentAreaFilled(false);
        btns[8].setIcon(errorIcon);
        frm.setSize(500, 250);
        frm.setVisible(true);
    }
}
```

程序运行结果如图 6.25 所示。

图 6.25　普通按钮程序运行结果

6.3.5.2　开关按钮（JToggleButton）

开关按钮：JToggleButton 不同于常规按钮，开关按钮被单击后不会弹起，需要再次单击。关按钮的"按下/弹起"分别代表其"选中/未选中"（或称"开/关"）两种状态。表 6.30 列出了 JToggleButton 类的常用 API。

表 6.30　JToggleButton 类的常用 API

方法原型	主要功能
JToggleButton(String t)	创建文字为 t、默认关闭的开关按钮
JToggleButton(String t,Icon i,boolean b)	创建文字为 t、图标为 i、开关状态为 b 的开关按钮

【案例 6-22】开关按钮。

```
import java.awt.FlowLayout;
import javax.swing.*;
public class JToggleButton_Example {
    public static void main(String[] args) {
        JFrame   frm = new JFrame("开关按钮");
        JToggleButton[] jtb = new JToggleButton[4];
        jtb[0] = new JToggleButton();
        jtb[0].setText("按钮 1 状态: "+jtb[0].isSelected());
        jtb[1]= new JToggleButton("",true);    //开启按钮被按下
        jtb[1].setText("按钮 2 状态: "+jtb[1].isSelected());
        jtb[2] = new JToggleButton();
        jtb[2].setSelected(false);
```

```
        jtb[2].setText("按钮3状态: "+jtb[2].isSelected());
        Icon pcIcon = new ImageIcon("../image/pc.png");
        jtb[3] = new JToggleButton();
        jtb[3].setIcon(pcIcon);
        jtb[3].setText("按钮4");
        frm.setLayout(new FlowLayout());
        for(int i=0;i<jtb.length;i++) {
            frm.add(jtb[i]);
        }
        frm.setSize(300, 200);
        frm.setVisible(true);
    }
}
```

程序运行结果如图 6.26 所示。

图 6.26   开关按钮程序运行结果

6.3.5.3   单选按钮（JRadioButton）

单选按钮和复选按钮是两种特殊的开关按钮，它们均继承自 JToggleButton 类，具有
"选中/未选中"两种状态。不同的是，单选按钮只能被选中而不能取消选中。若干个单
选按钮可以属于同一个按钮组（javax.swing.ButtonGroup 类的对象），当选中其中一个时，
其余的按钮将取消选中。

【案例 6-23】单选按钮。

```
import java.awt.*;
import java.awt.event.*;
import javax.swing.*;
public class JRadioButton_Example {
    public static void main(String[] args) {
        JFrame   frm = new JFrame("单选按钮");
        Panel p1 = new Panel();      Panel p2 = new Panel();
        Panel p3 = new Panel();
        frm.setLayout(new GridLayout(3,1));
        String[]  text = {"男","女","计算机","英语","数学"};
        JRadioButton[] jrb = new JRadioButton[text.length];
        ButtonGroup  sexGroup = new ButtonGroup(); //性别一组
        ButtonGroup  majorGroup = new ButtonGroup();  //课程一组
```

```
                for(int i=0;i<text.length;i++) {
                    jrb[i] = new JRadioButton();
                    jrb[i].setText(text[i]);
                    if(i<2) {
                        p1.add(jrb[i]);
                        sexGroup.add(jrb[i]);     //性别放在一组中
                    }else {
                        p2.add(jrb[i]);
                        majorGroup.add(jrb[i]);    //课程放在一组中
                    }
                }
                JButton jbut = new JButton("确定");
                p3.add(jbut);
                frm.add(p1);frm.add(p2);frm.add(p3);   //将面板添加到窗体中
                frm.setSize(300, 200);
                frm.setVisible(true);
                jbut.addActionListener(new ActionListener() {   //添加选中后的按钮的事件
                    @Override
                    public void actionPerformed(ActionEvent e) {
                        for(int i=0; i<jrb.length;i++) {
                            if(jrb[i].isSelected()) {
                                JOptionPane.showMessageDialog(frm, "你选中了: "+
jrb[i].getText());

                                break;
                            }
                        }
                    }
                });
            }
        }
```

程序运行结果如图 6.27 所示。

图 6.27　单选按钮程序运行结果

6.3.5.4　复选按钮

复选按钮 JCheckBox 也继承 JToggleButton。复选按钮能被选中也能被取消选中，多个按钮的选中状态互不影响，因此，复选按钮不需要加入到按钮组中。

【案例 6-24】复选按钮。

```java
import java.awt.*;
import java.awt.event.*;
import javax.swing.*;
public class JCheckBox_Example {
    public static void main(String[] args) {
        JFrame frm = new JFrame("复选框");
        Panel p1 = new Panel(); Panel p2 = new Panel(); Panel p3 = new Panel();
        JButton jbut = new JButton("你的爱好");
        frm.setLayout(new GridLayout(3,1)); //用网格布局
        String[] s1 = {"足球","篮球","网球","看书","上网","打游戏"};
        JLabel lb = new JLabel("你的爱好是：");
        JCheckBox[] jckb = new JCheckBox[s1.length];
        p1.add(lb); frm.add(p1);
        for(int i=0;i<jckb.length;i++) { //把 S1 字符串内容加入到复选框中
            jckb[i] = new JCheckBox();
            jckb[i].setText(s1[i]);
            p2.add(jckb[i]);
        }
        frm.add(p2);   //添加到窗体中
        p3.add(jbut); frm.add(p3);
        frm.setSize(400, 200);
        frm.setVisible(true);
        jbut.addActionListener(new ActionListener() { //添加按钮事件
            @Override
            public void actionPerformed(ActionEvent e) {
                String s=" " ;
                for(int i=0;i<s1.length;i++) {
                    if(jckb[i].isSelected()) {
                        s+=jckb[i].getText()+" ";}
                }
                JOptionPane.showMessageDialog(frm, "你的爱好："+s);
            }
        });
    }
}
```

程序运行结果如图 6.28 所示。

 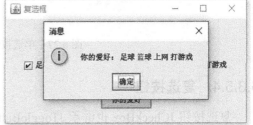

图 6.28　复选按钮程序运行结果

6.3.6　文本组件

文本组件主要有文本框（JTextField）、密码框（JPasswordField）、文本区（JTextArea）三个组件。它们都是 javax.swing.text.JTextField 类的直接子类。表 6.31 列出了 JTextComponent 类的常用 API。

表 6.31　JTextComponent 类的常用 API

方法原型	主要功能
void select(int start,int end)	选中组件中从下标 start 开始至 end 结束的文本
String getSelectedText()	得到选中的内容
String getText(int offset,int len)	得到组件中从下标 offset 开始、长度为 lem 的文本
void setCaretPositicn(int p)	设置组件的光标位置，参数 p 介于 0～1 组件的文本长度之间
void setEditable(booleam b)	设置文本组件是否允许编辑（默认为 ture）
Document getDocument()	得到文本组件关联的文档对象。javax.swing.text.Document 接口是一个文本容器，能描述简单文档（纯文本格式）和复杂文档（HTML 或 XML 文件）
void setSeiectionColor(Color c)	设置选中内容的颜色（即背景色）为 c
void read(Reader in,Object desc)	从指定的字符输入流 in 中读取内容到文本组件。参数 desc 是 in 的描述，类型可以是字符串、文件或 URL 等，desc 可以为空
void wrice(Writer out)	将组件中的文本写到字符输出流 out

6.3.6.1　文本框（JTextField）

文本框（JTextField），是一个文本组件，它只能接受单行文字。表 6.32 列出了 JTextField 类的常用 API。

表 6.32　JTextField 类的常用方法

方法原型	主要功能
JTextField(String text, int cols)	创建初始文字为 text，列数为 cols 的文本框，cols 并非指文本框接受的最多字符个数，而是用于计算本文本框的首选宽度。
void setHorizontalAlignent(int alignmenta)	设置文本框中文字的水平对齐方式,参数 alignmenta 来自 SwingConstants 接口的静态常量 LEFT：水平居左（默认值） CENTER：水平居中 RIGHT：水平居右

【案例 6-25】文本框。

```
import javax.swing.*;
import java.awt.*;
import java.awt.event.*;
public class JTextField_Example {
    public static void main(String[] args){
        JFrame jf = new JFrame("文本框");
        jf.setSize(300, 300);
        jf.setLocationRelativeTo(null);
        jf.setDefaultCloseOperation(WindowConstants.EXIT_ON_CLOSE);
```

```
            JPanel panel = new JPanel();
            final JTextField textField = new JTextField(8);//创建文本框，指定可见
列数为 8 列
            textField.setFont(new Font(null, Font.PLAIN, 20));  //设置文本框中的字体
            panel.add(textField);
            JButton btn = new JButton("提交");  //创建一个按钮，点击后获取文本框中的文本
            btn.setFont(new Font(null, Font.PLAIN, 20));
            btn.addActionListener(new ActionListener() {  //添加按钮事件
                @Override
                public void actionPerformed(ActionEvent e) {
                    JOptionPane.showMessageDialog(jf,"提交: " + textField. getText());
                }
            });
            panel.add(btn);
            jf.setContentPane(panel);
            jf.setVisible(true);
        }
    }
```

程序运行结果如图 6.29 所示。

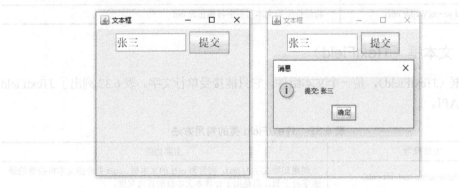

图 6.29　文本框程序运行结果

6.3.6.2　密码框（JPasswordField）

密码框 JPasswordField 类继承自 JTextField，是一种特殊的文本框，在其中输入的所有字符均会以某个替代字符（称为回显字符）显示，因此可以用作密码等敏感信息的输入框。

【案例 6-26】密码框。

```
import java.awt.*;
import javax.swing.*;
import javax.swing.event.*;
public class JPasswordField_Example {
    public static void main(String[] args) {
        JFrame  frm = new JFrame("密码框");
        String[] labstr = {"默认密码框","指定回显字符(西文)","指定回显字符(中
文)","密码可见"};
```

```
        JLabel[] labs = new JLabel[labstr.length];
        frm.setLayout(new FlowLayout(FlowLayout.LEFT));
        JPasswordField[] jpf = new JPasswordField[labstr.length];
        for(int i=0;i<labstr.length;i++) {
            labs[i] =new JLabel(labstr[i]); //构造标签
            jpf[i] = new JPasswordField(10);
            jpf[i].setFont(new Font(null, Font.PLAIN, 20));
            frm.add(labs[i]);
            frm.add(jpf[i]);
        }
        frm.setSize(320, 300);
        frm.setVisible(true);
        //当在第一个文本框中输入，第二、三、四个文本框同步显示
        jpf[0].getDocument().addDocumentListener(new DocumentListener() {
            @Override
            public void removeUpdate(DocumentEvent e) { //删除文本事件
            }
            @Override
            public void insertUpdate(DocumentEvent e) { //插入文本事件
                String str= new String(jpf[0].getPassword()); //取得输入的密码
                jpf[1].setEchoChar('*');  //设置回显字符为西文
                jpf[1].setText(str);
                jpf[1].setBackground(Color.cyan);
                jpf[2].setEchoChar('★');  //设置回显字符为中文
                jpf[2].setText(str);
                jpf[2].setBackground(Color.pink);
                jpf[3].setEchoChar('\u0000');  //取消回显字符，按原样显示
                jpf[3].setText(str);
            }
            @Override
            public void changedUpdate(DocumentEvent e) { //修改文本事件
            }
        });
    }
}
```

程序运行结果如图 6.30 所示。

图 6.30 密码框程序运行结果

6.3.6.3 文本区（JTextArea）

文本区 JTextArea 允许接受多行无格式文本，表 6.33 列出了 JTextArea 类的常用方法。

表 6.33 JTextArea 类的常用方法

方法原型	主要功能
JTextArea(String t,int rows,int cols)	创建初始文字为 t、行数为 rows、列数为 cols 的文本区。rows 并非指文本区所能接受文本的最大行列数，而是用于系统计算文本区的首选大小
void append(String s)	在文本区的最后追加字符串 s
void setLineWrap(boolean b)	设置文本区是否自动换行（默认为 false,即不自动换行）
void setWrapStyleWord(boolean b)	设置自动换行时是否禁止拆分一个单词到两行（默认为 false,即允许拆分单词）
int getLineCount()	得到文本区包含的文本的行数

【案例 6-27】文本区。

```java
import java.awt.GridLayout;
import javax.swing.*;
public class JTextArea_Example {
    public static void main(String[] args) {
        JFrame frm = new JFrame("文本区");
        frm.setLayout(new GridLayout(2,1,5,5));
        JTextArea ta1=new JTextArea();
        JTextArea ta2 = new JTextArea("初始文字");
        ta2.setLineWrap(true); //设置文本区自动换行
        frm.add(ta1);
        frm.add(new JScrollPane(ta2));
        frm.setSize(300, 200);
        frm.setVisible(true);
        frm.isVisible();
    }
}
```

程序运行结果如图 6.31 所示。

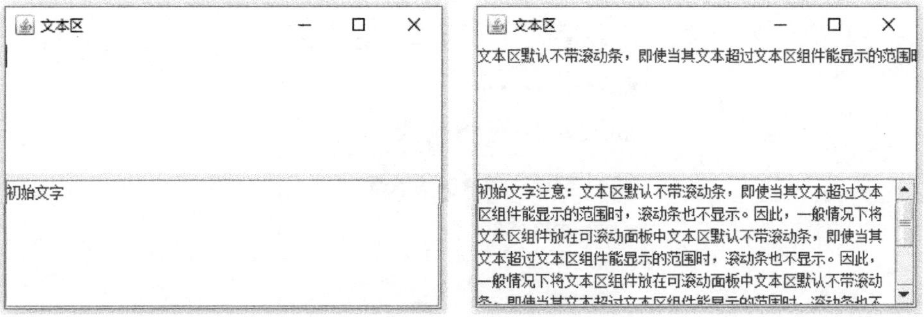

图 6.31 文本区程序运行结果

注意：文本区默认不带滚动条，即使当其文本超过文本区组件能显示的范围时，滚动条也不显示。因此，一般情况下将文本区组件放在滚动面板中。

6.3.7　菜单和工具栏

6.3.7.1　菜单

在 Java 中，一个完整的菜单由 JMenuBar（菜单栏）、JMenu（菜单）和 JMenuItem（菜单项）组成。

（1）菜单栏

菜单栏(JMenuBar)是窗口中用于容纳菜单的容器，通过 JFrame 类提供的 setJMenuBar()方法将它设置成窗口的菜单条。例如：

```
JMenuBar testJMenuBar=new JMenuBar();
testFrame.setMenuBar(testJMenuBar);
```

注意：JMenuBar 类通过 add()方法来添加菜单，菜单根据 JMenu 添加的顺序从左到右显示，并建立整数索引。JMenuBar 类常用方法如表 6.34 所示。

表 6.34　JMenuBar 类常用方法

方法原型	主要功能
JMenuBor()	创建新的菜单栏
JMenuadd(JMenu c)	将指定的菜单追加到菜单栏的末尾
Boolean isSelected()	如果当前选择了菜单栏的组件，则返回 true
JMenu getMenu(int index)	返回菜单栏中指定位置的菜单

（2）菜单

菜单（JMenu）是一组菜单项或一个菜单容器，每个菜单有一个标题。在菜单中可以添加不同的内容，可以是菜单项（JMenuItem），也可以是子菜单，也可以是分隔符。JMenu 类提的 add()方法用来添加菜单项或另一个菜单。一个菜单中加入另一个菜单，则构成二级子菜单。分隔符的添加只需要将其作为菜单项添加到菜单中。JMenu 类常用方法如表 6.35 所示。

表 6.35　JMenu 类常用方法

方法原型	主要功能
JMenu ()	构造没有文本的新 JMenu
JMenu(String s)	构造一个新 JMenu，用提供的字符串作为其文本
JMenuItem add(JMenuItem menuItem)	将某个菜单项追加到此菜单的末尾
void addSeparator()	将新分隔符追加到菜单的末尾
JMenuItem insert(JMenuItem mi，int pos)	在给定位置插入指定的 JMenuItem
void remove(JMenuItem item)	从此菜单移除指定的菜单项
JMenuItem getItem(int pos)	返回指定位置的 JMenuItem

（3）菜单项

菜单项（JMenuItem）是组成菜单的最小单位，在菜单项上可以注册 ActionEvent 事件监听器。当单击菜单项时，执行 actionPerformed()方法。JMenuItem 类常用方法如表 6.36 所示。

表 6.36　JMenuItem 类常用方法

方法原型	主要功能
JMenuItem()	创建不带有设置文本或图标的 JMenuItem
JMenuItem(Icon icon)	创建带有指定图标的 JMenuItem
JMenuItem(String text)	创建带有指定文本的 JMenuItem
JMenuItem(String text,Icon i)	创建带有指定文本和图标的 JMenuItem
void setEnabled(boolean b)	启用或禁用菜单项

【案例 6-28】菜单。

```java
import java.awt.*;
import java.awt.event.*;
import javax.swing.*;
public class JMenu_Example extends JFrame {
    private static final long serialVersionUID = 1L;
    static JFrame frm = new JFrame("菜单");
    static Panel p = new Panel();
    public JMenu_Example() { //构造方法
        frm.setBounds(0, 0, 300, 200);    //设置窗口的大小
        JMenuBar jmb = new JMenuBar();    //添加菜单栏
        frm.setJMenuBar(jmb); // 窗口中添加菜单条
        JMenu menu1 = new JMenu("文件");  jmb.add(menu1);//添加一级菜单
        JMenu menu2 = new JMenu("编辑");  jmb.add(menu2);
        JMenu menu3 = new JMenu("视图");  jmb.add(menu3);
        JMenu menu4 = new JMenu("选项");  jmb.add(menu4);
        JMenuItem menu4_1 = new JMenuItem("改变标题"); //添加二级菜单
        menu4.add(menu4_1);
        menu4.addSeparator(); // 添加分割线
        JMenu menu4_2 = new JMenu("改变前景色");  menu4.add(menu4_2);
        JMenuItem menu4_2_1 = new JMenuItem("红色");
        menu4_2.add(menu4_2_1);  //添加三级菜单
        JMenuItem menu4_2_2 = new JMenuItem("黄色");
        menu4_2.add(menu4_2_2);
        JMenuItem menu4_2_3 = new JMenuItem("蓝色");
        menu4_2.add(menu4_2_3);
        JMenuItem menu4_3 = new JMenuItem("改变背景色");
        menu4.addSeparator();
        menu4.add(menu4_3);
        frm.add(p);
        frm.setLocationRelativeTo(null);
        frm.setVisible(true);
```

```
        menu4_2_1.addActionListener(new ActionListener() { //添加三级菜单事件
            @Override
            public void actionPerformed(ActionEvent e) {
                p.setBackground(Color.red); }
        });
        menu4_2_2.addActionListener(new ActionListener() {
            @Override
            public void actionPerformed(ActionEvent e) {
                p.setBackground(Color.yellow);    }
        });
        menu4_2_3.addActionListener(new ActionListener() {
            @Override
            public void actionPerformed(ActionEvent e) {
                p.setBackground(Color.blue);
            }
        });
    }
    public static void main(String[] args) {
        JMenu_Example jMenu_Example = new JMenu_Example();
    }
}
```

程序运行结果如图 6.32 所示。

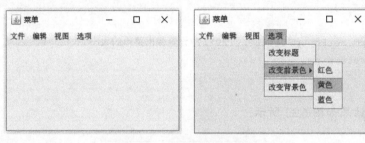

图 6.32　菜单程序运行结果

6.3.7.2　弹出菜单 JPopupMenu

与菜单类似，弹出菜单也能包含菜单项和子菜单，不同的是，弹出菜单一般依附于某个组件（该组件称为弹出菜单的调用者）并在该组件上单击鼠标右键时显示，表 6.37 列出了 JPopupMenu 类常用方法。

表 6.37　JPopupMenu 类常用方法

方法原型	主要功能
JMenuItem add(JMenuItem mi)	将菜单项 mi 加到弹出菜单的末尾
void insert(Component c,int i)	在弹出菜单的位置 i 处插入组件 c
void pack()	将弹出菜单的大小设为正好显示出其全部菜单项
void show(Component c,int x,int y)	在调用者 c 的指定坐标处显示弹出菜单
void setInvoker(Component c)	设置弹出菜单的调用者为 c

【案例 6-27】弹出菜单。

```java
import java.awt.*;
import javax.swing.*;
public class JPopupMenu_Example {
    public static void main(String[] args) {
        JFrame frm = new JFrame("弹出菜单");
        JTextField tf = new JTextField("右键点击这个区域");
        tf.setComponentPopupMenu(createJPopupMenu());//设置弹出菜单
        frm.setLayout(new FlowLayout());
        frm.add(tf);
        frm.setSize(300, 200);
        frm.setVisible(true);
    }
    public static JPopupMenu createJPopupMenu() {
        String ts[] = {"剪切","复制","粘贴","删除",null,"全选"};
        JPopupMenu pm = new JPopupMenu();
        for(String t: ts) {
            if(t !=null) {
                pm.add(new JMenuItem(t));
            }else {
                pm.addSeparator();
            }
        }
        pm.setPopupSize(80, 120);//设置弹出菜单的大小
        return pm;
    }
}
```

程序运行结果如图 6.33 所示。

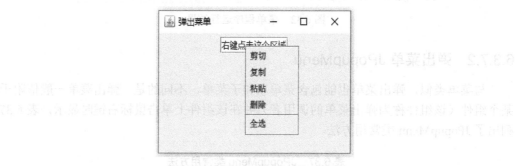

图 6.33　弹出菜单程序运行结果

6.3.7.3　工具栏

工具栏是一种能够将若干个组件（通常是带图标的按钮）组织为一行（或一列）的容器，其提供了与菜单类似的功能。表 6.38 列出了 **JToolBar** 类的常用方法。

表 6.38　JToolBar 类的常用方法

方法原型	主要功能
JToolBar(String t,int o)	创建标题为 t，方向为 o 的工具栏。当工具栏被拖曳出其所在容器成为浮动工具栏时，将显示标题。参数 o 的取值为 SwingContants 接口的静态常量 HORIZONTAL：水平方向（默认值） VERTICAL：垂直方向
Component getComponentAtIndex(int i)	得到工具栏中位置 i 处的组件
void setFloatable(Boolean b)	设置工具栏是否可能浮动（默认为 true）

【案例 6-30】工具栏。

```java
import java.awt.*;
import javax.swing.*;
import java.awt.event.*;
public class JToolBar_Example {
    public static void main(String[] args) {
        JFrame jf = new JFrame("工具栏");
        JMenuBar  jmb = new JMenuBar();  //添加菜单栏
        JMenu  menu1= new JMenu("文件"); jmb.add(menu1);
        JMenuItem menu1_1 = new JMenuItem("保存");
        JMenuItem menu1_2 = new JMenuItem("退出");
        menu1.add(menu1_1); menu1.add(menu1_2);
        JPanel panel = new JPanel(new BorderLayout());
        JToolBar toolBar = new JToolBar("工具栏"); // 创建一个工具栏实例
        // 创建 工具栏按钮
        JButton bofang = new JButton(new ImageIcon("../image/bofang.png"));
        JButton prior = new JButton(new ImageIcon("../image/prior.png"));
        JButton stop = new JButton(new ImageIcon("../image/stop.png"));
        JButton next = new JButton(new ImageIcon("../image/next.png"));
        toolBar.add(bofang);// 添加 按钮 到 工具栏
        toolBar.add(prior);   toolBar.add(stop);   toolBar.add(next);
        final JTextArea textArea = new JTextArea(); // 创建一个文本区域, 用于
输出相关信息
        textArea.setLineWrap(true);
        // 添加按钮的点击动作监听器，并把相关信息输入到文本区域
        bofang.addActionListener(new ActionListener() {
            @Override
            public void actionPerformed(ActionEvent e) {
                textArea.append("播放\n");}
        });
        prior.addActionListener(new ActionListener() {
            @Override
            public void actionPerformed(ActionEvent e) {
                textArea.append("上一曲\n");}
        });
        stop.addActionListener(new ActionListener() {
```

```
            @Override
            public void actionPerformed(ActionEvent e) {
                textArea.append("暂停\n");}
        });
        next.addActionListener(new ActionListener() {
            @Override
            public void actionPerformed(ActionEvent e) {
                textArea.append("下一曲\n");}
        });
        // 添加工具栏到内容面板的顶部
        panel.add(toolBar, BorderLayout.PAGE_START);
        // 添加文本区域到内容面板的中间
        panel.add(textArea, BorderLayout.CENTER);
        jf.setSize(300, 300);
        jf.setLocationRelativeTo(null);
        jf.setDefaultCloseOperation(WindowConstants.EXIT_ON_CLOSE);
        jf.setJMenuBar(jmb);
        jf.setContentPane(panel);
        jf.setVisible(true);
    }
}
```

当程序运行以后，可以拖动工具栏，改变工具栏的布局。程序运行结果如图 6.34
所示。

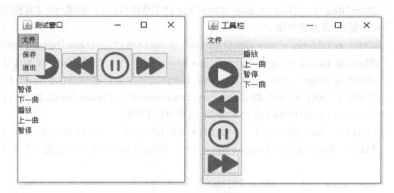

图 6.34　工具栏程序运行结果

6.3.8　其他可调节组件

其他可调节组件主要包括进度条（JProgressBar）、滚动条（JScrollBar）、滑块（JSlider），
其是 javax.swing，JComponent 的子类。

6.3.8.1　进度条（JProgressBar）

进度条能动态显示某个任务的完成度（通常以百分比的形式），随着任务的进行，
进度条的矩形区域将逐渐被填充至满。表 6.39 列出了 JProgressBar 类的常用 API。

表 6.39　JProgressBar 类的常用 API

方法原型	主要功能
JProgressBar()	创建最小值为 0、最大值为 100 的水平进度条
JProgressBar(int o，int min，int max)	创建方向为 o、最小/大值分别为 min/max 的进度条。参数 o 的取值为 SwingConstants 接口的静态常量 HORIZONTAL：水平方向（默认值） VERTICAL：垂直方向
void setValue(int v)	设置进度条当前值为 v
void setIndeterminate(boolean b)	设置进度条是否是不确定的（默认为 false）
void setStringPainted(boolean b)	设置是否显示进度文字（默认为 false）
void setString(String s)	设置进度条文字为 s

【案例 6-31】动态进度条。

```java
import javax.swing.*;
import javax.swing.event.*;
import java.awt.*;
import java.awt.event.*;
public class JProgressBar_Example {
    private static final int MIN_PROGRESS = 0;
    private static final int MAX_PROGRESS = 100;
    private static int currentProgress = MIN_PROGRESS;
    public static void main(String[] args) {
        JFrame frm = new JFrame("进度条");
        frm.setSize(250, 250);
        frm.setLocationRelativeTo(null);
        frm.setDefaultCloseOperation(WindowConstants.EXIT_ON_CLOSE);
        JPanel panel = new JPanel(new BorderLayout());
        JTextField txt =new JTextField(30);
        // 创建一个进度条
        final JProgressBar progressBar = new JProgressBar();
        // 设置进度的最小值和最大值
        progressBar.setMinimum(MIN_PROGRESS);
        progressBar.setMaximum(MAX_PROGRESS);
        progressBar.setValue(currentProgress);// 设置当前进度值
        progressBar.setStringPainted(true);// 绘制百分比文本（进度条中间显示的百
分数）
        // 添加进度改变通知
        progressBar.addChangeListener(new ChangeListener() {
            @Override
            public void stateChanged(ChangeEvent e) {
                txt.setText("当前进度值: " + progressBar.getValue() + "; " +
"进度百分比: " + progressBar.getValue()+"%");
            }
        });
        // 添加到内容面板
```

```
    panel.add(progressBar,BorderLayout.NORTH);
    panel.add(txt,BorderLayout.SOUTH);
    frm.setContentPane(panel);
    frm.setVisible(true);
    // 模拟延时操作进度，每隔 0.2s 更新进度
    new Timer(200, new ActionListener() {
        @Override
        public void actionPerformed(ActionEvent e) {
            currentProgress++;
            if (currentProgress > MAX_PROGRESS) {
                currentProgress = MIN_PROGRESS;
            }
            progressBar.setValue(currentProgress);
        }
    }).start();
    }
}
```

程序运行结果如图 6.35 所示。

图 6.35　动态进度条程序运行结果

6.3.8.2　滚动条 JScrollBar

前面介绍滚动面板时已经见过滚动条了，实际上，滚动条是独立的组件，是可以不依赖于可滚动面板而单独出现的。与进度条类似，滚动条也能表示一定范围内某个值，并且允许用户拖动滚动条上的滑块以改变该值。表 6.40 列出了 JScrollBar 类的常用 API。

表 6.40　JScrollBar 类的常用 API

方法原型	主要功能
JScrollBar()	创建的滚动条的默认方向、初始值、滑块大小、最小值、最大值分别是垂直、0、10、0、100
JScrollBar (int orientation, int value, int extent, int min, int max)	创建具有指定方向（orientation）、指定值（valve）、指定范围（extent）、最小值（min）和最大值（max）的滚动条。参数 orientation 的取值为 java.awt.Adjustable 接口的静态常量 HORIZONTAL：水平方向 VERTICAL：垂直方向（默认值）

方法原型	主要功能
void setValue(int v)	设置滚动条的滑块位置为 v
void setVisibleAmount(int n)	设置滚动条的滑块大小为 n
void setBlockIncrement(int i)	设置滚动条滑块增量大小（单击滑块两侧的空白区域时）为 i
void setUnitIncrement(int i)	设置滚动条的单位增量大小（单击两端的箭头时）为 i
void setValueIsAdjusting(Boolean b)	设置滑块位置是否正改变。当开始拖动滑块时应设为 true，拖动停止后应设为 false，否则会连续产生多次调整事件

【案例6-32】滚动条。

```java
package java_Swing;
import java.awt.*;
import java.awt.event.*;
import javax.swing.*;
public class JScrollBar_Example implements AdjustmentListener  {
    JScrollBar scrollBar1;
    JScrollBar scrollBar2;
    JPanel panel1;
    JLabel label2 = new JLabel("刻度：", JLabel.CENTER);
    public JScrollBar_Example() {
        JFrame f = new JFrame("滚动条");
        Container contentPane = f.getContentPane();
        panel1 = new JPanel();
        scrollBar1 = new JScrollBar(JScrollBar.VERTICAL, 10, 10, 0, 100);
        scrollBar1.setUnitIncrement(1);// 设置拖曳滚动轴时，滚动轴刻度一次的变化量
        scrollBar1.setBlockIncrement(10);// 设置当鼠标在滚动轴列上按一下时，滚动
轴一次所跳的区块大小
        scrollBar1.addAdjustmentListener(this);
        scrollBar2 = new JScrollBar(); // 建立一个空的 JScrollBar
        // 设置滚动轴方向为水平方向
        scrollBar2.setOrientation(JScrollBar.HORIZONTAL);
        // 设置默认滚动轴位置在 0 刻度的地方
        scrollBar2.setValue(0);
        // 设置滚动条滑块大小 20
        scrollBar2.setVisibleAmount(20);
        // minmum 值设为 10
        scrollBar2.setMinimum(10);
        // maximan 值设为 60，因为 minmum 值设为 10，可滚动的区域大小为 60-20-10=30 个
刻度，滚动范围在 10~40 中
        scrollBar2.setMaximum(60);
        // 当鼠标在滚动轴列上按一下时，滚动轴一次所跳的区块大小为 5 个刻度
        scrollBar2.setBlockIncrement(5);
        scrollBar2.addAdjustmentListener(this);//添加事件监听
        contentPane.add(panel1, BorderLayout.CENTER);
        contentPane.add(scrollBar1, BorderLayout.EAST);
```

```
        contentPane.add(scrollBar2, BorderLayout.SOUTH);
        contentPane.add(label2, BorderLayout.NORTH);
        f.setSize(new Dimension(200, 200));
        f.setVisible(true);
        f.addWindowListener(new WindowAdapter() {
            public void windowClosing(WindowEvent e) {
                System.exit(0);
            }
        });
    }
    // 实现 adjustmentValueChanged 方法。当用户改变转轴位置时，会将目前的滚动轴刻度写
在 labe2 上
    public void adjustmentValueChanged(AdjustmentEvent e) {
        if ((JScrollBar) e.getSource() == scrollBar1)
            // e.getValue()所得的值与scrollBar1.getValue()所得的值一样
            label2.setText("垂直刻度" + e.getValue());
        if ((JScrollBar) e.getSource() == scrollBar2)
            label2.setText("水平刻度" + e.getValue());
    }
    public static void main(String[] args) {
        new JScrollBar_Example();
    }
}
```

程序运行结果如图 6.36 所示。

图 6.36　滚动条程序运行结果

6.3.8.3　滑块条 JSlider

与滚动条类似，滑块条也允许用户拖动滑块以选择指定范围内的某个值，不同的是，滑块条可以显示刻度及其描述标签。表 6.41 列出了 JSlider 类的常用方法。

表 6.41　JSlider 类的常用方法

方法原型	主要功能
JSlider()	创建的滑块条的默认方向、最小值、最大值、初始值分别是水平、0、100、50
JSlider(int min,int max,int v)	创建指定最小、最大和初始值的水平滑块条
void setInverted(Boolean b)	设置是否反转显示滑块条（默认值为 false）
void setValue(int n)	设置滑块位置为 n

续表

方法原型	主要功能
void setMajorTickSpacing(int n)	设置主刻度间隔为 n
void setMinorTickSpaciing(int n)	设置次刻度间隔为 n
void setPaintTicks(Boolean b)	设置是否绘制刻度（默认值为 false）
void setLabelTable(Dictionary d)	设置刻度及其描述标签，参数 d 为键值对的集合
void setSnapToTicks(Boolean b)	设置拖动滑块时是否自动吸附到距离滑块最近的刻度（默认值为 false）

【案例 6-33】滑动块。

```java
package java_Swing;
import java.awt.*;
import javax.swing.*;
import java.util.*;
public class JSlider_Example {
    public static void main(String[] args) {
        JFrame frm = new JFrame("滑动块");
        frm.setLayout(new GridLayout(3, 1, 0, 5));
        JSlider s1 = new JSlider(); //默认滑块
        s1.setExtent(20);//设置滑块的大小
        s1.setValue(80); //其最大值为100,因为滑块占了20，所以这儿只能最大取80
        JSlider s2 = new JSlider(SwingConstants.HORIZONTAL); //指定方向的滑块条
        s2.setMinimum(-10);
        s2.setMaximum(50);
        s2.setValue(-5); //设置滑块的位置
        s2.setMajorTickSpacing(10);//设置主刻度
        s2.setMinorTickSpacing(1);//设置次刻度
        s2.setPaintTicks(true);
        s2.setPaintLabels(true);//绘制描述标签
        JSlider s3 = new JSlider(SwingConstants.HORIZONTAL,0,10,3);
        s3.setMajorTickSpacing(5);
        s3.setPaintTicks(true);
        s3.setPaintLabels(true);
        s3.setSnapToTicks(true); //滑块吸附到刻度
        Hashtable labs = new Hashtable();
        int min = s3.getMinimum();
        int max = s3.getMaximum();
        labs.put(min, new JLabel("最大续航"));
        labs.put((max-min)/2,new JLabel("平衡"));
        labs.put(max, new JLabel("最佳性能"));
        s3.setLabelTable(labs);
        frm.add(s1);frm.add(s2);frm.add(s3);
        frm.setSize(400, 300);
        frm.setVisible(true);
    }
}
```

程序运行结果如图 6.37 所示。

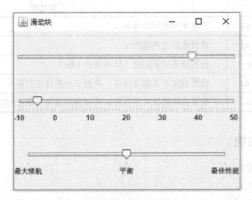

图 6.37　滑动块程序运行结果

本章小结

本章讲解了 GUI 编程基础，正确掌握相关组件的编程使用是进行 GUI 界面设计的重要方法，包括 AWT 抽象窗口工具集的基本使用，GUI 事件处理，Swing 编程基础，窗口、面板、标签和图片、按钮和工具提示、文本组件、菜单和工具栏等的相关使用，读者需要掌握其基本 API 的使用方法，以备后期在进行企业软件开发时灵活运用。

思考与练习

一、选择题

1．下列不属于 GUI 的基本元素是【　　】。
   A．Container   B．UI Component
   C．Canvas   D．Jpanel
2．Frame 类提供了【　　】方法可以向窗体容器中添加组件。
   A．add()   B．remove()   C．change()   D．delete()
3．下列对窗体类主要成员方法，描述错误的是【　　】。
   A．getTitle()方法是获得窗口的标题
   B．setVisible()方法是设置窗口是否可见
   C．setSize()方法是设置窗口的大小
   D．setBounds()方法是设置窗口是否可以移动
4．在标签类中，下列哪一项是设置标签的前景色【　　】。
   A．setForeground()   B．setBackground()

C．setBounds() D．setForeBackground()

5．文本框（TextField）是一个单行文本编辑器，如果要设置输入的信息以"*"号显示，则需要使用下列哪一项方法【 】。

A．getEchoChar() B．EchoChar() C．setEchoChar() D．setText()

6．要在一个 Button 按钮上添加一行文字"确定"，下列程序中错误的是【 】。

A．Button but1= new Button("确定") 　　　B．Button but1;

　　　　　　　　　　　　　　　　　　　　　But1 = new Button("确定")

C．Button but1 = new Button(); 　　　D．Button but1 = new Button();

but1.setText="确定"; 　　　　　　　　but1.setLabel("确定");

7．下列不是 JavA．awt 包中提供的布局管理器的是【 】。

A．BorderLayout B．GraphicLayout C．FlowLayout D．CardLayout

8．在 BorderLayout 布局管理中，如果要设置其垂直间距，下列哪一个方法是正确的【 】。

A．setVgap() B．setHgap C．getHgap D．getVgap()

9．在 FlowLayout 布局管理中，FlowLayout 的构造方法可以设置其组件的对齐方式，其默认的水平和垂直间隙是【 】像素。

A．5 B．0 C．3 D．10

10．在 CardLayout 布局管理中，如果要显示前一个对象，下列方法中正确的是【 】。

A．first() B．previous() C．next() D．last()

11．事件监听器是负责监听事件源上发生的事件，如果需要向按钮(But1)注册一个事件监听器，下列语句正确的是【 】。

A．but1.addListener(this) 　　　　B．but1.add(this)

C．but1.Listerner(this) 　　　　D．but1.addActionListener(this)

二、编程题

1．在 Frame 中加入一个面板，在面板上加入一个文本框、一个按钮，设置文本框和按钮的前景色、背景色、字体、显示位置等。

2．利用 GUI 编写一个简单的登录界面，要求包含两个标签（分别是用户名和密码）、两个文本组件、两个按钮组件（分别是登录和退出）。要求设置出界面，并且在用户输入密码时自动以"*"号显示，当用户名和密码输出正确时，显示一个登录成功的界面提示。

3．使用 java 的网格布局，做一个简易的计算器，带有加减乘除等运算，加入一个按钮，要求能正确实现简单的加减乘除运算。

4．编写程序，实现如图 6.38 所示界面设计。在窗体中添加两个按钮组件和一个标签组件，按下不同按钮组件显示不同文字。运行结果如图 6.38 所示。

5．编写程序，实现图 6.39 所示图形用户界面。其中：窗体用 JFrame 容器，窗体的大小为(300,200)，JTextArea 文本区域为 5 行 20 列，该程序的功能是：选中三个复选框，并把复选框中的内容显示在文本区域中。

图 6.38　程序运行结果

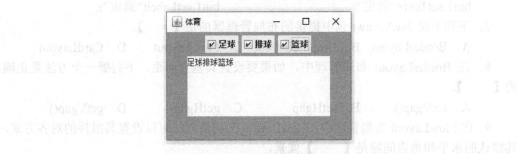

图 6.39　程序运行结果

第 7 章

Swing 高级组件

本章主要介绍 Swing 高级组件，利用这些组件可以编写出功能更丰富、具有更好的交互体验的 GUI 程序，与前面第 6 章的组件相比，本章介绍的组件的使用方法更为复杂，在学习时，应注意理解案例程序的代码，并经常查阅 API 文档。

【知识目标】

1. 掌握基本对话框 JDialog 和选项对话框 JOptionPane 组件的使用方法；
2. 掌握列表 JList 和下拉列表 JComboBox 组件的使用方法；
3. 掌握表格 JTable 和树 JTree 等组件的使用方法。

【能力目标】

1. 会灵活运用对话框组件开发基于交互式的应用程序；
2. 会灵活运用列表组件展示系统相关的数据信息；
3. 会使用表格和树进行界面设计并且展示用户的相关数据。

【思政与职业素质目标】

1. 培养具有科学的探究精神，对新事物有强烈的研究兴趣；
2. 培养具有解决复杂技术问题的耐心和信心；
3. 培养不怕困难，冷静分析出现的问题，并能找到合适解决途径的能力。

7.1 对话框

对话框是为人机对话过程提供交互模式的工具。应用程序通过对话框，或给用户提供信息，或从用户获得信息。对话框是一个临时窗口，可以在其中放置用于得到用户输入的控件。在 Swing 中，有两个对话框类，它们是 JDialog 类和 JOptionPane 类。JDialog 类提供构造并管理通用对话框；JOptionPane 类给一些常见的对话框提供许多便于使用的选项，例如，简单的 "yes-no" 对话框等。

7.1.1 基本对话框：JDialog

对话框是一种特殊的窗口，通常用于告知用户某种信息或要求用户做出某种选择，它通常依附于父窗口。需要注意的是，这里的父窗口与前面第 4 章的容器概念不同，其并非指对话框被加到了某个窗口中。因对话框的打开通常都是由在某个窗口中所做的操作触发了，故称该窗口为对话框的父窗口或拥有者（Owner）窗口，根据对话框所属模态（Modality）不同，可将对话框分为两类。

① 模态（Modal）对话框：必须关闭对话框才能回到拥有者窗口继续操作，适用于用户需要对对话框中的信息进行某种确认或选择操作的情形。

② 非模态（Modeless）对话框：无需关闭对话框就能回到拥有者窗口继续操作，当关闭拥有者窗口时，对话框也随之关闭。

JDialog 继承自 java.awt.Dialog 即 AWT 对话框。因此，与 JFrame 一样，JDialog 也是一种顶层容器。表 7.1 列出了 JDialog 的常用 API。

表 7.1 Jdialog 的常用 API

方法原型	主要功能
JDialog()	构造一个初始化不可见的非强制型对话框
JDialog(JFrame f,String s)	构造一个初始化不可见的非强制型对话框，参数 f 设置对话框所依赖的窗口，参数 s 用于设置标题。通常先声明一个 JDialog 类的子类，然后创建这个子类的一个对象，就建立了一个对话框
JDialog(JFrame f,String s,boolean b),	构造一个标题为 s，初始化不可见的对话框。参数 f 设置对话框所依赖的窗口，参数 b 决定对话框是否模态或非模态

【案例 7-1】基本对话框。

```java
import java.awt.event.*;
import javax.swing.*;
public class JDialog_Example {
    public static void main(String[] args) {
        final JFrame jf = new JFrame("JDialog窗口");
        jf.setSize(300, 300);
        jf.setLocationRelativeTo(null);
        jf.setDefaultCloseOperation(WindowConstants.EXIT_ON_CLOSE);
        JButton btn = new JButton("点击此按钮");
        btn.addActionListener(new ActionListener() { //方法重写
            public void actionPerformed(ActionEvent e) {
                // TODO Auto-generated method stub
                showCustomDialog(jf, jf); }  //调用方法
        });
        JPanel panel = new JPanel();        panel.add(btn);
```

```
            jf.setContentPane(panel);          jf.setVisible(true);
    }
    private static void showCustomDialog(JFrame owner, JFrame parent) {
        final JDialog dialog = new JDialog(owner, "提示", true);// 创建一个模
态对话框
        dialog.setSize(250, 150);// 设置对话框的宽高
        dialog.setResizable(false); // 设置对话框大小不可改变
        dialog.setLocationRelativeTo(parent);// 设置对话框相对显示的位置
        JLabel messageLabel = new JLabel("对话框消息内容");  // 创建一个标签显示
消息内容
        JButton okBtn = new JButton("确定"); // 创建一个按钮用于关闭对话框
        okBtn.addActionListener(new ActionListener() {
            @Override
            public void actionPerformed(ActionEvent e) {
                dialog.dispose();  }  // 关闭对话框
        });
        // 创建对话框的内容面板
        JPanel panel = new JPanel();
        panel.add(messageLabel); // 添加组件到面板
        panel.add(okBtn);
        dialog.setContentPane(panel); // 设置对话框的内容面板
        dialog.setVisible(true); // 显示对话框
    }
}
```

程序运行结果如图 7.1 所示。

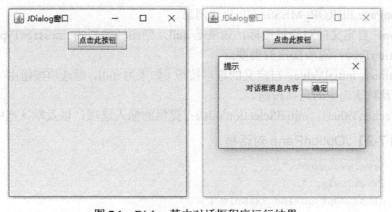

图 7.1 Dialog 基本对话框程序运行结果

7.1.2 选项对话框: JOptionPane

GUI 中包含了一些标准的对话框，用于显示消息或获取消息，在 Swing 中，这些标准对话框中包含了 JOptionPane 组件，JOptionPane 类中提供了四种用于显示不同对话框的静态方法，方法说明如表 7.2 所示。

表 7.2　JOptionPane 的常用方法

方法原型	主要功能
void showMessageDialog(Component parentComponent, Object message, String title, int messageType, Icon icon)	消息对话框，向用户展示一个消息，没有返回值
int showConfirmDialog(Component parentComponent, Object message, String title,int optionType, int messageType, Icon icon)	确认对话框，询问一个问题是否执行
showInputDialog(Component parentComponent, Object message, String title, int messageType, Icon icon, Object[] selectionValues, Object initialSelectionValue)	输入对话框，要求用户提供某些输入
int showOptionDialog(Component parentComponent, Object message, String title, int optionType, int messageType, Icon icon, Object[] options, Object initialValue)	选项对话框，上述三项的大统一，自定义按钮文本，询问用户需要点击哪个按钮

这些标准对话框的基本外形布局通常如图 7.2 所示：

上述四个类型的方法（包括其若干重载）的参数遵循一致的模式，其各参数的含义如下：

① parentComponent：对话框的父级组件，决定对话框显示的位置，对话框的显示会尽量紧靠组件的中心，如果是 null，则显示在屏幕的中心。

② title：对话框标题。

③ message：消息内容。

图 7.2　常见的标准对话框

④ messageType：消息类型，主要是提供默认的对话框图标。可能的值为：

JOptionPane.PLAIN_MESSAGE 简单消息（不使用图标）

JOptionPane.INFORMATION_MESSAGE 信息消息（默认）

JOptionPane.QUESTION_MESSAGE 问题消息

JOptionPane.WARNING_MESSAGE 警告消息

JOptionPane.ERROR_MESSAGE 错误消息

⑤ icon：自定义的对话框图标，如果是 null，则图标类型由 messageType 决定。

⑥ optionType：选项按钮的类型。

⑦ options、initialValue：自定义的选项按钮（如果为 null，则选项按钮由 optionType 决定），以及默认选中的选项按钮。

⑧ selectionValues、initialSelectionValue：提供的输入选项，以及默认选中的选项。

【案例 7-2】JOptionPane 对话框。

```java
import java.awt.event.*;
import javax.swing.*;
public class JOptionPane_Example {
    public static void main(String[] args) {
        final JFrame jf = new JFrame("测试窗口");
        jf.setSize(400, 250);
        jf.setLocationRelativeTo(null);
        jf.setDefaultCloseOperation(WindowConstants.EXIT_ON_CLOSE);
        // 1. 消息对话框（信息消息）
        JButton btn01 = new JButton("showMessageDialog（信息消息）");
        btn01.addActionListener(new ActionListener() {
```

```java
        @Override
        public void actionPerformed(ActionEvent e) {
            JOptionPane.showMessageDialog(jf, "Hello Information Message",
                    "消息标题", JOptionPane.INFORMATION_MESSAGE);
        }
    });
    // 2. 消息对话框（警告消息）
    JButton btn02 = new JButton("showMessageDialog（警告消息）");
    btn02.addActionListener(new ActionListener() {
        public void actionPerformed(ActionEvent e) {
            JOptionPane.showMessageDialog(jf, "Hello Warning Message",
                    "消息标题", JOptionPane.WARNING_MESSAGE);
        }
    });
    // 3. 确认对话框
    JButton btn03 = new JButton("showConfirmDialog(确定消息)");
    btn03.addActionListener(new ActionListener() {
        public void actionPerformed(ActionEvent e) {
            int result = JOptionPane.showConfirmDialog(jf, "确认删除？",
"提示", JOptionPane.YES_NO_CANCEL_OPTION);
            System.out.println("选择结果: " + result); }
    });
    // 4. 输入对话框（文本框输入）
    JButton btn04 = new JButton("showInputDialog（文本框输入）");
    btn04.addActionListener(new ActionListener() {
        public void actionPerformed(ActionEvent e) {
            // 显示输入对话框，返回输入的内容
            String inputContent = JOptionPane.showInputDialog(jf,
                                        "输入你的名字:", "默认内容");
            System.out.println("输入的内容: " + inputContent);
        }
    });
    // 5. 输入对话框（下拉框选择）
    JButton btn05 = new JButton("showInputDialog（下拉框选择）");
    btn05.addActionListener(new ActionListener() {
        public void actionPerformed(ActionEvent e) {
            Object[] selectionValues = new Object[] { "重庆", "北京", "上海" };
            // 显示输入对话框，返回选择的内容，点击取消或关闭，则返回null
            Object inputContent = JOptionPane.showInputDialog(jf, "选择一项: ",
                                        "标题", JOptionPane.PLAIN_MESSAGE, null,
                                        selectionValues, selectionValues[0]);
            System.out.println("输入的内容: " + inputContent);
        }
    });
    // 6. 选项对话框
    JButton btn06 = new JButton("showOptionDialog(选项对话框)");
```

```
        btn06.addActionListener(new ActionListener() {
            public void actionPerformed(ActionEvent e) {
                // 选项按钮
                Object[] options = new Object[] { "重庆", "北京", "上海" };
                // 显示选项对话框, 返回选择的选项索引, 点击关闭按钮返回-1
                int optionSelected = JOptionPane.showOptionDialog(jf,
                        "请点击一个按钮选择一项", "对话框标题",
                        JOptionPane.YES_NO_CANCEL_OPTION,
                        JOptionPane.ERROR_MESSAGE, null, options, options[0]);
                if (optionSelected >= 0) {
                    System.out.println("点击的按钮: " + options[option Selected]);
                }
            }
        });
        // 垂直排列按钮
        Box vBox = Box.createVerticalBox();
        vBox.add(btn01);  vBox.add(btn02);  vBox.add(btn03);
        vBox.add(btn04);  vBox.add(btn05);  vBox.add(btn06);
        JPanel panel = new JPanel();
        panel.add(vBox);
        jf.setContentPane(panel);
        jf.setVisible(true);
    }
}
```

程序运行结果如图 7.3 所示。

图 7.3　对话框程序运行结果

当点击相应的按钮后, 则会出现图 7.4 所示对话框。

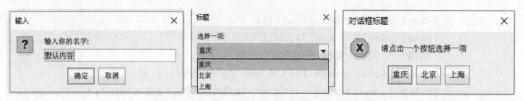

图 7.4　点击图 7.3 的相应按钮出现的对话框

7.2　列表和下拉列表

7.2.1　列表：JList

JList 类是 Swing 包中比较重要的类，代表了列表构件，其以一列或多列显示其包含的项，并允许用户选择其中一项或多项。表 7.3 列出了常用 JList 构造函数。

表 7.3　常用 JList 构造函数

方法原型	主要功能
JList()	使用空的只读模型构造 JList
JList (E[] listData)	构造一个显示指定数组中元素的 JList
JList (Vector<? extends E> listData)	构造一个 JList，显示指定的 Vector（向量类型）的元素
JList (ListModel<E> dataModel)	构造一个 JList，显示指定的 non-null 模型中的元素

列表框提供给用户的选择模式更为多样，分别是单一选择、连续选择、多项选择，对应 ListSelectionModel 中的 3 个常量：

① static int SINGLE_SELECTION　只能选择一条。

② static int SINGLE_INTERVAL_SELECTION 按住[Shift]键可选择连续的区间。

③ static int MULTIPLE_INTERVAL_SELECTION　按住[Ctrl]键可选择多条。

【案例 7-3】JList 列表框应用。

```java
import java.awt.*;
import javax.swing.*;
import javax.swing.event.*;
public class JList_Example {
    public static  String str;
    public static void main(String[] args) {
        JFrame frm = new JFrame("列表窗口");
        JLabel lb1 = new JLabel("已经选中: ");
        JLabel lb2= new JLabel();
        frm.setLayout(new BorderLayout());
        frm.setSize(300, 300);
        frm.setLocationRelativeTo(null);
        frm.setDefaultCloseOperation(WindowConstants.EXIT_ON_CLOSE);
```

```
            JPanel panel = new JPanel();
            JPanel panel2 = new JPanel();
            //创建一个 Jlist 实例,采用向量的形式
            final JList<String> list = new JList<String>();
            String[]  valeString = {"重庆","北京","天津","上海","南京","广州",
"山东"};
            list.setPreferredSize(new Dimension(100,200));//设置一下首选大小
            JScrollPane jsp=new JScrollPane(list);  //在列表框中加入滚动条
            list.setSelectionMode(ListSelectionModel.MULTIPLE_INTERVAL_
SELECTION);//可多选
            list.setListData(valeString); //设置选项数据 (内部将自动封装成 ListModel
            list.addListSelectionListener(new ListSelectionListener() {
                public void valueChanged(ListSelectionEvent e) {
                    int[] indices =list.getSelectedIndices();//获取所有被选中的选
项索引

                    //获取选项数据的 ListModel
                    ListModel<String> listModel = list.getModel();
                    str ="";
                    for(int index:indices) {
                        str =str+listModel.getElementAt(index);
                    }
                    lb2.setText(str);
                }
            });
            list.setSelectedIndex(1); //设置默认选中项
                panel.add(jsp);
            frm.add(panel,BorderLayout.NORTH);
            panel2.add(lb1);panel2.add(lb2);
            frm.add(panel2,BorderLayout.SOUTH);          frm.setVisible(true);
        }
    }
```

程序运行结果如图 7.5 所示。

图 7.5 列表框程序运行结果

7.2.2　下拉列表：JComboBox

下拉列表是一种特殊的组件，其包含一个初始不可见的列表，在某个时刻只显示其中一项。当用户单击下拉列表右侧的箭头时，将弹出列表以供用户选择。用户也可以直接在下拉列表中输入新的值，典型的下拉列表如浏览器的地址栏，表 7.4 列出了 JComboBox 类的常用 API。

表 7.4　JComboBox 类的常用 API

方法原型	主要功能
JComboBox(final Object[] data)	以对象数组 data 作为列表项创建下拉列表，参数不可修改
JComboBox(Vector data)	以向量类型的参数创建下拉列表
JComboBox(ComboBoxModel m)	以模型 m 创建下拉列表，ComboBoxModel 继承了 ListModel 接口，即下拉列表模型的根接口，通常使用其实现类 DefaultComboBoxModel
void setEditable(boolean b)	设置下拉列表是否可编辑（默认不可编辑）
void insertItemAt(Object o,int i)	添加项 O 到下拉列表的位置 i 处
Object getSelectedItem()	得到下拉列表选中项
void setRenderer(ListCellRenderer r)	设置下拉列表的列表单元渲染器为 r

【案例 7-4】下拉列表 JComboBox 的使用。

```java
import java.awt.*;
import java.awt.event.*;
import javax.swing.*;
public class JComboBox_Example {
    public static void main(String[] args) {
        JFrame  frm = new JFrame("下拉列表框");
        frm.setSize(300,300);
        frm.setLocationRelativeTo(null);
        frm.setDefaultCloseOperation(WindowConstants.EXIT_ON_CLOSE);
        frm.setLayout(new FlowLayout());
        JPanel  panel1 = new JPanel();
        JLabel  label1 = new JLabel("省份");
        JLabel  label2 = new JLabel("你的选择：");
        JLabel  label3 = new JLabel();
        panel1.add(label1);
        String[] str = new String[]{"重庆","成都","北京","天津","大连"};
        //创建一个下拉列表框
        final JComboBox<String> listdataBox = new JComboBox <String>(str);
        listdataBox.setPreferredSize(new Dimension(100,50)); //设置下拉列表宽高
        listdataBox.setEditable(true);; //设置可以编辑
        listdataBox.insertItemAt("广东", 3);  //在列表中插入列表项
        //添加选中事件
        listdataBox.addActionListener(new ActionListener() {
```

```
            public void actionPerformed(ActionEvent e) {
                label3.setText(listdataBox.getSelectedItem().toString());
            }
        });
        // 设置默认选中的条目
        listdataBox.setSelectedIndex(2);
        panel1.add(listdataBox); // 添加到内容面板
        panel1.add(label2);
        panel1.add(label3);
        frm.setContentPane(panel1);
        frm.setVisible(true);
    }
}
```

程序运行结果如图 7.6 所示:

图 7.6　下拉列表程序运行结果

7.3　表格和树

7.3.1　表格: JTable

表格是由若干行、列数据组成的一个二维表结构，表中同一列的数据都具有相同的数据类型。表格组件只是用于呈现数据，其本身不持有数据。表 7.5 列出了 JTable 常用的构造函数。

表 7.5　JTable 常用的构造函数

方法原型	主要功能
JTable()	构造使用默认数据模型，默认列模型和默认选择模型初始化的默认值 JTable
JTable (int numRows, int numColumns)	创建指定行、列数的空表格，表头名称默认使用大写字母（A, B, C…）依次表示

方法原型	主要功能
JTable (Object[][] rowData, Object[] columnNames)	构造一个 JTable 二维阵列表格，指定表格行 rowData 和表头 columnNames
JTable (TableModel dm)	构造一个 JTable，初始化 dm 作为数据模型，默认的列模型和默认的选择模型

7.3.1.1 创建简单表格

创建简单表格与创建其他普通组件一样，需要添加到中间容器中才能显示，添加表格到容器中有以下两种方式。

一是添加到普通的中间容器中，此时添加的 JTable 只是表格的行内容，表头（JTable.getTableHeader()）需要额外单独添加。此添加方式适合表格行数确定、数据量较小、能一次性显示完的表格。

二是添加到 JScrollPane 滚动容器中，此添加方式不需要额外添加表头，JTable 添加到 JScrollPane 中后，表头自动添加到滚动容器的顶部，并支持行内容的滚动（滚动行内容时，表头会始终在顶部显示）。

创建简单表格中常用的方法如表 7.6 所示。

表 7.6　JTable 常用的方法

方法原型	主要功能
void setShowHorizontalLines (boolean HLines)	设置表是否在单元格之间绘制水平线
void setShowVerticalLines (boolean Vlines)	设置表是否在单元格之间绘制垂直线
JTableHeader　getTableHeader()	返回此 tableHeader 使用的 JTable
void setTableHeader (JTableHeader h)	设置表格的表头为 h
void setRowSelectionAllowed (boolean b)	设置是否可以选择此模型中的行
void addColumn (TableColumn col)	将列 col 追加到此 JTable 列模型 JTable 的列数组的末尾
String getColumnName (int column)	返回列位置 column 处显示的列的名称
int getEditingRow()	返回包含当前正在编辑的单元格的行的索引
int[] getSelectedRows()	返回所有选定行的索引
Object getValueAt (int row, int column)	返回单元格 row 和 column 对应的单元格的值
void setRowSorter(RowSorter s)	设置表格排序器为 s,RowSorter 抽象类提供了对表格进行排序和过滤的逻辑

【案例 7-5】JTable 实现简单表格。

```java
import java.awt.*;
import javax.swing.*;
public class JTable_Single_Example { // 简单表格实例
    public static void main(String[] args) {
        JFrame frm = new JFrame("简单表格");
        frm.setSize(400, 250);
        frm.setDefaultCloseOperation(WindowConstants.EXIT_ON_CLOSE);
        frm.setLocationRelativeTo(null);
```

```
        JPanel panel = new JPanel(new BorderLayout());
        // 表头
        Object[] columnNames = { "姓名", "大学语文", "计算机", "政治", "JAVA 程序" };
        // 表体
        Object[][] rowdata = { { "张三", 90, 89, 80, 90 }, { "李四", 60, 89, 65, 78 },
                            { "王五", 98, 78, 90, 97 }, { "赵六", 76, 56, 87, 80 },
                            { "陈红", 78, 78, 98, 65 }, { "张良", 65, 87, 30, 78 } };
        // 创建一个表格
        JTable table = new JTable(rowdata, columnNames);
        // 把表头添加到容器顶部
        panel.add(table.getTableHeader(), BorderLayout.NORTH);
        // 把表体添加到容器里
        panel.add(table, BorderLayout.CENTER);
        frm.setContentPane(panel);
        frm.setVisible(true);
    }
}
```

程序运行结果如图 7.7 所示。

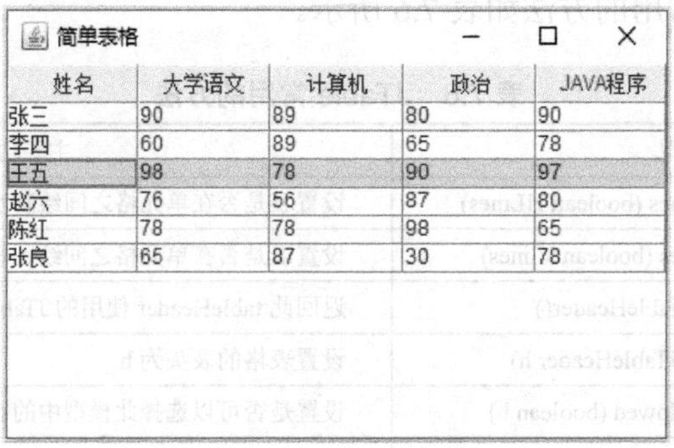

图 7.7　简单表格程序运行结果

7.3.1.2　创建带滚动条表格

创建带滚动条的表格，其中一个关键的步骤是把表格放在滚动面板中，其中表头将自动添加到滚动面板的顶部。其格式如下：

```
JScrollPane scrollPane = new JScrollPane(table);
```

最后，再把滚动面板 scrollPane 添加到其他容器中显示。如下案例，实现创建带滚动条的表格。

【案例 7-6】JTable 实现带滚动条的表格。

```
import java.awt.*;
import javax.swing.*;
public class JTable_ScrollPane_Example {
    public static void main(String[] args) {
        JFrame  frm = new JFrame("带滚动条表格");
        JPanel panel = new JPanel();
```

```
//表头
String[] column = {"姓名", "大学语文", "计算机", "政治", "JAVA程序"};
//表格行数据
Object[][] rowData = {{ "刘刚", 90, 89, 80, 90 }, { "陈红", 60, 89, 65, 78 },
        { "李学明", 98, 78, 90, 97 },{ "沈阳东", 76, 56, 87, 80 },
        { "刘红燕", 78, 78, 98, 65 }, { "徐福冲", 65, 87, 30, 78 },
        { "赵六明", 90, 89, 80, 90 }, { "李四", 60, 89, 65, 78 },
        { "王五", 98, 78, 90, 97 },{ "赵六", 76, 56, 87, 80 },
        { "陈红", 78, 78, 98, 65 }, { "张良", 65, 87, 30, 78 }};
//创建一个表格，指定表头和所有数据
JTable  table = new JTable(rowData,column);
//设置表格内容颜色
table.setForeground(Color.BLACK);    //字体颜色
table.setFont(new Font(null,Font.PLAIN,14)); //字体样式
table.setSelectionForeground(Color.red); //选中字体颜色
table.setSelectionBackground(Color.DARK_GRAY); //选中后字体背景
table.setGridColor(Color.gray);   //网格颜色
//设置表头
table.getTableHeader().setFont(new Font("宋体",Font.BOLD,16));
table.getTableHeader().setForeground(Color.blue); //表头字体颜色
table.setRowHeight(30);//行高
//设置第一列列宽
table.getColumnModel().getColumn(0).setPreferredWidth(40);
//设置滚动面板窗口的大小
table.setPreferredScrollableViewportSize(new Dimension(500,200));
//把表格放在滚动面板中
JScrollPane scrollPane = new JScrollPane(table);
panel.add(scrollPane); //添加滚动面板到内容面板中
frm.setContentPane(panel);
frm.pack();
frm.setLocationRelativeTo(null);
frm.setDefaultCloseOperation(WindowConstants.EXIT_ON_CLOSE);
frm.setVisible(true);
    }
}
```

程序运行结果如图 7.8 所示。

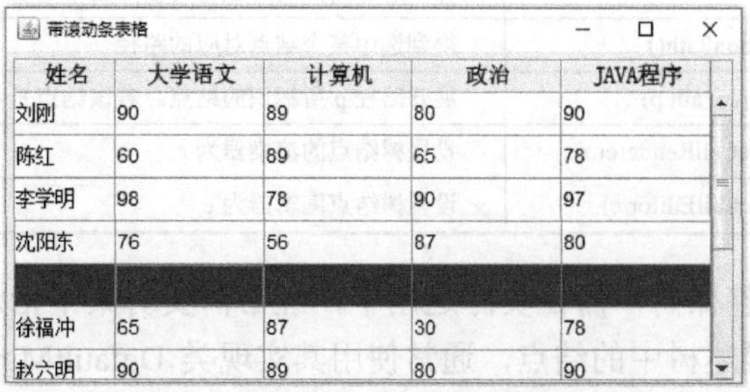

图 7.8　带滚动条表格程序运行结果

7.3.2 树：JTree

JTree 类用于显示一组层次关系分明的数据，用"树状图"表示，提供给用户一个直观易用的界面。JTree 类实现类似 Windows 资源管理器左半部分的树型层次结构，通过单击树型结构的结点可以展开或合并树结构的图表数据。

JTree 类的主要功能是把数据按照层次关系通过树状结构显示出来，JTree 对象实际上不包含数据，其数据来源于其他对象，如 HashTable、Vector 等，JTree 对象只提供呈现数据的方式 ，即垂直显示其数据。树层次结构中每一行称为一个节点。每个树都有一个根节点，由这个根节点将延伸出所有节点，通过单击节点左边的"+"或"−"可展开或折叠节点。节点包含根节点、枝节点和叶节点三种类型。在层次结构中，枝节点上下都包含节点，根节点上不包含节点，而叶节点下不包含节点。

创建树时，首先要创建一个根节点，然后创建第二层节点添加到根节点，继续创建节点添加到其父节点，最终形成由根节点所引领的一棵树，再由 JTree 数组件显示出来。表 7.7 列出了 JTree 类的常用 API。

表 7.7 JTree 类的常用 API

方法原型	主要功能
JTree(Object[] data)	以对象数组 data 创建一棵不显示根节点的树。数组中每个元素都作为根节点的"孩子"
JTree(Hashtable data)	通过 Hashtable 对象创建一个 JTree 组件，不显示根节点
JTree(Vector data)	通过 Vector 对象创建一个 JTree 组件，data 中每个元素都作为根节点的"孩子"
JTree(TreeMode m)	以模型 m 创建一棵显示根节点的树，TreeMode 是树模型的根接口，通常使用其实现类 DefaultTreeMode
JTree(TreeMode r,boolean b)	以节点 r 作为根节点创建一棵显示根节点的树。TreeNode 是树结点的根接口，通过使用其实现类 DefaultMutableTreeNode。参数 b 指定树如何确定结点是否为叶子，若为 false（默认值），则没有"孩子"的任何结点都是叶子；若为 true，则只有那些不允许有"孩子"的结点才是叶子
void setSelectionModel(TreeSelectionMode m)	设置树的选择模型为 m，TreeSelectionModel 是树选择模型的根接口，其通过路径（TreePath）和整数来描述树的选择状态，通常使用其默认实现类（DefaultTreeSelectionModel）
void setSelectionPath(TreePath p)	使树只选中路径 p 所标识的结点，若 p 中任何结点处于折叠状态，则自动展开这些结点。TreePath 类描述了从根结点走到某个结点路径，路径中所有结点均存放在对象数组中
TreePath getSelectionPath()	得到选中某个结点对应的路径
void expandPath(TreePath p)	展开路径 p 所标识的结点。若该结点是叶子则无效
void setCellRenderer(TreeCellRenderer r)	设置树结点的渲染器为 r
void setCellEditor(TreeCellEditor e)	设置树结点编辑器为 e

JTree 类代表着整棵树，而在实际运用中，经常需要对某个指定的结点进行操作，TreeNode 接口用以描述树中的结点，通常使用其实现类 DefaultMutableTreeNode——默认的可变树结点。表 7.8 列出了 DefaultMutableTreeNode 类的常用 API。

表 7.8　DefaultMutableTreeNode 类的常用 API

方法原型	主要功能
DefaultMutableTreeNode(Object o ,Boolean b)	创建父结点为 O 的结点，参数 O 作为结点携带的数据。参数 b 指定结点是否允许有"孩子"（默认为 true）
void add(MutableTreeNode newChild);	添加一个子节点在末尾
void insert(MutableTreeNode newChild, int childIndex)	在指定位置插入一个子节点
int getChildCount()	获取子节点数量
int getLeafCount()	获取叶子节点的数量
TreeNode getChildAt(int index)	获取指定索引位置的子节点
TreeNode getChildAfter(TreeNode aChild)	获取指定子节点之后的子节点
TreeNode getChildBefore(TreeNode aChild)	获取指定子节点之前的子节点
boolean isNodeChild(TreeNode aNode)	判断某节点是否为此节点的子节点
TreeNode getParent()	获取此节点的父节点，没有父节点则返回 null
boolean isRoot()	判断此节点是否为根节点
boolean isLeaf()	判断是否为叶节点（没有子节点即为叶节点，则返回 true）
int getLevel()	返回此节点上的级数，从根到此节点的距离。如果此节点为根，则返回 0
TreeNode[] getPath()	返回从根到此节点的路径。该路径中第一个元素是根节点，最后一个元素是此节点
Enumeration children()	遍历子节点（只包括直接子节点，不包括孙节点）
Enumeration breadthFirstEnumeration()	按广度优先的顺序遍历以此节点为根的子树（包含此节点下的所有节点）
Enumeration depthFirstEnumeration()	按深度优先的顺序遍历以此节点为根的子树（包含此节点下的所有节点）

【案例 7-7】利用 JTree 模拟 Windows 资源管理器。

```
import java.awt.*;
import javax.swing.*;
import javax.swing.tree.*;
import javax.swing.event.*;
public class JTree_Example {
    public static void main(String[] args) {
        JFrame frm = new JFrame("windows 资源管理器样例");
        frm.setSize(400, 300);
        frm.setLocationRelativeTo(null);
        frm.setDefaultCloseOperation(WindowConstants.EXIT_ON_CLOSE);
        JPanel panel = new JPanel(new BorderLayout());
        // 创建根节点
        DefaultMutableTreeNode rootNode = new DefaultMutableTreeNode ("我的电脑");
        // 创建二级节点
        DefaultMutableTreeNode node_1 = new DefaultMutableTreeNode("C 盘");
        DefaultMutableTreeNode node_2 = new DefaultMutableTreeNode("D 盘");
```

```
DefaultMutableTreeNode node_3 = new DefaultMutableTreeNode("E盘");
DefaultMutableTreeNode node_4 = new DefaultMutableTreeNode("F盘");
// 把二级节点作为子节点添加到根结点
rootNode.add(node_1);
rootNode.add(node_2);
rootNode.add(node_3);
rootNode.add(node_4);
// 创建三级结点
DefaultMutableTreeNode node_1_1 = new DefaultMutableTreeNode ("我的文档");
DefaultMutableTreeNode node_1_2 = new DefaultMutableTreeNode ("音乐");
DefaultMutableTreeNode node_1_3 = new DefaultMutableTreeNode ("我的
下载");
DefaultMutableTreeNode node_2_1 = new DefaultMutableTreeNode ("Windows");
DefaultMutableTreeNode node_2_2 = new DefaultMutableTreeNode ("应用软件");
DefaultMutableTreeNode node_3_1 = new DefaultMutableTreeNode ("Java
程序设计");
DefaultMutableTreeNode node_3_2 = new DefaultMutableTreeNode ("Python
程序");
DefaultMutableTreeNode node_4_1 = new DefaultMutableTreeNode ("重要资料");
DefaultMutableTreeNode node_4_2 = new DefaultMutableTreeNode ("软件备份");
// 把三级结点作为子结点添加到二级结点上
node_1.add(node_1_1);  node_1.add(node_1_2);  node_1.add(node_1_3);
node_2.add(node_2_1);  node_2.add(node_2_2);
node_3.add(node_3_1);  node_3.add(node_3_2);
node_4.add(node_4_1);  node_4.add(node_4_2);
// 使用根结点创建树组件
JTree tree = new JTree(rootNode);
// 设置树显示根节点的句柄
tree.setShowsRootHandles(false);
// 设置树节点可编辑
tree.setEditable(true);
// 设置节点选中监听器
tree.addTreeSelectionListener(new TreeSelectionListener() {
    @Override
    public void valueChanged(TreeSelectionEvent e) {
        JOptionPane.showMessageDialog(frm, "当前被选中的节点: " +
e.getPath(), "消息标题", JOptionPane.INFORMATION_MESSAGE);
    }
});
// 创建滚动面板,包裹树(因为树节点展开后可能需要很大的空间来显示,所以需要用一
个滚动面板来包裹)
JScrollPane scrollPane = new JScrollPane(tree);
// 添加滚动面板到内容面板
panel.add(scrollPane, BorderLayout.CENTER);
// 设置窗口内容面板并显示
```

```
            frm.setContentPane(panel);
            frm.setVisible(true);
        }
    }
```

程序运行结果如图 7.9 所示。

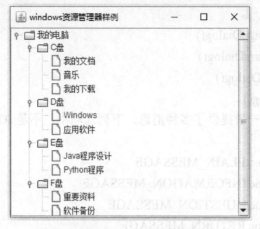

图 7.9 模拟 Windows 资源管理器

本章小结

本章主要介绍 Swing 高级组件，利用这些组件可以编写出功能更丰富、具有更好的交互体验的 GUI 程序，与前面第 6 章的组件相比，本章介绍的组件的使用方法更为复杂，主要介绍了基本对话框 JDialog，选项对话框 JOptionPane，列表 JList、下拉列表 JComboBox、表格 JTable、树 JTree 等的知识。读者需要认真查阅相关 API 进行深入学习。

思考与练习

一、选择题

1. 对话过程提供交互模式的工具，在 Java 中，对话框有两种模式，分别是模态和非模态对话框，以下对这两种模式描述正确的是【   】。

A. 模态对话框不用关闭对话框就能回到拥有者窗口继续进行操作

B. 模态对话框必须关闭对话框才能回到拥有者窗口继续进行操作

C. 非模态对话框必须关闭对话框才能回到拥有者窗口继续进行操作

D．非模态对话框当关闭拥有者窗口时，对话框也不会随之关闭

2．关闭对话框的方法是【　　】。

 A．dispose   B．exit()

 C．return()   D．down()

3．选项对话框 JOptionPane 提供了四种用于显示不用对话框的方法，下列列举的方法中，错误的是【　　】。

 A．showMessageDialog()

 B．showConfirmDialog()

 C．showInputDialog()

 D．showDialog()

4．在对话框中，一般提供了多种消息，下列选项中，不是 JOptionPane 提供的可能的消息的是【　　】。

 A．JOptionPane.PLAIN_MESSAGE

 B．JOptionPane.INFORMATION_MESSAGE

 C．JOptionPane.QUESTION_MESSAGE

 D．JOptionPane.RETURN_MESSAGE

5．列表框 JList 提供给用户有多种选择模式，下列哪一种模式可以按 Shift 键进行连续选择【　　】。

 A．SINGLE_SELECTION

 B．SINGLE_INTERVAL_SELECTION

 C．MULTIPLE_INTERVAL_SELECTION

 D．MULTIPLE_SINGLE_SELECTION

6．向下拉列表 JComboBox 中插入一个新的条目，使用的方法是【　　】。

 A．insertItemAt()   B．insert()

 C．insertItem()   D．addItem()

二、编程题

1．编写一个程序，使用 JOptionPane 对话框进行文本的输入。要求实现功能是：设置界面采用流式布局，启动程序时文本框无法编辑，如图 7.10 所示。当点击输入年龄按钮时，弹出对话框如图 7.11 所示，其中年龄默认值为 20，可以进行修改，当在对话框中输入了年龄，点击确定以后，输入的数据在前一个界面即图 7.10 中显示。请编写程序，实现程序界面及相应的代码。

图 7.10　程序设置界面   图 7.11　输入对话框

2．编写一个程序，要求实现带滚动条的成绩登记表，如图 7.12 所示。要求实现登

记有 20 个学生的姓名及四门课程的成绩，采用滚动条的形式显示，表格的标题部分用蓝色显示，滑动滚动条，可以浏览所有学生的成绩。请编程实现。

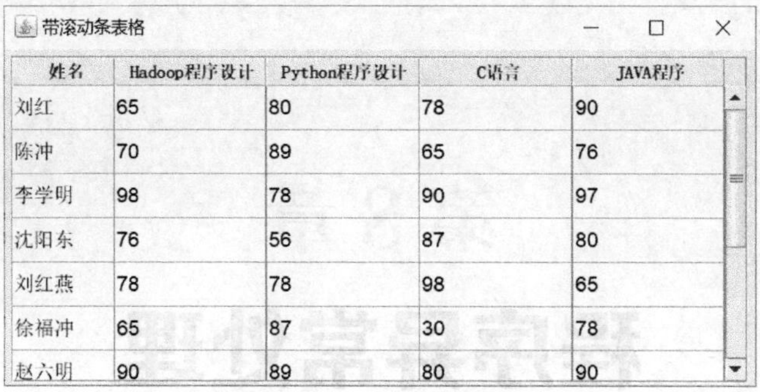

姓名	Hadoop程序设计	Python程序设计	C语言	JAVA程序
刘红	65	80	78	90
陈冲	70	89	65	76
李学明	98	78	90	97
沈阳东	76	56	87	80
刘红燕	78	78	98	65
徐福冲	65	87	30	78
赵六明	90	89	80	90

图 7.12　程序运行结果

第8章

程序异常处理

不论是简单程序，还是具备一定功能的复杂程序，在程序编写和调试过程中，都经常会出现有问题的代码，即使在语法无误的情况下有时也会出现得不到预期效果的情况，对此类问题，Java 语言是通过异常处理技术来解决的。

【知识目标】

1. 掌握异常的概念和异常的分类，理解受检查的异常和不受检查的异常；
2. 理解并掌握异常的处理机制；
3. 掌握巨异常的捕获和处理异常，抛出异常和自定义异常的处理。

【能力目标】

1. 能识别受检查的异常和不受检查的异常；
2. 能对异常进行捕获并处理异常；
3. 在程序开发中，能抛出相关的异常，并能自定义异常操作。

【思政与职业素质目标】

1. 培养具有对事物正确的判别能力和处理错误的能力；
2. 培养具有分析问题和解决问题的能力。

8.1 异常的概念与分类

8.1.1 异常的概念

一个程序出现问题主要是由三类原因引起的：语法问题、运行时问题和逻辑问题。语法问题是指代码的格式错误，或者缺少某个括号；运行时问题是指在程序运行的过程中出现的问题，如空指针异常、数组越界、除数为零等；逻辑问题是指运行结果与预想的结果不一样，这种问题最难解决。

异常（Exception），是指在程序运行时出现的问题，如文件找不到、网络连接失败、参数非法等。异常是一个事件，它发生在程序运行期间，干扰了指令正常执行。如下例：

【案例 8-1】除数为零问题。

```java
public class Zero_Example {
    public static void main(String[] args) {
        division(30, 3);
        division(30, 0);
    }
    public static void division(int numb1,int numb2) {
        System.out.println("除法运算:");
        int end = numb1/numb2;
        System.out.println("结果为:"+end);
    }
}
```

程序运行结果如图 8.1 所示。

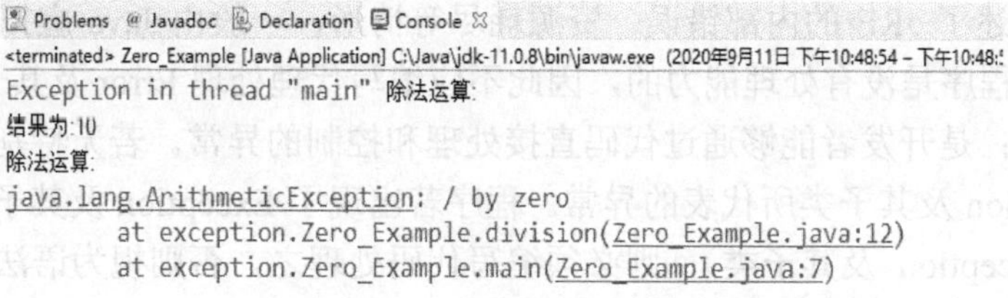

```
Problems  @ Javadoc  Declaration  Console ✕
<terminated> Zero_Example [Java Application] C:\Java\jdk-11.0.8\bin\javaw.exe (2020年9月11日 下午10:48:54 – 下午10:48:
Exception in thread "main" 除法运算:
结果为:10
除法运算:
java.lang.ArithmeticException: / by zero
        at exception.Zero_Example.division(Zero_Example.java:12)
        at exception.Zero_Example.main(Zero_Example.java:7)
```

图 8.1　除数为零程序运行结果

程序在编译时尽管没有指示错误，但在运行时，会有异常产生导致程序中断。提示的算数异常（java.lang.ArithmeticException: / by zero）很清晰地反映出是何种问题，调试程序的时候这个作用很大。

8.1.2 异常的分类

传统的处理程序中异常的办法是，用函数或方法返回一个特殊的结果来表示出现的问题（通常这个特殊的结果是大家约定的），调用函数或方法的程序负责检查并分析函数或方法返回的结果。这样做有弊端：例如约定函数或方法返回-1代现出现异常，但是如果函数或方法确实要返回-1这个正确的值时就会出现混淆，其可读性降低。经常将程序与处理问题的代码混淆在一起，同时由调用函数或方法的程序来分析错误，这就要求用户程序员对库函数有很深的了解，加重了程序的负担。

同时，在许多语言中，编写检查和处理错误的程序代码很乏味，并使应用程序代码变得冗长，原因之一就是它们的错误处理方式不是语言的一部分。尽管如此，错误检测和处理仍然是任何健壮应用程序最重要的组成部分。

Java中是按照面向对象思想对异常进行描述的，其被封装成了一个个异常对象（针对不同类型异常的特点各自封装）。此举优秀之处在于不用编写特殊代码检测返回值就能很容易地检测错误，而且它让程序员把异常处理代码明确地与异常产生代码分开，代码变得更有条理。

所有的异常都直接或间接地继承Throwable（可抛出）类。Throwable类继承层次结构如图8.2所示。

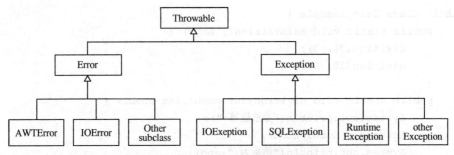

图8.2　Throwable类的继承层次结构

Throwable类有两个重要的子类，Exception（异常）和Error（错误），两者都是Java异常处理的重要子类，各自都包含大量的子类。

Error：描述了JRE的内部错误、资源耗尽等情形，一般由Java虚拟机抛出，Error异常出现时，程序是没有处理能力的，因此不应编写代理处理Error及其子类异常。

Exception：是开发者能够通过代码直接处理和控制的异常。若无特别说明，异常一般是指Exception及其子类所代表的异常。程序若出现了Exception及其子类异常（不包括RuntimeException及其子类），则必须编写代码处理之，否则视为语法错误。相对于Error，开发者应更关注此种异常。

RuntimeException：继承自Exception，代表"运行时"异常，此种异常出现的频率一般比较高（或者说严重程序较Exception低），所以程序处不处理RuntimeException及其子类异常均可。

在实际开发中，运行程序时经常出现以下几种常见的异常。

（1）算数异常类：java.lang.ArithmeticException

这个异常的解释是"数学运算异常"，比如程序中出现了除零这样的运算就会出这样的异常，对这种异常，要好好检查一下自己程序中涉及到数学运算的地方，公式是不是有不妥。

（2）空指针异常(NullPointerException)

这个异常大家肯定都经常碰到，异常的解释是"程序遇上了空指针"，简单地说就是调用了未经初始化的对象或者是不存在的对象，这个错误经常出现在创建图片、调用数组这些操作中，比如图片未经初始化，或者图片创建时的路径错误等。对数组操作中出现空指针，很多情况下是一些刚开始学习编程的朋友常犯的错误，即把数组的初始化和数组元素的初始化混淆起来了。数组的初始化是对数组分配需要的空间，而初始化后的数组，其中的元素并没有实例化，依然是空的，所以还需要对每个元素都进行初始化。

（3）类型强制转换类型（ClassCastException）

ClassCastException 是 JVM 在检测到两个类型间转换不兼容时引发的运行时异常。此类错误通常会终止用户请求。在执行任何子系统的应用程序代码时都有可能发生 ClassCastException 异常。通过转换，可以指示 Java 编译器将给定类型的变量作为另一种变量来处理。对基础类型和用户定义类型都可以转换。

（4）数组下标异常（NegativeArraySizeException）

此异常是指创建一个数组时，其大小为负数的数组，则会抛出此异常。

（5）数组下标越界异常（ArrayIndexOutOfBoundsException）

此异常是指在引用数组时，超过了数组的最大值，则会抛出此异常，在实际使用时，可以使用 length 来测试数组的长度，避免出现此异常。

除了以上常见的异常之外，还有比如：违背安全原则异常，SecturityException；文件已结束异常，EOFException；文件未找到异常，FileNotFoundException；字符串转换为数字异常，NumberFormatException；操作数据库异常，SQLException；输入输出异常，IOException；方法未找到异常，NoSuchMethodException；下标越界异常，IndexOutOf-BoundsExecption；系统异常，SystemException；数据格式异常，NumberFormatException；安全异常，SecurityException 等。

8.1.3　受检查的异常和不受检查的异常

通常，Java 的异常（包括 Exception 和 Error）分为受检查的异常（checked exception）和不受检查的异常（unchecked exception）。这两类异常区别很明显，即编译器在编译时是否对异常捕获和异常抛出进行语法检测。

受检查的异常（编译器要求必须处置的异常）：正确的程序在运行中，很容易出现的、可以处理的异常状况。受检查的异常虽然是异常状况，但在一定程度上它的发生是可以预计的，而且一旦发生这种异常状况，就必须采取某种方式进行处理。如果不处理，程序就不能编译通过。受检查的异常是 Java 首创的，在编译时对异常的处理有强制性的要求。在 JDK 代码中大量的异常属于此类异常，包括 IOException、SQLException 等。

不受检查的异常（编译器不要求强制处置的异常）：包括运行时异常（Runtime-

Exception 及其子类）和错误（Error）。不受检查的异常反映了程序的逻辑错误，不能从运行中合理恢复。在产生此类异常时，不一定非要采取任何适当操作，编译器不会检查是否已解决了这样一个异常。如果没有捕获或抛出异常也一样能通过编译器的语法检测正常编译。例如一个数组长度为 3，当使用下标为 3 时就会产生数组下标越界异常，编译器不会检查是否已解决了该异常。

运行时异常表示无法让程序恢复运行的异常，导致这种异常的原因，通常是由于执行了错误操作，一旦出现错误操作，建议终止程序，因为 Java 编译器不检查这种异常。应该尽量避免运行时异常。在程序调试阶段，遇到这种异常时，正确的做法是改进程序的设计和实现方式，修改程序的错误，从而避免此类异常。捕获它并使程序恢复运行并不是明智的方法，因为即使程序恢复运行，也可能会导致程序的业务逻辑错乱，从而导致更严重的异常或者得到错误的运行结果。

为何 Error 子类也属于不受检查的异常呢？这是因为无法预知它们的产生时间，如 Java 应用程序内存不足，这随时可能出现 OutOfMemoryError，起因一般不是应用程序中的特殊调用，而是 JVM 自身的问题。另外 Error 类一般表示应用程序无法解决的严重问题，故将此类视为不受检测的异常。见表 8.1～表 8.3。

表 8.1　常见运行时异常类及说明

异常类	说明
ArithmeticException	数学运算异常，比如除数为零的异常
IndexOutOfBoundsException	下标越界异常，比如集合、数组等
ArrayIndexOutOfBoundsException	访问数组元素的下标越界异常
StringIndexOutOfBoundsException	字符串下标越界异常
ClassCastException	类强制转换异常
NullPointerException	程序试图访问一个空数组中的元素，或访问一个空对象中的方法或变量时产生异常

表 8.2　常见非运行时异常类及说明

异常类	说明
ClassNotFoundException	指定类或接口不存在的异常
IllegalAccessException	非法访问异常
IOException	输入输出异常
FileNotFoundException	找不到指定文件所异常
ProtocolException	网络协议异常
SocketException	Socket 操作异常

表 8.3　常见异常类及说明

异常类	说明
LinkageError	动态链接失败
VirtualMachineError	虚拟机错误
AWTError	AWT 错误

8.2 异常的处理机制

Java 程序执行过程中，如果出现了异常，就会抛出异常，这就需要异常的捕获和处理，本小节将介绍 Java 的异常处理机制。

8.2.1 捕获和处理异常

Java 程序执行过程中，如果出现异常，就会生成一个异常对象，该异常对象被提交给 Java 运行的环境，这个过程称为抛出（throw）异常。当 Java 运行时环境接收到异常对象时，会寻找能处理这一异常的代码并把当前异常对象交给其处理，这一过程称为捕获（catch）异常。如果 Java 运行时环境找不到可以捕获的方法，则运行时环境终止，相应的 Java 程序也将退出。

8.2.1.1 异常处理机制的含义

Java 中声明了很多异常类，每个异常类都代表了一种运行错误，类中包含了该运行错误的信息和处理错误的方法。每当 Java 程序运行过程中发生一个可识别的运行错误时，即该错误有一个异常类与之相对应时，系统都会产生一个相应的该异常类的对象，即产生一个异常。一旦一个异常对象产生了，系统中就一定有相应的机制来处理它，确保不会产生死机、死循环或其他对系统的损害，从而保证了整个程序运行的安全性。这就是 Java 的异常处理机制。

如果一个非图形化的应用程序产生了异常，并且异常被处理，那么程序将会中止运行，并且在控制台(如果是从控制台启动的应用的话)输出一条包含异常类型以及异常堆栈(Stack)内容的信息；而如果一个图形化的应用程序产生了异常，并且异常没有被处理，那么它也将在控制台中输出一条包含异常类型和异常堆栈内容的信息，但程序不会中止运行。所以异常需要做相应的处理。其中一种方法就是将异常捕获，然后对被捕获的异常进行处理。在 Java 中，可以通过 try-catch-finally 语句来捕获异常，需要设置一个 try-catch-finally 代码块。

8.2.1.2 try-catch-finally 代码块的基本格式

try-catch-finally 代码块的基本格式如下：

```
try {
    // 可能会发生异常的语句
} catch(ExceptionType e) {
    // 处理异常语句
} finally {
    // 清理代码块
}
```

对于以上格式，无论是否发生异常（除特殊情况外），finally 语句块中的代码都会被执行。此外，finally 语句也可以和 try 语句匹配使用，其语法格式如下：

```
try {
    // 逻辑代码块
} finally {
    // 清理代码块
}
```

（1）try 语句

捕获异常的第一步就是使用 try 语句指定一段代码，该段代码就是一次捕获并处理异常的范围。在执行过程中，该段代码可能会产生并抛出一个或多个异常，因此它后面的 catch 语句进行捕获时也要做相应的处理。

（2）catch 语句

每个 catch 语句必须伴随着一个或多个 catch 语句，用于捕获代码块所产生的异常并做相应的处理。catch 语句有一个形式参数，用于指明其所能捕获的异常类型，运行时环境（JRE）系统通过参数值把被抛出的异常对象传递给 catch 语句。

（3）finally 语句

捕获异常的最后一步是通过 finally 语句为异常处理提供一个统一的出口，使得在控制流程在转到程序其他部分前，能够对程序的状态做统一处理，finally 所指定的代码块总是要被执行。

一般情况下，无论是否有异常抛出，都会执行 finally 语句块中的语句，执行流程如图 8.3 所示。

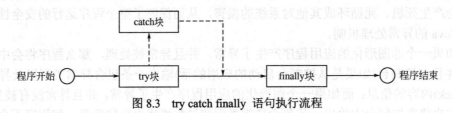

图 8.3　try catch finally 语句执行流程

try catch finally 语句块的执行情况可以细分为以下 3 种情况。

① 如果 try 代码块中没有抛出异常，则执行完 try 代码块之后直接执行 finally 代码块，然后执行 finally 语句块之后的语句。

② 如果 try 代码块中抛出异常，并被 catch 子句捕捉，那么在抛出异常的地方终止 try 代码块的执行，转而执行相匹配的 catch 代码块，之后执行 finally 代码块。如果 finally 代码块中没有抛出异常，则继续执行 finally 语句块之后的语句；如果 finally 代码块中抛出异常，则把该异常传递给该方法的调用者。

③ 如果 try 代码块中抛出的异常没有被任何 catch 子句捕捉到，那么将直接执行 finally 代码块中的语句，并把该异常传递给该方法的调用者。

【案例 8-2】无 finally 块的异常处理。

```
import java.util.Scanner;
public class Zero_Example_2 {
```

```java
public static void main(String[] args) {
    Scanner in = new Scanner(System.in);// 从控制台输入
    System.out.println("请输入两个整数");
    int first = in.nextInt();
    int second = in.nextInt();
    int result;
    try {
        result = first / second;
    } catch (Exception e) {
        e.printStackTrace();//打印异常信息在程序中出错的位置及原因
        System.out.println(first + "不可以除" + second);
        result = 0;
    }
    in.close();   //输入状态关闭
    System.out.println("程序结束");
}
```

程序运行结果如图 8.4 所示。

```
Problems   @ Javadoc   Declaration   Console ⊠
<terminated> Zero_Example_2 [Java Application] C:\Java\jdk-11.0.8\bin\javaw.exe (2020年9月12日 下午3:18:18 -
请输入两个整数
10
0
java.lang.ArithmeticException: / by zero
10不可以除0
程序结束
        at exception.Zero_Example_2.main(Zero_Example_2.java:14)
```

图 8.4   无 finally 块的异常处理程序运行结果

从【案例 8-2】可以看出，如果没有 try-catch 语句，会出现异常导致程序崩溃，而 try-catch 则可以保证程序运行下去。

【案例 8-3】有 finally 块的异常处理。

```java
import java.util.Scanner;
public class Zero_Example_3 {
    public static void main(String[] args) {
        Scanner in = new Scanner(System.in);// 从控制台输入
        System.out.println("请输入两个整数");
        int first = in.nextInt();
        int second = in.nextInt();
        int result;
        try {
            result = first / second;
        } catch (Exception e) {
            e.printStackTrace();//打印异常信息在程序中出错的位置及原因
            System.out.println(first + "不可以除" + second);
```

```
        result = 0;
    }finally {
        System.out.println("默认处理");
    }
    in.close();  //输入状态关闭
    System.out.println("程序结束");
    }
}
```

程序运行结果如图 8.5 所示。

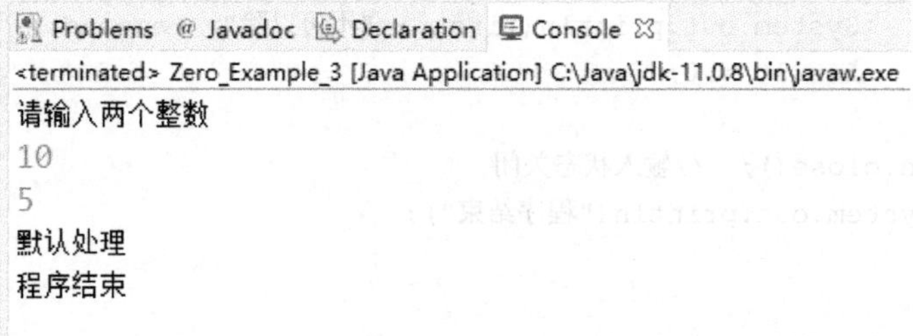

图 8.5 有 finally 块的异常处理程序运行结果

从【案例 8-3】可以看出，不管 try 块中的语句是否抛出异常，finally 语句一般都会得到执行。

使用 try-catch-finally 结构时应当遵循以下原则：

① 一个 try-catch-finally 块之间不能插入任何其他代码。

② try、catch、finally 三个语句块均不能单独使用，三者可以组成 try-catch-finally、try-catch、try-finally 三种结构，catch 语句可以有一个或多个，finally 语句最多有一个。

【案例 8-4】try 后省略 catch 语句。

```
import java.util.Scanner;
public class Zero_Example_4 {
    public static void main(String[] args) {
        Scanner in = new Scanner(System.in);// 从控制台输入
        System.out.println("请输入两个整数");
        int first = in.nextInt();
        int second = in.nextInt();
        int result;
        try {
            result = first / second;
        } finally {
            System.out.println("默认处理");
        }
        in.close(); // 输入状态关闭
        System.out.println("程序结束，此语句会输出吗？");
    }
}
```

程序运行结果如图 8.6 所示。

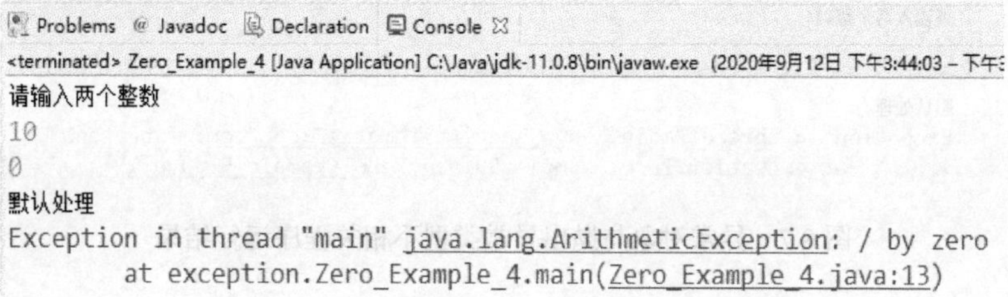

图 8.6　try 后省略 catch 语句程序运行结果

从【案例 8-4】可以看出，省略了 catch 块后，finally 块始终得到执行，但 finally 后的语句不会得到执行。

③ 必须遵循块顺序：若代码同时使用 catch 和 finally 块，则必须将 catch 块放在 try 块之后。

④ 如果异常对象不属于 catch 中所定义的异常类，则进入 finally 块继续运行程序，且 finally 语句块后的语句不被执行。

【案例 8-5】catch 异常对象与 try 后抛出异常类型不相关。

```
package exception;
import java.util.Scanner;
public class Zero_Example_5 {
    public static void main(String[] args) {
        Scanner in = new Scanner(System.in);// 从控制台输入
        System.out.println("请输入两个整数");
        int first = in.nextInt();
        int second = in.nextInt();
        int result;
        try {
            result = first / second;
        } catch (NullPointerException e) { // 抛出空指针异常
            e.printStackTrace();// 打印异常信息在程序中出错的位置及原因
            System.out.println(first + "不可以除" + second);
            result = 0;
        } finally {
            System.out.println("默认处理");
        }
        in.close(); // 输入状态关闭
        System.out.println("程序结束，此语句会输出吗？");
    }
}
```

程序运行结果如图 8.7 所示。

可以看出，如果 catch 异常与 try 中抛出的异常不一致，finally 同样会执行，但 finally 语句块后的语句不会被执行。

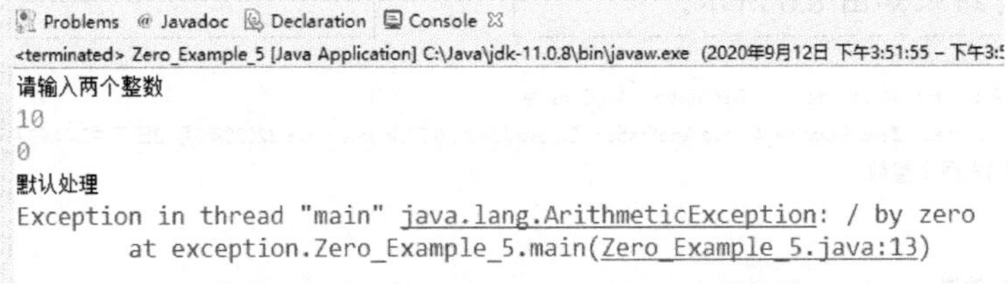

图 8.7 异常对象与抛出异常类型不相关程序运行结果

⑤ 一个 try 块可以有多个 catch 语句，若如此，则执行第一个匹配块，需要注意的是多个 catch 语句的排列顺序应当按捕获的异常从特殊到一般。如果用一个 catch 语句处理多个异常类型，这时它的异常类型应该是这个多个异常类型的父类，程序设计中要根据具体的情况来选择 catch 语句的异常处理类型。

【案例 8-6】 实现一个除法计算器，当输入的除数是 0 或者输入的两个数字不是整数时抛出异常。

```java
package exception;
import java.util.InputMismatchException;
import java.util.Scanner;
public class Zero_Example_6 {
    public static void main(String[] args) {
        int first =0,second =0, result =0;
        Scanner in = new Scanner(System.in);
        System.out.println("*********除法计算器***********");
        try {
            System.out.println("输入被除数");
            first = in.nextInt();
            System.out.println("输入除数");
            second = in.nextInt();
            result= first/second;
            System.out.println("计算结果: "+result);
        } catch (ArithmeticException e) {   //算术异常
            System.out.println("出现了算数异常"+e);
        }catch (InputMismatchException e) {   //输入数据异常
            System.out.println("输入的不是正整数"+e);
        }finally {
            System.out.println("此语句一定会被执行的");
        }
        System.out.println("*********计算结束***********");
    }
}
```

程序运行结果如图 8.8 所示。

⑥ 可以在 try、catch 和 finally 块中嵌套使用 try-catch-finally 结构。任意嵌套运行时的先后顺序为先内后外。只要不是外层发生异常，内层的异常即使发生也不会使程序终止，一般在 try 块中嵌套使用的情况较常见。

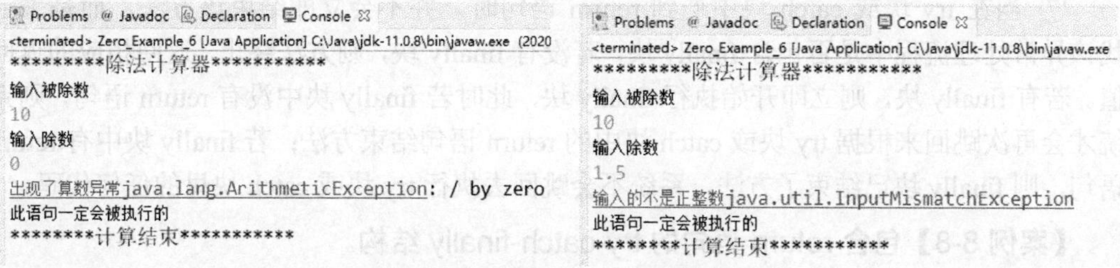

图 8.8　抛出多异常程序运行结果

【案例 8-7】嵌套的 try-catch-finally 结构。

```java
package exception;
import java.util.InputMismatchException;
import java.util.Scanner;
public class Zero_Example_7 {
    static int first,second,result;
    public static void main(String[] args) {
        Scanner in = new Scanner(System.in);
        System.out.println("除法运算，请输入两个整数");
        try {
            first = in.nextInt();
            second = in.nextInt();
            try {
                result =first/second;
                System.out.println("结果为："+result);
            } catch (ArithmeticException e) {
                System.out.println("除数不能为零"+second);
            }finally {
                System.out.println("这是内嵌的 finally 块");
            }
        } catch (InputMismatchException e) {
            System.out.println("除数不是整数");
        }finally {
            System.out.println("这是外层的 finally 块");
        }
    }
}
```

程序运行结果如图 8.9 所示。

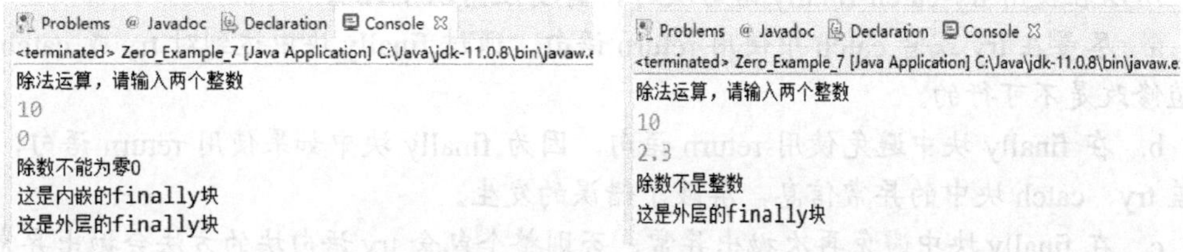

图 8.9　嵌套的 try-catch-finally 程序运行结果

⑦ 当在 try 块或 catch 块中遇到 return 语句时，并不会立即结束该方法，而是去寻找该异常处理流程中是否包含 finally 块，若没有 finally 块，则方法终止，返回相应的返回值。若有 finally 块，则立即开始执行 finally 块，此时若 finally 块中没有 return 语句，则系统才会再次跳回来根据 try 块或 catch 块中的 return 语句结束方法；若 finally 块中有 return 语句，则 finally 块已结束了方法，系统不会跳回去执行 try 块或 catch 块里的任何代码。

【案例 8-8】包含 return 语句的 try-catch-finally 结构。

```java
package exception;
public class Exception_return {
    public static final int test() {
        int t=0;
        try {
            t=1;
            Integer.parseInt(null);
            return t;
        } catch (Exception e) {
            t=2;
            return t;
        }finally {
            t=3;
//注释A    String.valueOf(null);
//注释B    return t;
        }

    }
    public static void main(String[] args) {
        System.out.println(test());
    }
}
```

程序运行结果为：

2

【案例 8-8】中，try 语句里面会抛出 java.lang.NumberFormatException，所以程序会先执行 catch 语句中的逻辑，t 会赋赋值为 2,在执行 return 之前，会把返回值保存在一个临时变量如 x 中，执行 finally 的逻辑，t 赋值为 3,但是返回值 x,所以变量 t 的值和返回值已经没有关系了，返回值为 2。但是，如果将注释 B 后的 return t 语句变为有效语句，运行结果会变为 3。同时，让注释 A 和 B 后的语句都为有效语句时，运行结果为抛出 NullPointerException 异常。

所以在使用 try-catch-finally 语句块时，需要注意以下几点：

a. 尽量在 try 或者 catch 中使用 return 语句，通过 finally 块中达到对 try 或 catch 返回值修改是不可行的。

b. 在 finally 块中避免使用 return 语句，因为 finally 块中如果使用 return 语句，会覆盖 try、catch 块中的异常信息，屏蔽了错误的发生。

c. 在 finally 块中避免再次抛出异常，否则整个包含 try 语句块的方法会抛出异常，并且会覆盖掉 try、catch 块中的异常。

⑧ 在以下 4 种特殊情况下，finally 块不会被执行。

a. 在 finally 语句块中发生了异常。

b. 在前面的代码中用 System.exit()退了程序。

c. 程序所在的线程死亡。

d. 关闭 CPU。

8.2.2 抛出异常

抛出异常有三种形式，一是系统自动抛出异常，二是 throw 抛出异常，三是 throws 抛出异常。

8.2.2.1 系统自动抛出异常

由于系统运行时异常的不可检查性，为了更合理、更容易地实现应用程序，Java 规定，运行时异常将由 Java 运行时系统自动抛出，允许应用程序忽略运行时异常。

【案例 8-9】系统自动抛出异常。

```java
import java.util.Scanner;
public class Auto_Exception {
    public static void main(String[] args) {
        Scanner in = new Scanner(System.in);
        System.out.println("除法运算，请输入两位数");
        int first = in.nextInt();
        int second = in.nextInt();
        int result = first / second;
        System.out.println(result);
    }
}
```

程序运行结果如图 8.10 所示。

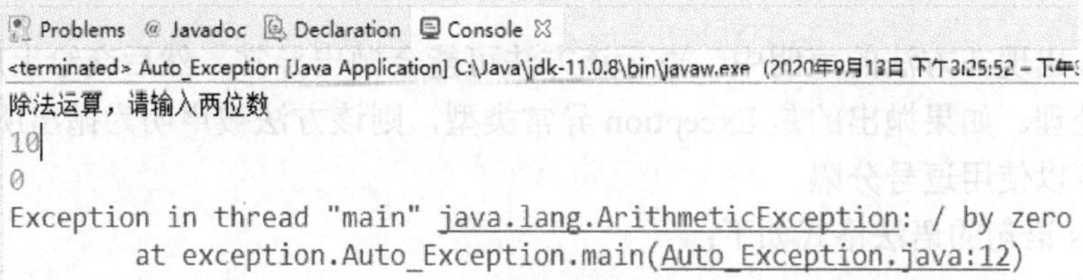

```
Problems  @ Javadoc  Declaration  Console ⊠
<terminated> Auto_Exception [Java Application] C:\Java\jdk-11.0.8\bin\javaw.exe (2020年9月13日 下午3:25:52 – 下午
除法运算，请输入两位数
10
0
Exception in thread "main" java.lang.ArithmeticException: / by zero
        at exception.Auto_Exception.main(Auto_Exception.java:12)
```

图 8.10　系统自动抛出异常

8.2.2.2 throw 抛出异常

除了系统能抛出异常对象之外，也可以通过 throw 语句以编程方式抛出异常对象。throw 语句的语法较为简单，在 throw 关键字后面跟上要抛出的异常对象即可，格式如下：

throw 异常对象；

说明：

① 一条 throw 语句只能抛出一个异常对象。

② 与 return 语句类似，throw 语句也会改变程序的执行流程，一般来说，执行完 throw 语句后，会结束其所有方法的执行。只有一种情况是例外，即如果 throw 位于 try 结构中时，会结束该 try 结构，位于该 try 结构后的代码将继续执行。

③ 同一语法结构中，若 throw 语句之后还有语句 s,则编译器将提示语法错误，即"S 为不可达的代码"。因此 throw 语句必须是某个语法结构的最后一条语句。

【案例 8-10】throw 抛出异常。

```java
public class Throw_Exception {
    public static void main(String[] args) {
        int[] a = { 1, 2, 3 };
        printArray(a);
    }
    static void printArray(int a[]) {
        for (int i = 0; i < 10; i++) {
            if (i >= a.length) {
                throw new ArrayIndexOutOfBoundsException();// 抛出数组越界异常
                System.out.println("---------");   //此语句将会出现错误
            }
            System.out.printf("a[%d]=%d\n", i, a[i]);
        }
    }
}
```

当程序输出数组中三个元素时，循环还在继续，当 i 的值为 3 时，i>=a.length 成立，则抛出一个异常 ArrayIndexOutOfBoundsException，程序结束执行。如果在 throw 抛出异常后还有一个语句如上例的 system.out.println("---------");系统在编译时会出现一个语法错误 unreachable code。

同时，需要注意，尽管 throw 语句在执行流程上与 return 语句有一定的相似性，但前者是专门用于抛出异常对象的，因此不要将其作为常规的流程控制语句来使用。

8.2.2.3　throws 抛出异常

throws 出现在方法的声明中，表示该方法可能会抛出异常，然后交给上层调用它的方法程序处理。如果抛出的是 Exception 异常类型，则该方法被声明为抛出所有的异常。多个异常可以使用逗号分隔。

Throws 语句的语法格式如下：

```
方法名 throws Exception1,Exception2,… ExceptionN{
    ……
}
```

【案例 8-11】使用 throws 抛出异常。

```java
public class Thows_Exception {
    public static void main(String[] args) throws Exception{
        String[] apple = {"好苹果","坏苹果","好苹果"};
        int j =0;
```

```
                for (int i = 0; i < apple.length; i++) {
                    if(apple[i].equals("坏苹果")) {
                        throw new Exception("第"+(i+1)+"个是坏苹果");
                    }else {
                        j++;
                    }
                }
                if(j==3) {
                    System.out.println("全是好苹果");
                }
            }
        }
```

程序运行结果如图 8.11 所示。

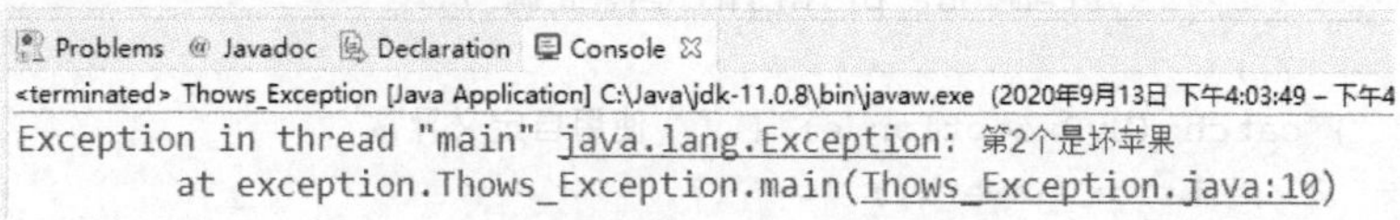

图 8.11　throws 抛出异常

初学者很容易混淆 throw 和 throws 语句，其实两者很容易区分，如下所示。

① throw 只会出现在方法体中，当方法在执行过程中遇到异常情况时，将异常信息封装为异常对象，然后 throw 出去。throw 关键字的一个非常重要的作用就是异常类型的转换。

② throws 表示出现异常的一种可能性，并不一定会发生这些异常。throw 则抛出了异常，执行 throw 则一定抛出了某种异常对象。两者都只是抛出或者可能抛出异常，但是不会由方法去处理异常，真正的异常处理由此方法的上层调用处理。

8.2.3　自定义异常

使用 Java 内置的异常类可以描述在编程时出现的大部分异常情况，但是在实际开发中，开发人员往往需要事实上有一些异常类用于描述自身程序中的异常信息，以区分其他程序的异常信息，此时就需要自定义异常类。

在程序中使用自定义异常类，大体可分为以下几个步骤。

① 创建一个类继承于 Throwable 或其子类（建议用 Exception 类。一般不把自定义异常类作为 Error 子类，因为 Error 通常被用来表示系统内部的严重故障）。

② 在方法中通过 throw 关键字抛出异常对象。

③ 如果在当前抛出异常的方法中处理异常，可以使用 try-catch 语句捕获并处理；否则在方法的声明处通过 throws 关键字指明要抛出给方法调用者的异常，继续进行下一步操作。

④ 在出现异常方法的调用者中捕获并处理异常。

【案例 8-12】自定义异常。

```java
import java.util.Scanner;
class MyException extends Exception { // 自定义异常
    public void ErrorAnswer() {
        System.out.println("答案错误");
    }
}
public class Custom_Exception {
    public static void main(String[] args) {
        Scanner in = new Scanner(System.in);
        try {
            System.out.println("2+3=?");
            if (5 != in.nextInt()) {
                throw new MyException(); // 抛出自定义异常
            } else {
                System.out.println("回答正确");
            }
        } catch (MyException e) { // 使用自定义异常
            e.ErrorAnswer();
        }
    }
}
```

程序运行结果如图 8.12 所示。

此程序中 MyException 是一个自定义异常类，继承了 Exception 类，当输入 5 时不抛出异常，输入其他数字时会抛出自定义异常。

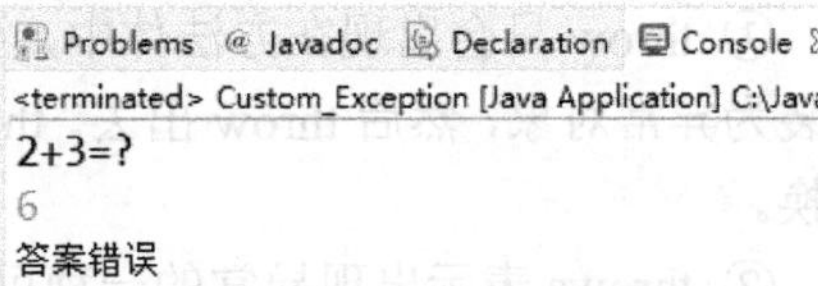

在进行异常处理设计时，常常按以下规则进行设计处理。

图 8.12　自定义异常

（1）只在必要使用异常的地方才使用异常

谨慎使用异常，异常捕获的代价非常高，异常使用过多会严重影响程序的性能，如果在程序中能够使用 if 语句和 boolean 变量进行逻辑判断，那么尽量减少异常的使用，从而避免不必要的异常捕获和处理。

（2）切忌使用空的 catch 块

在捕获了异常之后什么都不做，相当于忽略了这个异常。千万不要使用空的 catch 块，空的 catch 块意味着在程序中隐藏了错误和异常，并且很可能导致程序出现不可控的执行结果。

（3）受检查的异常和不受检查的异常的选择

一旦编程者决定抛出异常，就要决定抛出什么异常。这里面的主要问题就是抛出受检查的异常还是不受检查的异常。受检查的异常会导致出现太多的 try-catch 块代码，可能有很多受检查的异常对开发人员来说是无法合量地进行处理的。比如 SQLException，而开发人员却不得不进行 try-catch，这样就会导致经常出现这样的一种情况：逻辑代码只有很少的几行，而进行异常捕获和处理的代码却有很多行。这样不仅导致逻辑代码阅读起来晦涩难懂，而且降低了程序的性能。

建议尽量避免受检查的异常的使用，如果确定该异常情况出现很普遍，需要提醒调用者注意处理的话，就使用受检查的异常；否则使用不受检查的异常。

（4）异常处理尽量放在高层进行

尽量将异常统一抛给上层调用者，由上层调用者统一指示如何进行处理。如果在每个出现异常的地方都直接进行处理，会导致程序异常处理流程混乱，不利于后期维护和异常错误排查，由上层统一进行处理会使得整个程序的流程清晰易懂。

（5）在 finally 中释放资源

如果要进行文件读取、网络操作以及数据库操作等，记得在 finally 中释放资源。这样不仅会使得程序占用更少的资源，也会避免出现不必要的由于资源未释放而发生的异常情况。

本章小结

本章主要讲解了在应用程序开发时，经常遇到的程序异常处理问题。读者需要掌握异常的概念、异常的分类，重点掌握异常的处理机制。在实际编程时，会正确处理遇到的异常情况。

思考与练习

一、选择题

1. 下列代码中的异常属于【 　　】（多选）。

```
int a = 0;
System.out.println(2/a);
```

  A．非检查型异常   B．检查型异常

  C．Error   D．Exception

2. 类及其子类所表示的异常是用户程序无法处理的【 　　】。

  A．NumberFormatException   B．Exception

  C．Error   D．RuntimeException

3. 数组下标越界，则发生异常，提示为【 　　】。

  A．IOException   B．ArithmeticException

  C．SQLException   D．ArrayIndexOutOfBoundsException

4. 运行下列代码，当输入的 num 值为 a 时，系统会输出【 　　】。

```
public static void main(String[] args) {
```

```
Scanner input = new Scanner(System.in);
try {
    int num = input.nextInt();
    System.out.println("one");
} catch(Exception e) {
    System.out.println("two");
} finally {
    System.out.println("three");
}
System.out.println("end");
}
```

A. one three end
B. two three end
C. one two three end
D. two end

5. 运行下列代码，输出结果为【　　】。

```
public static void main(String[] args) {
    try {
        int a = 1-1;
        System.out.println("a = " + a);
        int b = 4 / a;
        int c[] = {1};
        c[10] = 99;
    } catch(ArithmeticException e) {
        System.out.println("除数不准许为0");
    } catch(ArrayIndexOutOfBoundsException e) {
        System.out.println("数组越界");
    }
}
```

A. a = 0

B. a = 0
   除数不允许为0

C. a = 1
   数组越界

D. a = 0
   除数不允许为0
   数组越界

6. 下列关于异常的描述，错误的是【　　】（多选）。

A. printStackTrace()用来跟踪异常事件发生时执行堆栈的内容
B. catch 块中可以出现同类型异常
C. 一个 try 块可以包含多个 catch 块
D. 捕获到异常后将输出所有 catch 语句块的内容

7. 假设要输入的 id 值为 a101，name 值为 Tom，程序的执行结果为【　　】。

```
public static void main(String[] args) {
    Scanner input = new Scanner(System.in);
    try {
        int id = input.nextInt();
        String name = input.next();
        System.out.println("id = " + id + "\n" + "name" + name);
```

```
    } catch(InputMismatchException ex) {
    System.out.println("输入数据不合规范");
    System.exit(1);
    ex.printStackTrace();
    } finally {
    System.out.println("输入结束");
    }
}
```

A. id=a101
   name=Tom

B. id=a101
   name=Tom
   输入结束

C. 输入数据不合规范

D. 输入数据不合规范
   输入结束
   java.util.InputMismatchException…

8. 下列代码的运行结果为【　　】。

```
public static int test(int b) {
    try {
        b += 10;
        return b;
    } catch (Exception e) {
        return 1;
    } finally {
        b += 10;
        return b;
    }
}
public static void main(String[] args) {
    int num = 10;
    System.out.println(test(num));
}
```

A. 1　　　　　　B. 10　　　　　　C. 20　　　　　　D. 30

9. 假设有自定义异常类 MyException，那么抛出该异常的语句正确的是【　　】。

A. throw new Exception()

B. throw new MyException()

C. throw MyException

D. throws Exception

第 9 章

I/O 流与文件

在实际应用中，经常需要对文件进行相关操作，如文件的创建与删除；查看文件的各种属性，如文件的名称、相对路径、绝对路径、文件是否可读等信息。在 Java 语言中，如何通过调用 File 类的有关方法实现相关操作？通过本章节知识的学习，我们逐步解决这些问题。

【知识目标】

1. 理解流的概念与流的分类；
2. 掌握字节输入流 InputStream、字节输出流 OutputStream 的使用方法；
3. 掌握字符输入流 Reader、字符输出流 Writer 的使用方法；
4. 理解标准输入流与输出流。

【能力目标】

1. 会灵活运用字节输入/输出流，字符输出/输出流在程序中对文件读出与写入的方法；
2. 会熟练使用标准输入流和输出流在程序中的运用。

【思政与职业素质目标】

1. 培养具有良好的应用知识解决问题的能力；
2. 培养具有分散的思维，对计算机存储文件有良好的备份习惯。

9.1 流的基础知识

9.1.1 流的概念与分类

9.1.1.1 流的概念

在编写程序时，往往会思考这样的问题：程序要处理的数据来自哪里、程序如何接收这些数据、处理完毕后这些数据又被送往何处？这就是 I/O（Input/Output,输入/输出）的本质，即数据在发送者和接收者之间是如何传输的。

如同某些外部设备既是输入也是输出设备一样（硬盘），同一程序在不同时刻也可能分别作为数据的发送者和接收者，例如，从网络上下载文件时，程序（下载软件）首先接受来自网络的数据（此时程序作为接收者），然后将数据写出到文件（此时程序作为发送者）。通常站在程序的角度来确定数据的流向。

Java 以流（Stream）的形式来操作数据，可以把流想象成一条承载数据的管道，管道上"流动"数据的有序序列，如图 9.1 所示。JDK 提供了数十个用以处理不同种类数据的流类，均位于 java.io 及 java.nio(New I/O)包下，它们是对 I/O 底层细节的面向对象抽象。

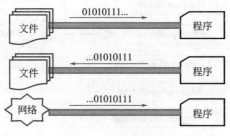

图 9.1 Java 中的流

9.1.1.2 流的分类与特点

可以从以下三个角度对 Java 中的流进行分类。

① 按流的方向分为输入流、输出流。如前所述，应站在程序的角度确定流的方向，从输入流"读"，向输出流"写"。

② 按流上数据的处理单位，分为字节流、字符流。众所周知，计算机中所有的信息都是以二进制形式存在的。对于流也不例外，流上的数据本质上就是一组二进制位所构成的序列。字节流和字符流分别以字节（8 位）和字符（16 位）为单位来处理流上的数据。

③ 按流的功能分为节点流、处理流。节点流是指从（向）某个特定的数据源（即结点，如文件、内存、网络等）读（写）数据的流。而处理流必须"套接"在已存在的

流(既可以是节点流也可以是处理流)之上，从而为已存在的流提供更多的特性。例如可以将缓冲输入流套接在某个输入流之上，从而提高后者的读取性能。

尽管 IO 包下含有数目众多的类，但它们都直接或间接继承自 4 个抽象类，如表 9.1 所示，可以分别按流的方向和流上数据的处理单位对这 4 个抽象类进行划分。

表 9.1   4 个基本的流

分类	字节流	字符流
输入流	InputStream	Reader
输出流	OutputStream	Write

9.1.2 字节流

字节流以字节（8 位）为单位来处理流上的数据，其操作的是字节或字节数组。因计算机存取数据的最小单位为字节，因此，字节流是最为基础的 I/O 流。从类的命名上看，IO 包中凡是以 Stream 结尾的类都属于字节流，它们都是直接或间接继承自 InputStream 或 OutputStream 这两个抽象类。

9.1.2.1 字节输入流：InputStream

InputStream 用于以字节为单位向程序输入数据，其常用子类如图 9.2 所示。

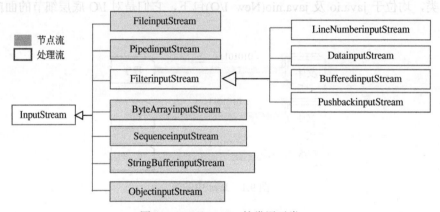

图 9.2   Inputstream 的常用子类

表 9.2 列出了 InputStream 抽象类的常用 API。

表 9.2   InputStream 抽象类的常用 API

方法原型	功能及参数说明
abstact int read()	从输入流中读取下一字节，以 int 型返回(0～255)。若读到前已达流的末尾，则返回-1
int read(byte[ ] b,int offset,int len)	从输入流中读取 len 字节以填充字节数组 b(读取的首字节存放于 b[offset])，返回值为实际读取的字节数，若读取前已到达流的末尾，则返回-1
void mark(int limit)	对输入流的当前位置做标记，以便以后回到该位置。参数指定了在能重新回到该位置的前提下，允许读取的最大字节数

方法原型	功能及参数说明
void reset()	将输入流的当前位置重新定位到最后一次调了 mark 方法时的位置。调用此方法后，后续的 read 方法将从新的当前位置读取
long skip(long n)	跳过 n 个字节，返回值为实际跳过的字节数
void close()	关闭输入流并释放与之关联的所有系统资源

【案例 9-1】从文件中读取数据。

如在 src 中有一个文件 readme.txt，其内容如图 9.3 所示，现编写一个程序，把其内容读出。

```java
import java.io.FileInputStream;
import java.io.InputStream;
public class ReadFile {
    public static void main(String[] args) throws Exception {
        InputStream input = null;
        try {
            input = new FileInputStream("src/readme.txt");
            int i = 0;
            byte[] b = new byte[1024];
            while ((i = input.read(b)) != -1) {
                String str = new String(b, "UTF-8");
                System.out.println(str);
            }
        } catch (Exception e) {
            System.out.println("文件读取有误!");
        } finally {
            input.close();
        }
    }
}
```

程序运行结果如图 9.4 所示。

图 9.3　文件 readme.txt 内容　　　　图 9.4　程序运行结果

9.1.2.2　字节输出流 OutputStream

OutputStream 用于以字节为单位从程序输出数据，其常用子类如图 9.5 所示。

表 9.3 列出了 OutputStream 抽象类的常用 API。

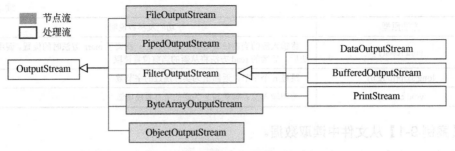

图 9.5　**OutputStream** 的常用子类

表 9.3　**OutputStream** 抽象类的常用 API

方法原型	功能及参数说明
abstract void write(int b)	将 b 的低 8 位写到输出流，高 24 位被忽略
void write(byte b[],int offset,int len)	将字节数组 b 从 offset 开始的 len 字节写到输出流
void flush()	刷新输出流并强制将所有缓存在缓冲输出流中的字节写到输出流
void close()	关闭输出流并释放与之关联的所有系统资源

注意：初学者常常对字节输入流 **InputStream** 和字节输出流 **OutputStream** 不能很好区分，其实，其区别很简单。Java 中的流，都是根据内存来进行区分的。对内存来说，把字符串打印到屏幕上是从内存流向屏幕这个显示器的，即是输出，而从屏幕等待用户输入，即是等待键盘将字符输入到内存中，即是输入，因此，当遇到 IO 操作时，需要简单记住，向内存中写数据称为输入流，从内存中输出数据称为输出流。又如把内存的数据写到磁盘，是输入流还是输出流泥？显然是输出流。

【案例 9-2】向文件中写入数据。

```java
package io_and_file;
import java.io.FileOutputStream;
import java.io.OutputStream;
public class WriteFile {
    public static void main(String[] args) throws Exception {
        OutputStream output = null;
        try {
            output = new FileOutputStream("src/readme2.txt");
            // 写入文件时，如果当前 src 目录中没有此文件，系统会自动建立此文件
            String str = "1abcdeFGxy";
            output.write(str.getBytes());
            System.out.println("写入成功!");
        } catch (Exception e) {
            System.out.println("写入文件有误");
        } finally {
            output.close();
        }
    }
}
```

程序运行以后，打开 src 目录，系统会生成 readme2.txt，打开以后，就会发现字符串已经写在文件中。

9.1.3　字符流

字符流以字符(16 位的 Unicode 编码)为单位来处理流上的数据，其操作的是字符、字符数组或字符串。从类的命名来看，IO 包中凡是以 Reader 或 Writer 结尾的类都属于字符流，它们都直接或间接继承自 Reader 或 Writer 这两个抽象类。

9.1.3.1　字符输入流：Reader

Reader 用于以字符为单位向程序输入数据，其常用子类如图 9.6 所示。

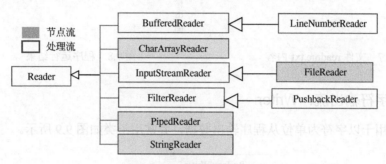

图 9.6　Reader 的常用子类

表 9.4 列出了 Reader 抽象类的常用 API（与 InputStream 类相同的方法未列出）。

表 9.4　Reader 抽象类的常用 API

方法原型	功能及参数说明
int read()	从输入流中读取下一个字符，以 int 型返回（0~65535）。若读取前已到达流的末尾，则返回−1
abstract int read(char butt[ ], int offset, int len)	从输入流中读取 len 个字符以填充字符数组 buff（读取的第 1 个字符存放于 buff[offset]），返回值为实际读取的字符数。若读取前已达到流的末尾，则返回−1

【案例 9-3】读取文件中的内容。

```java
import java.io.FileInputStream;
import java.io.IOException;
import java.io.InputStreamReader;
public class ReadFile2 {
    public static void main(String[] args)  throws IOException {
        try {
            FileInputStream  file =new FileInputStream("src/readme.txt");
            InputStreamReader  fileReader =new InputStreamReader(file, "UTF-8");
            int ch;
            while((ch=fileReader.read())!=-1) {
                System.out.println((char)ch);
            }
```

```
                    fileReader.close();
                    file.close();
                } catch (Exception e) {
                    System.out.println("读取文件有误!");
                }
        }
}
```

程序中读取的文件是 readme.txt，其文件内容如图 9.7 所示，程序运行结果如图 9.8 所示。

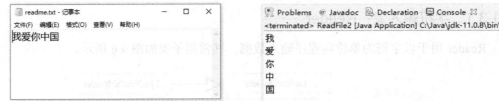

图 9.7　文件 readme.txt 内容　　　　　　　图 9.8　程序运行结果

9.1.3.2　字符输出流：Writer

Writer 用于以字符为单位从程序输出数据，其常用子类如图 9.9 所示。

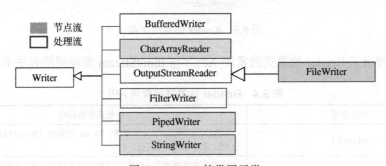

图 9.9　Writer 的常用子类

表 9.5 列出了 Writer 抽象类的常用 API（与 OutputStream 类相同的方法未列出）。

表 9.5　Writer 抽象类的常用 API

方法原型	功能及参数说明
Void write(int c)	将 c 的低 16 位写到输出流，高 16 位被忽略
Void write(String str,int offset,int len)	将字符串 str 中从 offset 开始的 len 个字符写到输出流

【案例 9-4】向文件写入数据。

```
package io_and_file;
import java.io.FileOutputStream;
import java.io.IOException;
import java.io.OutputStreamWriter;
public class WriteFile2 {
    public static void main(String[] args) throws IOException {
```

```
        FileOutputStream file = null;
        OutputStreamWriter fileWriter = null;
        try {
            file = new FileOutputStream("src/readme3.txt");
            fileWriter = new OutputStreamWriter(file, "UTF-8");
            fileWriter.write("我爱你中国");
            System.out.println("写入成功");
        } catch (Exception e) {
            System.out.println("写入文件有误");
        } finally {
            fileWriter.close();
            file.close();
        }
    }
}
```

当运行程序时, 就会把字符串 "我爱你中国" 写在 readme3.txt 文件中。

以上介绍了 4 个基本的 I/O 流抽象类, 它们所具有的大部分方法(包括一些抽象方法)并未做任何有意义的实现, 其交由各自的子类重写以实现更多的处理细节, 故通常使用这 4 个抽象类的具体子类。这些具体子类虽然数目众多, 但其中的很多类在命名上是对称的, 如: XXXInputStream 的类对应着 xxxOutputStream 类, xxxReader 的类对应着 xxxWriter 类。读者应能从具体子类的命名获知两个信息, 一是流的方向, 是输入还是输出, 二是流中数据的处理单位是字符还是字节。

在使用具体的子类时, 应当注意以下几点。

① 这些类的大部分方法都带有 throws 子句, 可以抛出 IOException 异常, 因此调用这些方法的代码必须置于 try 块中, 或其所在方法也通过 throws 子句声明抛出该异常。

② 执行输入流的 read 方法, 使程序处于阻塞状态, 直至发生以下任何一种情况: 流中的数据可用、到达流的末尾、发生了其他异常。

③ 当 read、write 等读写方法执行完毕时, 会自动修改流的当前位置, 以便下一次读写。

④ 当流被关闭后, 不能再对其进行读写操作, 否则会抛出异常。

⑤ 当使用完 I/O 流之后, 应及时调用流对象的 close 方法, 以确保相关资源被释放。

9.2 文件的操作

在输入输出操作中, 最常见的是对文件的操作, 对此, java.io 包中的 File 类提供了与平台无关的方法来描述目录和文件对象的属性。本小节主要学习标准输入流与输出流及对文件的输入和输出操作。

9.2.1 标准输入流与输出流

在一般的应用程序中, 需要频繁地向标准输出设备即显示器输出信息, 或者频繁地从标准输入设备如键盘输入信息。如果每次在标准输入或输出前都建立流对象，显然是低效和不方便的，因此，Java 语言预先定义了三个流对象，它们分别表示标准输入、标准输出和标准错误，其中标准输入 system.in 作为 InputStream 类的一个实例来实现，标准输出 system.out，作为 PrintStream 类的实例来实现，标准错误 System.elf 也属于 PrintStream 类的实例。

9.2.1.1　标准输入流

标准输入 System.in 作为 InputStream 类的一个实例，可以使用 read()和 skip(long n) 两个方法来实现，read()实现从输入中读一个字节，skip(long n)实现在输入中跳过 n 个字节。但是这样只能一次输入一个字节，有时不方便，所以会用到 BufferReader 和 InputStreamReader 流，前者用来缓冲输入字符，后者用来将字节转换为字符。

【案例 9-5】实现从输入流中读一个字节。

```java
import java.io.IOException;
public class ReadByte {
    public static void main(String[] args) throws IOException {
        char a;
        System.out.println("输入一个字符");
        a=(char)System.in.read();
        //read方法返回值为ASCII码，需要使用char转换成字符
        System.out.println("输入的字符是"+a);
    }
}
```

9.2.1.2　标准输出流

标准输出流就是我们熟悉的 System.out，几乎每一个 Java 应用程序都会用到它。

【案例 9-6】输出整型变量和字符串的值。

```java
public class SystemOut {
    public static void main(String[] args) {
        int i = 10;
        System.out.println("i=" + i);
        String string = "Java Language";
        System.out.println("s=" + string);
    }
}
```

9.2.1.3　标准错误输出流

类变量 err 被定义为 public static final PrintStream err，这个流一般对应显示器输出，而且已经处于打开状态，可以使用 PrintStream 类的方法进行输出。如果 IDE 中使用 err，都会变色的，比如 eclipse 中红色。

【案例 9-7】标准错误输出流。

```java
public class SystemErr {
```

```
    public static void main(String[] args) {
        System.err.println("标准错误输出流");
    }
}
```

9.2.2 文件输入/输出操作

9.2.2.1 文件的顺序访问

在进行输入/输出操作时，经常会遇到对文件进行顺序访问的问题，对文件进行顺序访问时的一般步骤为：

① 使用引用语句引入 java.io 包，即"import java.io.*"；

② 根据数据源和输入/输出任务的不同，建立相应的文件字节流（FileInputStream 类）和（FileOutputStream 类）或字符流（reader 类和 Writer 类）对象；

③ 选定类之后创建该类的对象，创建对象时一般是通过传入该类构造器的参数建立流连接；

④ 完成读和写操作，一般这些类当中都有 read()或者 Write()方法，一个是读入流的方法，一个是写入流的方法。

【案例 9-8】使用字符流顺序访问文件。

```
package io_and_file;
import java.io.*;
public class File_Read_Write {
    String strtemp;// 此变量存储一行的数据
    String strfinal = new String(); // 存储每一行数据连接以后的结果
    public static void main(String[] args) throws IOException {
        File_Read_Write obj = new File_Read_Write();
        obj.open("src/io_and_file/File_Read_Write.java"); //读取此文件
        obj.saveAs("File_Read_Write.txt"); //以文本文件形式保存在当前目录中
    }
    public void open(String filename) throws IOException {
        try {
            BufferedReader in = new BufferedReader(new FileReader(filename));
            while ((strtemp = in.readLine()) != null) {
                strfinal = strfinal + strtemp + "\n";
            }
            in.close();
        } catch (Exception e) { }
    }
    public void saveAs(String filename) {
        try {
            BufferedReader in = new BufferedReader(new StringReader(strfinal));
            PrintWriter out = new PrintWriter(
                                new BufferedWriter(new FileWriter(filename)));
```

```
                    int linecount = 1;
                    while ((strtemp = in.readLine()) != null) {
                        out.println(linecount+++ ":" + strtemp);
                    }
                    in.close();
                    out.close();
                } catch (Exception e) { }
            }
        }
```

程序运行后，就会把目录 src/io_and_file/File_Read_Write.java 中的此文件 ，以文本文件形式，写入在当前目录的 File_Read_Write.txt 文件中。打开此文本文件，其结果如图 9.10 所示：

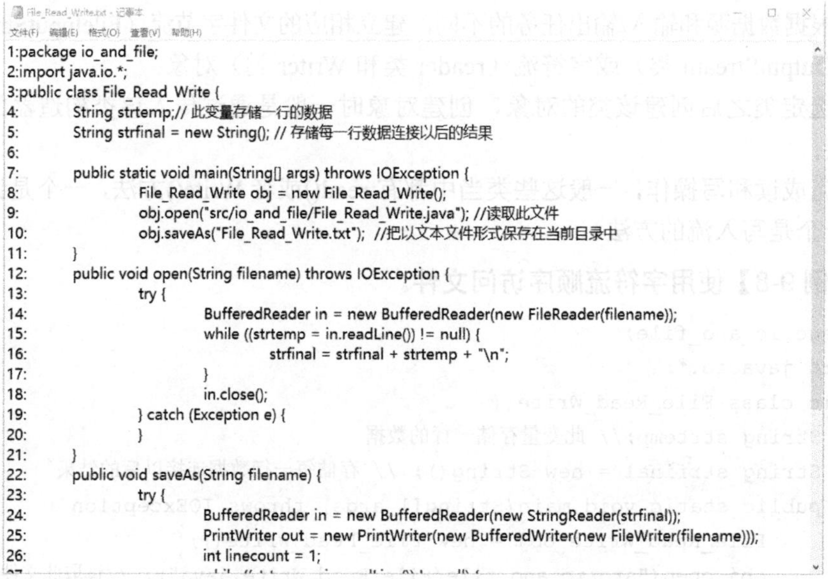

图 9.10　文件顺序访问程序运行结果

9.2.2.2　文件的随机读写

在访问文件时，不一定都是从文件头到文件尾顺序进行读/写，也可以将文本文件作为一个类似于数据库的文件，读完一个记录后可以跳转到另一个记录（这些记录在文件的不同位置），或者可以对文件同时进行读和写的操作等。

Java 提供了 RandomAccessFile 类可以对文件进行随机访问，它直接继承了 Object 类，并且实现了 DataInput 和 DataOutput 接口，因此它的常用方法与 DataInputStream 类和 DataOutputStream 类相似，主要包括从流中读取基本数据类型的数据、读取一行数据或者读取指定长度的字节数等。

构造方法如下：

① RandomAccessFile(File file,String mode)：使用文件对象 file 和访问文件的方式 mode 创建随机访问文件对象。

② RandomAccessFile(String name, String mode)：使用文件绝对路径 name 和访问文件的方法 mode 创建随机访问文件对象。

RandomAccessFile 类有如下 4 个用来控制文件访问权限的选项：

① "r" 表示文件只读，如果试图进行写操作，将引发异常 IOException。

② "rw" 表示文件可读可写，如果文件不存在，将会先创建该文件。

③ "rws" 表示文件可读可写，并且要求每次更改文件内容或元数据（Metadata）时，更改的内容同步写到存储设备中。

④ "rwd" 表示文件可读可写，并且要求每次更改文件内容时，将更改的内容同步写到存储设备中。

【案例 9-9】创建一个随机文件，并向其写入数值，随后修改其中某个输出的值。

```java
import java.io.*;
public class RandomFileWrite {
    public static void main(String[] args) throws IOException {
        // 创建一个随机文件，开放读写数据
        RandomAccessFile rf = new RandomAccessFile("rtest.dat", "rw");
        for (int i = 0; i < 8; i++) { // 向其中写 8 个 double 类型的变量
            rf.writeDouble(i * 3.14); }
        rf.close();
        // 输出文件的内容：
        rf = new RandomAccessFile("rtest.dat", "rw");
        System.out.println("原文件的内容: ");
        for (int i = 0; i < 8; i++) {
            System.out.print(rf.readDouble() + "\t");}
        // 修改文件的内容：
        rf.seek(5 * 8); // 定位到 5 个数据，因为 double 数据占 8 个字节。
        rf.writeDouble(33.99);
        rf.close();
        // 输出修改以后的内容。
        rf = new RandomAccessFile("rtest.dat", "rw");
        System.out.println("\n 修改以后文件的内容: ");
        for (int i = 0; i < 8; i++) {
            System.out.print(rf.readDouble() + "\t");}
    }
}
```

程序运行后，将在当前目录中生成一个 rtest.dat 的文件，程序运行结果如图 9.11 所示。

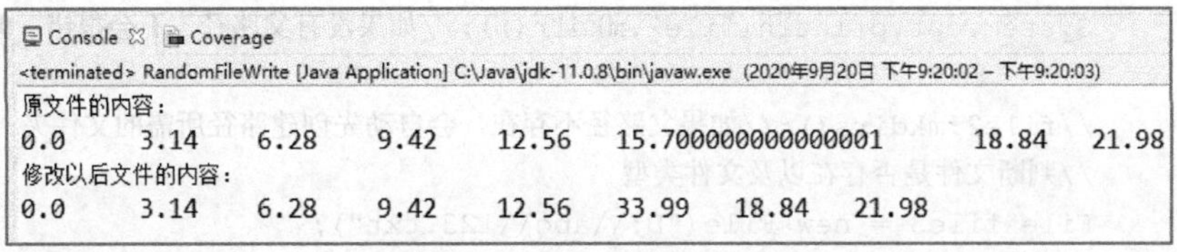

```
Console ☒  Coverage
<terminated> RandomFileWrite [Java Application] C:\Java\jdk-11.0.8\bin\javaw.exe (2020年9月20日 下午9:20:02 – 下午9:20:03)
原文件的内容：
0.0      3.14    6.28    9.42    12.56    15.700000000000001           18.84   21.98
修改以后文件的内容：
0.0      3.14    6.28    9.42    12.56    33.99    18.84    21.98
```

图 9.11　随机文件的读写

9.2.2.3 目录和文件管理

Java 中提供了三种创建方法来生成一个文件对象或目录。

① 根据参数指定的文件路径来创建一个 File 文件对象

```
File file1 = new File("d:\\abc\\123.txt");
```

② 根据给定的目录来创建一个 File 实体对象，其中"d:\abc"为目录的路径，"123.txt"为文件的名称。

```
File file2 = new File("d:\\abc","123.txt");
```

③ 根据已知的目录文件对象 File 来创建一个新的 File 实体对象

```
File Parent = new File("d:\\abc");  //描述路径
File file3 = new File(Parent,"12345.txt");
```

说明：

① 这三种方法只是生成一个文件对象，并没有生成一个真正的文件，如果要生成一个真正的文件，需要调用 createNewFile()方法。

② 如果路径不存在，则不会生成相应的文件。因此必须是存在的路径才能生成相应的文件。

③ 当且仅当不存在具有此抽象路径名指定名称的文件时，不可分地创建一个新的空文件。

以下是创建目录的方法：

① boolean mkdir()：创建此抽象路径名指定的目录（文件夹）时要注意，如果父路径不存在，则不会创建文件夹。

② boolean mkdirs()：如果父路径不存在，会自动先创建路径所需的文件夹，即会先创建父路径内容再创建文件夹。

③ boolean isDirectory()：判断是否是一个目录。

④ boolean isFile()：判断是否是一个文件。

⑤ boolean exists()：判断此抽象路径名表示的文件或目录是否存在。

【案例 9-10】在磁盘中建立文件夹及文件。

```
import java.io.*;
public class CreateFile {
    public static void main(String[] args) throws IOException {
        File file = new File("d:\\abc\\123.txt");
        System.out.println(file.createNewFile());
        //注意：文件所在路径(在这里的路径指：d:\abc 必须存在才能创建文件(123.txt)！
        //创建文件夹：
        File file2 = new File("D:\\abc\\java");
        System.out.println(file2.mkdir());//如果没有父路径，不会报错，但不会创建
文件夹
        //file2.mkdirs();//如果父路径不存在，会自动先创建路径所需的文件夹
        //判断文件是否存在以及文件类型
        File file3 = new File("D:\\abc\\123.txt");
        System.out.println(file3.exists());//判断路径d:\abc 下是否存在该文件123.txt
        System.out.println(file3.isDirectory());//判断file3对象指向的路径是否
```

是目录（在这里就是判断 d:\abc\123.txt 是否是文件夹，是就返回 true）
                System.out.println(file3.isFile());//判断路径 d:\abc 下的 123.txt 是否是文件类型
        }
    }

程序运行以后，将在磁盘原有 abc 目录下建立一个新的 java 目录和相应的文件，程序运行结果如图 9.12 所示。

图 9.12　磁盘中建立文件夹及文件

本章小结

本章主要讲解了文件和流，在 Java 中，文件的管理依靠 File 类，而文件的读写则依靠输入输出流来读取，主要介绍了流的概念和分类，字节流，字符流，标准输入流和输出流，文件的输入和输出操作等。输出、输出流是 Java 中非常重要的内容，其使用范围比较广泛，例如在项目中配置文件的读取、XML 类型文件的读取和 Office 文件的读取等，都是输入输出流进行的，Java Web 在实际应用中，也是依靠流的形式进行客户端的浏览器界面与应用服务器的交互。

思考与练习

一、单选题
1. 实现字符流的写操作类是【　　】。
   A．FileReader   B．Writer
   C．FileInputStream   D．FileOutputStream
2. 实现字符流的读操作类是【　　】。
   A．FileReader   B．Writer
   C．FileInputStream   D．FileOutputStream
3. 凡是从中央处理器流向外部设备的数据流称为【　　】。
   A．文件流   B．字符流   C．输入流   D．输出流
4. 构造 BufferedInputStream 的合适参数是哪一个【　　】。
   A．FileInputStream   B．BufferedOutputStream
   C．File   D．FileOuterStream

5．在编写 Java Application 程序时，若需要使用到标准输入输出语句，必须在程序的开头写上【　　】语句。

    A．import　java.awt.*；   B．import　java.applet.Applet；

    C．import　java.io.*；   D．import　java.awt.Graphics；

6．下列流中哪个不属于字符流【　　】。

    A．InputStreamReader   B．BufferedReader

    C．FilterReader   D．FileInputStream

7．流的传递方式是【　　】。

    A．并行的   B．串行的   C．并行和串行   D．以上都不对

8．字符流与字节流的区别在于【　　】。

    A．前者带有缓冲，后者没有   B．前者是块读写，后者是字节读写

    C．二者没有区别，可以互换使用   D．每次读写的字节数不同

9．下列流中哪个不属于字节流【　　】。

    A．FileInputStream   B．BufferedInputStream

    C．FilterInputStream   D．InputStreamReader

10．如果需要从文件中读取数据，则可以在程序中创建哪一个类的对象【　　】。

    A．FileInputStream   B．FileOutputStream

    C．DataOutputStream   D．FileWriter

11．下列哪一个 import 命令可以使我们在程序中创建输入/输出流对象【　　】。

    A．import java.sql.*;   B．import java.util.*;

    C．import java.io.*;   D．import java.net.*;

12．下面的程序段创建了 BufferedReader 类的对象 in，以便读取本机 c 盘 my 文件夹下的文件 1.txt。File 构造函数中正确的路径和文件名的表示是【　　】。

```
File f = new File(填代码处);
file =new FileReader(f);
in=new BufferedReader(file);
```

    A．"./1.txt"   B．"../my/1.txt"   C．"c:\\my\\1.txt"   D．"c:\ my\1.txt"

13．下面语句的功能是【　　】。

```
RandomAccessFile  raf2 = new RandomAccessFile("1.txt","rw" );
```

    A．打开当前目录下的文件 1.txt，既可以向文件写数据，也可以从文件读数据

    B．打开当前目录下的文件 1.txt，但只能向文件写入数据，不能从文件读取数据

    C．打开当前目录下的文件 1.txt，但不能向文件写入数据，只能从文件读取数据

    D．以上说法都不对

14．下面的程序创建了一个文件输出流对象，用来向文件 test.txt 中输出数据，假设程序当前目录下不存在文件 test.txt，编译下面的程序 Test.java 后，将该程序运行 3 次，则文件 test.txt 的内容是【　　】。

```
import java.io.*;
public class Test {
    public static void main(String args[]) {
        try {
            String s="ABCDE";
```

```
            byte b[]=s.getBytes();
            FileOutputStream file=new FileOutputStream("test.txt", true);
            file.write(b);
            file.close();
        }
        catch(IOException e) {
            System.out.println(e.toString());
        }
    }
}
```

　　A．ABCABC　　　　　　　　　　B．ABCDE

　　C．Test　　　　　　　　　　　　D．ABCDE ABCDE ABCDE

15．下面关于 java 中输入/输出流的说法错误的是【　　】。

　　A．FileInputStream 与 FileOutputStream 类用读、写字节流

　　B．Reader 与 Writer 类用来读、写字符流

　　C．RandomAccessFile 只可以用来读文件

　　D．File 类用来处理与文件相关的操作

16．关于 BufferedReader 类的 readLine()方法，以下说法不正确的是【　　】。

　　A．方法 readLine()每次读取一行数据

　　B．方法 readLine()每次读取一个字节

　　C．该方法可能抛出 IOException 异常，调用该方法时通常应将它放到 try 块中，
　　　　并通过 catch 块处理异常

　　D．如果读到流的末尾，该方法返回的结果为 null

二、编程题

1．在本机的磁盘系统中，找一个文件夹，利用 File 类的提供方法，列出该文件夹中的所有文件的文件名和文件的路径，执行效果如下：

路径是 xxx 的文件夹内的文件有：

文件名：abc.txt

路径名：d:\temp\abc.txt

2．创建 c:/test.txt 文件并在其中输入"hello world"，创建一个输入流读取该文件中的文本并且把小写的 1 变成大写 L，再利用输出流写入到 d:\test.txt 中。

3．编写一个 java 程序实现文件复制功能，要求将 d:/io/copysrc.doc 中的内容复制到 d:/io/copydes.doc 中。

第10章

多线程

进程和线程是现在操作系统中两个不可缺少的元素，在操作系统中程序的一次执行即为进程，进程包含了程序内容和数据的地址空间，以及其他的资源，包括打开的文件，子进程等。而线程表示的是程序的执行流程，是 CPU 调度的基本单位。多进程指在操作系统中能同时运行多个任务（程序），而多线程是在同一个应用程序中有多个顺序流同时执行。传统的操作系统是单进程单线程（Ms-DOC）或多进程单线程的类型（多数 UNIX、Linux）。但是现在的操作系统（如 Windows10、Max、OS 等）更多的是多进程多线程。Java 是第一个在语言本身中显示的包含线程的主流编程语言，它没有把线程化看作是底层操作系统的工具，本项目就针对 Java 中的线程的创建、调度进行学习。

【知识目标】

1. 掌握多线程的基础知识，理解程序、进程、线程的区别与联系；
2. 掌握多线程的生命周期；
3. 深入掌握线程的创建，利用 Thread 类和利用 Runnable 接口创建线程；
4. 理解并掌握线程的优先级、线程的休眠、线程的插队与线程的同步操作。

【能力目标】

1. 能利用 Thread 类和利用 Runnable 接口创建线程，解决具体的实际问题；
2. 能根据线程的优先级熟练编写线程的相关程序。

【思政与职业素质目标】

1. 培养具有科学的探究、钻研精神；
2. 培养具有团队精神，融入团队工作的能力。

10.1 线程概述

10.1.1 多线程概述

程序、进程与线程是彼此相关，但又有着明显区别的概念，因此学习多线程前有必要弄清这些概念。

（1）程序

程序（Program）是指指令与数据的集合，通常以文件的形式存放在外存中，也就是说程序是静态的代码，可以脱离计算机而存在，例如存储在 U 盘中的程序。

（2）进程

简单来说，进程（Process）就是运行中的程序，有时也称为任务（Task），操作系统运行程序的过程即是进程从创建、存活到消亡的过程，进程与程序的区别主要体现在以下几方面。

① 进程不能够脱离计算机而存在，处于存活状态（即运行中）的进程，会占用某些系统资源，如 CPU 时间、内存空间、外设访问权等，而程序仅占据外存。

② 进程是动态的代码，若不运行程序，则操作系统不会创建相应的进程。此外可以创建同一个程序的多个进程。例如在 Windows 中同时运行多次 notepad.exe，任务管理器将出现多个名为"记事本"的进程。

③ 进程消亡时就不存在了，而对应的程序仍然存在。

（3）线程

线程(Thread)是进程中能够独立执行的实体（即控制流程），是 CPU 调度和分配的基本单位，线程是进程的组成部分，进程允许包含多个同时执行的线程，这些线程共享进程占据的内存空间和其他系统资源。可见，线程的"粒度"较进程更小，在多个线程间切换所需的系统资源开销要比在多个进程切换的开销小得多，因此线程也成为轻量级的进程。

（4）多线程

在程序设计中经常会遇到多个任务同时执行的情况，如一边进行图形化操作，一边同步显示系统时间，又一边播放着音乐，对于这样的情况往往需要在程序中建立一种控制机制，使得一个任务在执行过程中暂停一次或多次，暂时放弃对计算机资源（如 CPU 中的运算器、存储器等）的占用，以使得其他任务被执行，其他任务同样如此。整个过程需要快速、反复完成，以保证呈现出一种并发运行的效果。这种资源被交替占用的任务执行过程，被称为多线程处理，其中每个任务一次动态执行过程被称为进程，进程执行过程中的暂停被称为中断，进程通过中断被分解成若干段，每一段被称为一个线程。

多线程最初都是由那些掌握机器语言的程序员编写一些"中断服务程序"来实现的，

由于涉及到机器语言的操作，因此实现起来非常困难，程序的一致性也很差，这样的问题对于 Java 语言来说并不存在，因为 Java 语言具有多线程的处理功能。

Java 语言的运行环境中（JVM）内置了一个线程调度器，用于确定某一时刻由哪一个线程占用计算机资源执行，从而实现多线程操作。当 Java 程序运行时，main()方法首先执行，此时线程调度器会开启一个线程，即主线程（JavaApplet 的主线程是 web 浏览器），负责 main()方法的执行，除主线程之外的线程被称为其他线程。程序从主线程开始执行，如果在主线程中创建了其他线程，线程调度器会将计算机资源在主线程和其他线程之间进行轮流切换，以保证每个线程都有机会执行。main()方法执行完毕后，主线程结束，但并不意味着其他线程执行的结束，线程调度器会一直进行其他线程的调度，直到最后一个线程的结束。

10.1.2 多线程生命周期

10.1.2.1 线程生命周期

线程有生命周期，主要包括 7 种状态，分别是新建状态、就绪状态、运行状态、等待状态、休眠状态、阻塞状态和死亡状态，如图 10.1 所示。

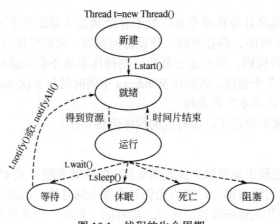

图 10.1 线程的生命周期

新建状态：用户在创建线程时所处的状态，在用户使用该线程实例调用 start()方法之前，线程都处于新建状态。

就绪状态：也称可执行状态，当用户调用 start()方法之后，线程处于就绪状态。

运行状态：当线程得到系统资源后进入运行状态。

等待状态：当处于运行状态下的线程调用 Thread 类的 wait()方法时，该线程就会进入等待状态。进入等待状态的线程必须调用 Thread 类的 notify()方法才能被唤醒。notifyAll()方法是将所有处于等待状态下的线程唤醒。

休眠状态：当线程调用 Thread 类中的 sleep()方法时，则会进入休眠状态。

阻塞状态：如果一个线程在运行状态下发出输入/输出请求，该线程将进入阻塞状态，在其等待输入/输出结束时，线程进入就绪状态。对阻塞的线程来说，即使系统资源关闭，线程依然不能回到运行状态。

死亡状态：当线程的 run()方法执行完毕，线程进入死亡状态。

10.1.2.2 线程的调度

对于单 CPU 的机器,任意时刻只能有一个线程被执行,当多个线程处于可运行状态,它们进入可运行线程池排队等待 CPU 为其服务,依据一定的规则（如先到先服务）,从可运行线程池中选定一个线程并运行,这就是线程的调度。线程调度一般由操作系统中的线程调度程序负责,对于 Java 程序,则由 Java 虚拟机负责。

线程调度的模型有两种：分时模型和抢占模型,对于分时模型,所有线程轮流获得 CPU 的使用权,每个线程只能在指定的时间内享受 CPU 的服务,一旦时间到,就必须将 CPU 的使用权让给另一个线程,分时模型下 CPU 并不主动让出 CPU。

对于抢占模型,线程调度程序根据线程的优先级来分配 CPU 的服务时间,优先级较高的线程将获得更多的服务时间。抢占模型下,线程可以主动让出 CPU 的使用权,以使那些优先级较低的线程有机会运行。显然抢占模型比分时模型更加灵活,允许开发者控制更多的细节,Java 虚拟机采用了抢占式线程调度模型。

10.2　线程的创建

Java 多线程的实现是通过创建线程对象开始的。线程对象的创建有两种方法,一是利用 Thread 类的子类创建线程,二是使用 Runnable 接口创建线程。两种方法相比,第一种较为简单,第二种更为灵活。

10.2.1　利用 Thread 类的子类创建线程

Thread 类位于 java.lang 包中,是 Java 语言提供的线程类。定义一个继承 Thread 类的子类,在该类中重写 Thrcad 类中的 public void run()方法,当子类对象即线程对象获得资源时,会调用 run()方法,执行线程操作。

【案例 10-1】利用 Thread 类的子类创建线程。

```java
class SimpleThread extends Thread {
    public void run() {
        for (int i = 0; i < 3; i++) {
            System.out.println(getName() + i);  // 获得当前线程的名称
            try {
                sleep((int) (Math.random() * 1000));  // 线程休眠，进入中断状态
            } catch (InterruptedException e) {
                System.out.println(e);
            }
        }
    }
```

```
            System.out.println("Done:" + getName());
        }
    }
    public class Create_Thread_1 {
        public static void main(String[] args) {
            SimpleThread one = new SimpleThread();
            one.setName("oneThread");  // 设定第一个线程的名称
            one.start(); // 启动线程，使线程进入等待队列
            SimpleThread two = new SimpleThread();
            two.setName("twoThread");
            two.start();
        }
    }
```

程序运行结果如图 10.2 所示。

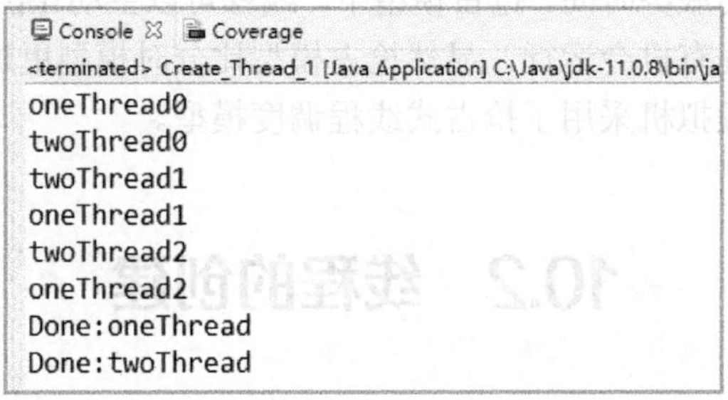

图 10.2　利用 Thread 类的子类创建线程程序运行结果

说明：线程对象调用 start() 方法使线程进入等待队列。线程获得资源后，进入运行状态，执行 SimpleThread 类中重写 run() 方法。遇到 sleep() 方法使正在运行的线程休眠，参数是休眠的时间，单位是毫秒。休眠结束后，线程重新进入等待队列，等待资源空闲，准备恢复运行状态，从中断位置休眠处继续向下执行。

10.2.2　利用 Runnable 接口对象创建线程

由于 Java 仅支持单继承，因此，当一个类已经是某个类的子类时，就无法继承 Thread 类，线程的使用受到了限制。在这种情况下，可以利用 Thread 类直接定义线程对象，此时，调用的 Thread 类的构造方法需要设置一个对象做参数，而定义该对象的类必须实现 java.lang.Runnable 接口，这个对象被称为线程的目标对象。Runnable 接口定义了 public void run() 方法，定义目标对象的类使用了 Runnable 接口，必须重写其中的 public void run() 方法，当线程对象获得资源时，该对象的目标对象开始进行 run() 方法的调用，进入运行状态，执行线程操作。

【案例 10-2】利用 Runnable 接口对象创建线程。

```
public class MyRunnable implements Runnable{
    @Override
    public void run() {
```

```
            System.out.println(Thread.currentThread().getName()); //获取当前线程的名称
        }
    public static void main(String[] args) {
        MyRunnable r1 = new MyRunnable();
        MyRunnable r2 = new MyRunnable();
        MyRunnable r3 = new MyRunnable();

        Thread thread1 = new Thread(r1,"MyThread1");
        Thread thread2 = new Thread(r2);
        thread2.setName("MyThread2");
        Thread thread3 = new Thread(r3);
        thread1.start();
        thread2.start();
        thread3.start();
        }
}
```

程序运行结果如图 10.3 所示。

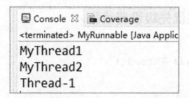

图 10.3　利用 Runnable 接口对象创建线程程序运行结果

注意:

实现 Runnable 接口的类必须使用 Thread 类的实例才能创建线程。通过实现 Runnable 接口来创建并启动多线程的步骤:

① 定义 Runnable 接口的实现类,并实现该接口的 run()方法。

② 创建 Runnable 实现类的实例,然后将该实例作为参数传入 Thread 类的构造方法来创建 Thread 对象。

③ 用线程对象的 start()方法来启动该线程。

10.3　线程的调度

对于单 CPU 的机器,任意时刻只能有一个线程被执行,当多个线程处于可运行状态时,它们可运行线程队列中等待 CPU 为其服务。依据一定的原则(如先来先服务),从可运行线程队列中选择一个线程并运行,这就是线程的调度。线程调度一般由操作系统中线程调度程序负责,对于 Java 程序,则由 Java 虚拟机负责。

线程调度分为两种模型:分时调度模型和抢占高度模型。对于分时调度模型,所有线程轮流获得 CPU 的使用权,每个线程只能在指定的时间内享受 CPU 的服务,一且时间到，就必须将 CPU 的使用权让给另一个线程。分时调度模型下，线程并不会主动让出 CPU。

对于抢占调度模型，线程调度程序根据线程的优先级（Priority）来分配 CPU 的服务时间，优先级较高的线程将获得更多的服务时间，抢占调度模型下，线程可以主动让出 CPU 的使用权，以使那些优先级较低的线程有机会运行。显然，抢占调度模型比分时模型更加灵活，允许开发者控制更多的细节。Java 虚拟机采用了抢占式线程调度模型。

10.3.1 线程的优先级

Java 中，main 线程具有普通线程的优先级，由 main 创建的子线程也同样具有普通优先级，Java 的 Thread 类，提供了 setPriority(int newPriority)、getPriority()方法来设置和返回指定线程的优先级，其中 setPriority()方法的参数是一个整数，其范围为 1～10，也可以使用 Thread 类的三个静态变量赋值：MAX_PRIORITY 其值为 10，MIN_PRIORIT 其值为 0，NORM_PRIORITY 其值为 5。

【案例 10-3】使用线程优先级设置线程。

```java
package thread;
class Thread_low extends Thread {
    @Override
    public void run() {
        for (int i = 1; i <= 20; i++) {
            System.out.print(Thread.currentThread().getName() + " " + i + " ");
            if (i % 5 == 0) {System.out.println();}
        }
    }
}
class Thread_high extends Thread {
    @Override
    public void run() {
        for (int i = 1; i <= 20; i++) {
            System.out.print(Thread.currentThread().getName() + " " + i + " ");
            if (i % 5 == 0) {System.out.println();}
        }
    }
}
public class Thread_Priority_Demo1 {
    public static void main(String[] args) {
        System.out.println("进程优先级测试");
        Thread_low th1 = new Thread_low();
        Thread_high th2 = new Thread_high();
        th1.setPriority(3);
        th2.setPriority(Thread.MAX_PRIORITY); // 即设置了 10 的值
        th1.start();
```

```
        th2.start();
    }
}
```

程序运行结果如图 10.4 所示。

```
Console ⌧
<terminated> Thread_Priority_Demo1 (1) [Java Application] C:\Java\jdk-16.0.1\bin\javaw.exe (2021年7月.
进程优先级测试
Thread-1 1 Thread-1 2 Thread-1 3 Thread-0 1 Thread-1 4 Thread-0 2 Thre
Thread-0 4 Thread-1 6 Thread-0 5
Thread-1 7 Thread-0 6 Thread-1 8 Thread-0 7 Thread-1 9 Thread-0 8 Thre
Thread-1 11 Thread-1 12 Thread-1 13 Thread-1 14 Thread-1 15
Thread-1 16 Thread-0 9 Thread-1 17 Thread-0 10 Thread-1 18
Thread-1 19 Thread-0 11 Thread-1 20
Thread-0 12 Thread-0 13 Thread-0 14 Thread-0 15
Thread-0 16 Thread-0 17 Thread-0 18 Thread-0 19 Thread-0 20
```

图 10.4　线程优先级程序运行结果

在程序运行中，Thread-0 的优先级为 3，比 Thread-1 的优先级 10 要低，因此 Thread-1 获得的运行机会是比较高的，在多次测试过程中，Thread-1 都是先运行完。

使用线程优先级需要注意以下两点：

① 并不是线程优先级高的线程一定会比线程优先级低的线程先执行，它只是会比线程优先级低的线程有更多的机会先执行。

② Java 线程的优先级取决于 JVM 运行的系统，线程优先级策略也依赖于系统，这导致了可能在一个系统中优先级不同的线程在另一个系统中优先级相同，甚至对于某些不支持线程优先级调度策略的系统，Java 定义的优先级完全无效。

10.3.2　线程的休眠

Java 中，如果需要让正在执行的线程暂停一段时间并进入阻塞状态，则可以通过调用 Thread 的静态方法 sleep()来实现，该方法有两种重载方式：

（1）static void sleep(long millis)

让当前正在执行的线程暂停 millis 毫秒，并进入阻塞状态。

（2）static void sleep(long millis,int nanos)

让当前正在执行的线程暂停 millis 毫秒加 nanos 纳秒，并进入阻塞状态，但这种方法很少调用。

【案例 10-4】使用 sleep 让进程进行阻塞状态。

```
package thread;
import java.util.Date;
public class Thread_Sleep_Demo1 extends Thread {
    public static void main(String[] args) {
        for (int i = 0; i < 10; i++) {
            System.out.println("当前时间：" + new Date());
            try {
                Thread.sleep(2000); // 暂停两秒钟时间
```

```
        } catch (InterruptedException e) {
            e.printStackTrace();
        }
    }
}
```

程序的运行结果如图 10.5 所示。

```
Problems  Javadoc  Declaration  Console ⌧
<terminated> Thread_Sleep_Demo1 [Java Application] C:\Program Files\Java\jdk-
当前时间：Wed May 19 21:15:54 CST 2021
当前时间：Wed May 19 21:15:56 CST 2021
当前时间：Wed May 19 21:15:58 CST 2021
当前时间：Wed May 19 21:16:00 CST 2021
当前时间：Wed May 19 21:16:02 CST 2021
当前时间：Wed May 19 21:16:04 CST 2021
当前时间：Wed May 19 21:16:06 CST 2021
当前时间：Wed May 19 21:16:08 CST 2021
当前时间：Wed May 19 21:16:10 CST 2021
当前时间：Wed May 19 21:16:12 CST 2021
```

图 10.5　程序运行结果

10.3.3　线程的插队

线程需要充分利用 CPU 的空闲来执行，从而提高 CPU 的利用率。在 Java 中编写多线程时，有时会遇到让一个线程优先于其他线程运行的情况，为此 Java 提供了一种插队的机制，即当前正在执行的线程中可以插入其他线程来执行，使用 Thread 类中提供的 join()方法即可实现。当插队的线程运行结束以后，其他线程将继续运行。Join()方法是 Thread 类的一个静态方法，有三种形式：

① join()：等待调用该方法的线程终止。

② join(long millis) ：等待调用该方法的线程终止的时间最长为 millis 毫秒。

③ join(long millis,int nanos) ：等待调用该方法的线程终止的时间最长为 millis 毫秒加 nanos 纳秒。

当线程的 join()方法被调用时，调用线程被阻塞，直到被 join()方法加入的 join 线程执行完为止。

【案例 10-5】线程插队案例。

```
package thread;
public class Thread_Join_Demo extends Thread{
    public Thread_Join_Demo(String name) {
        super(name);
    }
    @Override
    public void run() {
        for(int i=0;i<10;i++) {
```

```
                System.out.println(getName()+" "+i);
            }
        }
        public static void main(String[] args) throws InterruptedException {
            new Thread_Join_Demo("新线程").start();
            Thread_Join_Demo tj = new Thread_Join_Demo("被join线程");
            tj.start();
            tj.join();
            System.out.println(Thread.currentThread().getName()+" ");


        }
    }
```

程序运行结果如图 10.6 所示。

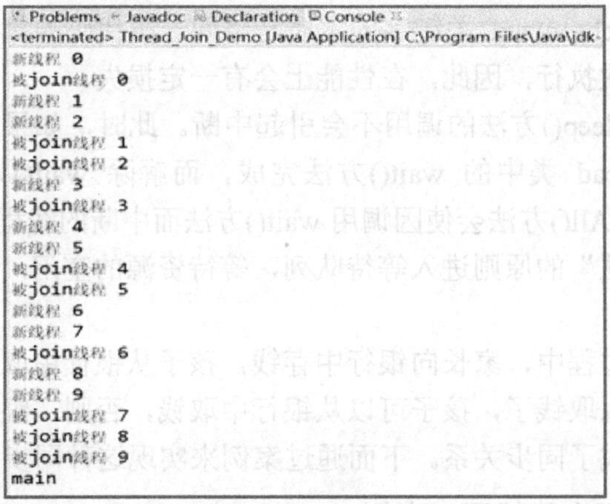

图 10.6　程序运行结果

10.3.4　线程的同步

多个并发的程序可能会共享一些数据，此时需要考虑这些线程彼此的状态。例如，某个线程需要修改共享数据，在其未完成相关操作前，其他线程不应该被打断，否则将会破坏数据的完整性或一致性。

同步（Synchronization）是指一个方法或一段代码在同一时刻至多只能被一个线程执行，在该线程未完成该方法或该段代码之前，其他并发的线程必须等待。若没有此限制，则称为异步（Asynchronization）。

在 Java 虚拟机中，每个对象都有一个相关联的锁，利用对象锁可以实现多个线程的互斥操作，即当线程 A 访问某个对象时，可以获得该对象的锁，以强制其他线程必须等到线程 A 完成所需的操作并释放锁后，才能访问该对象。Java 通过关键字 synchronized 来为指定对象或方法加锁，具体的逻辑是：首先判断对象锁是否存在，若是则获得锁，并在执行完紧随其后的代码段后释放对象锁；若不存在，则锁已经被其他线程拿走，则线程进入等待状态，直至获得锁。Synchronized 有以下两种用法。

（1）同步代码块

同步代码指定了需要同步的对象和代码，在拥有对象锁的前提下，才能执行这些代码。同步代码块的语法格式如下：

```
synchronized(同步对象){
    //需要同步的代码
}
```

（2）同步方法

也可以使用 synchronized 关键字将某个方法声明为同步方法，在任何时刻，至多只有一个线程能执行该方法。同步方法的语法格式如下：

```
synchronized 返回类型 方法名(形参表){
    //方法体
}
```

很容易看出，synchronized 关键字的本质是将同一段代码的执行方式由原来的多个线程同时执行变为依次执行，因此，在性能上会有一定损失。

在同步方法中，sleep()方法的调用不会引起中断。此时，如果想通过程序设计中断同步，只能通过 Thread 类中的 wait()方法完成，而解除 wait()方法的中断需要调用 notifyAll()方法。notifyAll()方法会使因调用 wait()方法而中断的线程结束中断，即唤醒线程，按"先中断先入队"的原则进入等待队列，等待资源的空闲，准备从中断位置继续执行。

如：在学生上学过程中，家长向银行中存钱，孩子从银行中取钱，当家长向银行存钱以后，通知孩子可以取钱了，孩子可以从银行中取钱，否则，银行显示存款不足。家长和孩子通过银行形成了同步关系。下面通过案例来实现这种同步关系。

【案例 10-6】银行存取钱同步案例。

```java
package thread;
class Bank { // 编写银行类，包括存、取钱方法
    private int count = 0;
    public synchronized void addMoney(int money) { // 存钱
        count += money;
        System.out.println("存: 爸成功存进了:" + money + "元,账户余额:" + count + "元");
        try {
            Thread.sleep(1000);
        } catch (InterruptedException e) {
            e.printStackTrace();
        }
        notifyAll(); // 恢复所有因执行wait()而中断的线程
    }
    public synchronized void getMoney(int money) { // 取钱
        if (count < money) {
            System.out.println("取: 余额不足.....等待存钱!!!!!");
```

```
                try {
                    wait(); // 线程中断
                } catch (InterruptedException e) {
                    e.printStackTrace();
                }
            } else {
                count -= money;
                System.out.println("取: 小明成功取出:" + money + "元 余额为:" + count + "元");
            }
        }
    }
class Synchro_Test implements Runnable { //同步类
    Thread fathor, son;
    Bank bank;
    public Synchro_Test() {
        fathor = new Thread(this);
        son = new Thread(this);
        bank = new Bank();
    }
    @Override
    public void run() {
        if (Thread.currentThread() == fathor) {
            for (int i = 0; i < 3; i++) { // 父亲一个月存 3 次
                bank.addMoney(1000);
                try {
                    Thread.sleep(2000); // 存钱时间周期
                } catch (InterruptedException e) {
                    e.printStackTrace();
                }
            }
        } else if (Thread.currentThread() == son) {
            for (int i = 0; i < 5; i++) { // 儿子一个月取 4 次
                bank.getMoney(800);
                try {
                    Thread.sleep(1000); // 取钱时间周期
                } catch (InterruptedException e) {
                    e.printStackTrace();
                }
            }
        }
    }
}
//测试主方法
public class Thread_Synchronized_Demo {
    public static void main(String[] args) {
        Synchro_Test syn = new Synchro_Test();
```

```
                syn.fathor.start();
                syn.son.start();
        }
}
```

程序运行结果如图 10.7 所示。

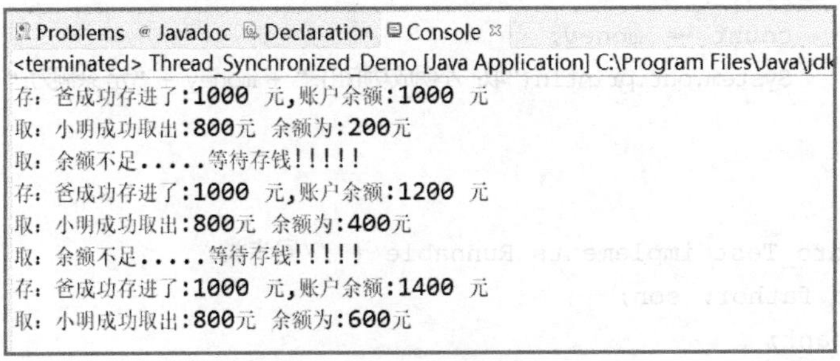

图 10.7 程序运行结果

本章小结

　　本章主要讲解了线程的基础知识，包括程序、进程、线程、多线程的基本术语，多线程的生命周期及其 7 种状态，即新建状态、就绪状态、运行状态、等待状态、休眠状态、阻塞状态和死亡状态等。重点掌握创建线程对象的两种方法：一是利用 Thread 类的子类创建线程，二是使用 Runnable 接口创建线程。掌握线程的调度两种模型，会利用线程优先级进行线程代码的编写，会利用线程的同步机制，编写实际应用的程序。

思考与练习

一、选择题

1. 下列有关线程调度的说法正确的是【　　】。
   A. 分时调度模型是所有线程轮流获得 CPU 的使用权，一旦获得了 CPU，则线程运行结果才释放 CPU 的使用权
   B. 抢占调度模型是根据用户对线程的需求，则用户来决定是否抢占 CPU 而获得对 CPU 的使用权
   C. 分时调度模型比占抢占调度模型更灵活
   D. 抢占时调度模型是根据线程的优先级来分配 CPU 的服务时间，而优先级是用户事先指定一个基数，在线程调度过程中，此优先级会随着等待时间而改变
2. 创建一个线程，需要继承下列哪个父类【　　】。
   A. Object　　　　　B. Runable　　　　　C. Thread　　　　　D. Exception

3．编写一个线程类，可以通过实现哪个接口来实现【　　　】。

　　A．Runnable　　　B．Throwable　　　C．Serializable　　　D．Object

4．让线程休眠的 Thread 类的方法是【　　　】。

　　A．wait()　　　　B．sleep()　　　　C．dead()　　　　D．notify()

5．Java 中当一个线程等待时间线束以后，需要恢复进入就绪状态，则需要调用下列哪一个方法【　　　】。

　　A．notify()　　　　B．wait()　　　　C．sleep　　　　D．stop

6．下列是 Runnable 接口提供的方法的是【　　　】。

　　A．start()　　　　B．stop()　　　　C．resume()　　　　D．run()

7．在 Java 中，Thread 类提供了线程优先级的静态变量，下列哪一项不是 Thread 类提供的线程优先级静态变量【　　　】。

　　A．MAX_PRIORITY　　　　　　B．NEW_PRIORITY

　　C．MIN_PRIORITY　　　　　　D．NORM_PRIORITY

8．在 Java 中，正在执行的进程中可以插入其他线程来执行，Thread 类提供了【　　　】方法来实现进程的插队。

　　A．join()　　　　B．continue()　　　　C．break()　　　　D．resume()

9．在 Java 中，通过关键字 synchronized 来实现同步操作，在同步过程中，如果想通过程序设计中断同步，可以通过下列哪个方法来实现【　　　】。

　　A．stop()　　　　B．wait()　　　　C．sleeep()　　　　D．unsynchronized()

二、简答题

1．简述程序、进程、线程之间的联系与区别。

2．简述线程的生命周期。

三、编程题

1．写两个线程，一个线程打印 1～52，另一个线程打印 A～Z，打印顺序是 12A34B56C……5152Z。

2．编写 10 个线程，第一个线程从 1 加到 10，第二个线程从 11 加到 20…第十个线程从 91 加到 100，最后再把 10 个线程结果相加。

第11章
Java 网络编程

计算机可以通过网络连接，组成计算机网络，计算机之间可以通过网络进行通信，传递信息。Java 的一个重要的应用领域就是网络，Java 在 JDK 中也加入了大量与网络相关的类，将多种 Internet 协议封装在这些类中，也让 Java 网络程序的编写更加容易。在 Java 中与网络相关的功能集中在 java.net 包中，开发者无需过多了解相关的协议也能实现网络应用种各种 C/S（客户机/服务器）和 B/S（浏览器/服务器）的通信程序。

【知识目标】

1. 掌握计算机网络 ISO 七层模型；
2. 理解并掌握计算机网络的通信协议，掌握其协议的分类、IP 地址及端口号；
3. 理解并掌握 UDP 通信，包括单播通信、组播通信和广播通信；
4. 深入掌握 TCP 通信，能进行套接字编程。

【能力目标】

1. 能够辨别 UDP 和 TCP 协议特点；
2. 能够说出 TCP 协议下两个常用类名称；
3. 能够编写 TCP 协议下字符串数据传输程序；
4. 能够理解 TCP 协议下文件上传案例。

【思政与职业素质目标】

1. 培养具有网络安全操作的意识；
2. 培养具有遵守网络道德的意识。

11.1 网络编程基础知识

计算机网络是指将地理位置不同的具有独立功能的多台计算机及其外部设备，通过通信线路连接起来，在网络操作系统、网络管理软件及网络通信协议的管理和协调下，实现资源共享和信息传递的计算机系统。

就像人与人之间交流一样，需要相同的语言才能听懂对方的话，如：我们要想出国流学，需要学习外语，其目的就是方便与国外的人进行交流。计算机之间要进行通信，也需要建立双方都能理解的语言，这种语言在计算机中称为网络协议。网络协议是为计算机网络中进行数据交换而建立的规则、标准或者说是约定的集合。因为不同用户的数据终端可能采取的字符集是不同的，两者需要进行通信，必须要在一定的标准上进行。

计算机网络协议同我们的语言一样，多种多样。而 ARPA 公司于 1977 年到 1979 年推出了一种名为 ARPANET 的网络协议受到了广泛的热捧，其中最主要的原因就是它推出了人尽皆知的 TCP/IP 标准网络协议。目前 TCP/IP 协议已经成为 Internet 中的"通用语言"。在人工智能、大数据、物联网的 21 世纪，计算机网络已经成为新时代的基础设施，深入到人类社会的方方面面，与人们的工作、学习和生活息息相关。

11.1.1 计算机网络模型

为了使不同计算机厂家生产的计算机能够相互通信，以便在更大的范围内建立计算机网络，国际标准化组织（ISO）在 1978 年提出了"开放系统互联参考模型"，即著名的 OSI/RM 模型（Open System Interconnection/Reference Model）。它将计算机网络体系结构的通信协议划分为七层，自下而上依次为：物理层（Physics Layer）、数据链路层（Data Link Layer）、网络层（Network Layer）、传输层（Transport Layer）、会话层（Session Layer）、表示层（Presentation Layer）、应用层（Application Layer）。如图 11.1 所示。其中第四层完成数据传送服务，上面三层面向用户。其通信模型如下。

物理层：物理层处于 OSI 的最底层，是整个开放系统的基础。物理层涉及通信信道上传输的原始比特流（bits），它的功能主要是为数据端设备提供传送数据的通路以及传输数据。

数据链路层：数据链路层的主要任务是实现计算机网络中相邻节点之间的可靠传输，把原始的、有差错的物理传输线路加上数据链路协议以后，构成逻辑上可靠的数据链路。需要完成的功能有链路管理、成帧、差错控制以及流量控制等。其中成帧是对物理层的原始比特流进行界定，数据链路层也能够对帧的丢失进行处理。

网络层：网络层涉及源主机节点到目的主机节点之间可靠的网络传输，它需要完成的功能主要包括路由选择、网络寻址、流量控制、拥塞控制、网络互连等。

传输层：传输层起着承上启下的作用，涉及源端节点到目的端节点之间可靠的信息传输。传输层需要解决跨越网络连接的建立和释放，对底层不可靠的网络，建立连接时需要三次握手，释放连接时需要四次挥手。

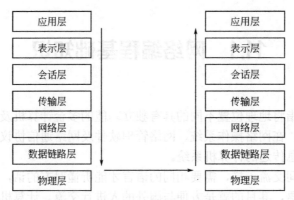

图 11.1　ISO 七层参考模型

会话层：会话层的主要功能是负责应用程序之间建立、维持和中断会话，同时也提供对设备和结点之间的会话控制，协调系统和服务之间的交流，并通过提供单工、半双工和全双工 3 种不同的通信方式，使系统和服务之间有序地进行通信。

表示层：表示层关心所传输数据信息的格式定义，其主要功能是把应用层提供的信息变换为能够共同理解的形式，提供字符代码、数据格式、控制信息格式、加密等的统一表示。

应用层：应用层为 OSI 的最高层，是直接为应用进程提供服务的。其作用是在实现多个系统应用进程相互通信的同时，完成一系列业务处理所需的服务。

11.1.2　网络通信协议

网络通信协议是一种网络通用语言，为连接不同操作系统和不同硬件体系结构的互联网络提供通信支持，是一种网络通用语言。它对数据的传输格式、传输速率、传输步骤等做了统一规定，通信双方必须同时遵守才能完成数据交换。

网络通信协议由三个要素组成，即语义、语法、时序。其中语义是解释控制信息每个部分的意义。它规定了需要发出何种控制信息，以及完成的动作与做出什么样的响应。语法是用户数据与控制信息的结构与格式，以及数据出现的顺序。时序是对事件发生顺序的详细说明。可以形象地把这三个要素描述为：语义表示要做什么，语法表示要怎么做，时序表示做的顺序。

常见的网络通信协议有：TCP/IP 协议、IPX/SPX 协议、NetBEUI 协议等。其中 TCP/IP 协议也称传输控制协议/因特网互联协议（Transmission Control Protocol/Internet Protocol），是 Internet 最基本、最广泛的协议。它定义了计算机如何连入因特网，以及数据如何在它们之间传输的标准。它的内部包含一系列的用于处理数据通信的协议，并采用了 4 层的分层模型，每一层都呼叫它的下一层所提供的协议来完成自己的需求。

TCP/IP 参考模型是首先由 ARPANET 所使用的网络体系结构，共分为四层：网络接口层（又称链路层）、网络层（又称互联层）、传输层和应用层，每一层都呼叫它的下一层所提供的网络来完成自己的需求。如图 11.2 所示。

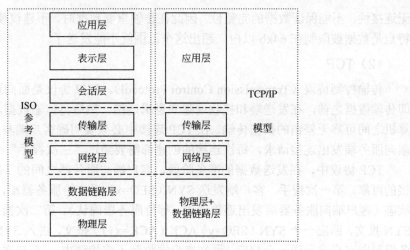

图 11.2 ISO 模型与 TCP/IP 模型

TCP/IP 协议中的每层分别负责不同的通信功能。其中应用层主要负责应用程序的协议，例如 HTTP 协议、FTP 协议等。传输层主要使网络程序进行通信，在进行网络通信时，可以采用 TCP 协议，也可以采用 UDP 协议。网络层是整个 TCP/IP 协议的核心，它主要用于将传输的数据进行分组，将分组数据发送到目标计算机或者网络。数据链路层是用于定义物理传输通道，通常是对某些网络连接设备的驱动协议，例如针对光纤、网线提供的驱动。

11.1.3 协议的分类

通信的协议还是比较复杂的，java.net 包中包含的类和接口，它们提供低层次的通信细节，我们可以直接使用这些类和接口，来专注于网络程序开发，而不用考虑通信的细节。java.net 包中提供了两种常见的网络协议的支持：TCP 和 UDP。

TCP 是可靠的连接，TCP 就像打电话，需要先打通对方电话，等待对方回应后才会跟对方继续说话，也就是一定要确认可以发信息以后才会把信息发出去。TCP 上传输的任何东西都是可靠的，只要两台机器上建立起了连接，在本机上发送的数据就一定能传到对方的机器上。UDP 就好比发电报，发出去就完事了，对方有没有接收到它都不管，所以 UDP 是不可靠的。TCP 传送数据虽然可靠，但传送得比较慢；UDP 传送数据不可靠，但是传送得快。

（1）UDP

用户数据报协议（User Datagram Protocol）。UDP 是无连接通信协议，即在数据传输时，数据的发送端和接收端不建立逻辑连接。简单来说，当一台计算机向另外一台计算机发送数据时，发送端不会确认接收端是否存在，就会发出数据，同样接收端在收到数据时，也不会向发送端反馈是否收到数据。

由于使用 UDP 协议消耗资源小，通信效率高，所以通常都会用于音频、视频和普通数据的传输，例如视频会议都使用 UDP 协议，因为这种情况即使偶尔丢失一两个数据包，也不会对接收结果产生太大影响。但是在使用 UDP 协议传送数据时，由于 UDP 的面向无连接性,不能保证数据的完整性,因此在传输重要数据时,不建议使用 UDP 协议。其特点是数据被限制在 64kb 以内,超出这个范围就不能发送了。

（2）TCP

传输控制协议（Transmission Control Protocol）。TCP 协议是面向连接的通信协议,即传输数据之前,在发送端和接收端建立逻辑连接,然后再传输数据,它提供了两台计算机之间可靠无差错的数据传输。在 TCP 连接中必须要明确客户端与服务器端,由客户端向服务端发出连接请求,每次连接的创建都需要经过"三次握手"。

TCP 协议中,在发送数据的准备阶段,客户端与服务器之间的三次交互,以保证连接的可靠。第一次握手,客户端发送 SYN（SEQ=x）报文给服务器端,进入 SYN_SEND 状态（客户端向服务器端发出连接请求,等待服务器确认）。第二次握手,服务器端收到 SYN 报文,回应一个 SYN（SEQ=y）ACK（ACK=x+1）报文,进入 SYN_RECV 状态（服务器端向客户端回送一个响应,通知客户端收到了连接请求）。第三次握手,客户端收到服务器端的 SYN 报文,回应一个 ACK（ACK=y+1）报文,进入 Established 状态（客户端再次向服务器端发送确认信息,确认连接）。三次握手完成,TCP 客户端和服务器端成功地建立连接,可以开始传输数据了,由于这种面向连接的特性,TCP 协议可以保证传输数据的安全,所以应用十分广泛,例如下载文件、浏览网页等。整个交互过程如图 11.3 所示。

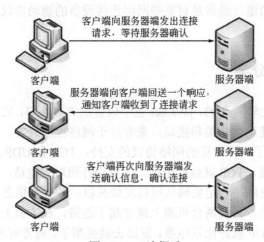

图 11.3　三次握手

在 TCP/IP 协议中,还有一个基本概念,即套接字（Socket）,它负责将 TCP/IP 包发送到指定的 IP 地址,可以看作是两个程序通信连接的一个端点,一个用于将数据写入 Socket 中,该 Socket 将数据发送到另一个 Socket 中,使得该数据能够传送给其他程序。

11.1.4　IP 地址及端口号

网络之间互连的协议（IP）是 Internet Protocol 的缩写,中文缩写为"网协",是为计算机网络相互连接进行通信而设计的协议,任何厂家生产的计算机系统,只要遵守 IP

协议就可以与因特网互连互通。IP 地址具有唯一性，用于唯一标识网络上的一台设备。由于现行网络设备过关导致 IPv4 地址分配收紧，IETF 小组设计了 IPv6 来解决网络设备过关的问题。IPv4 使用 4 个字节的小于 256 的数组以"."连接起来的 32bit 长度的串，如 192.168.10.204，IPv6 则使用 8 个 16 位的无符号整数，用冒号":"隔开表示，例如 6dce:3212:5698:4dc1:456d:89e3:2133:45d3。Java 网络包中提供了 Inet4Address 类和 Inet6Address 类对 IPv4 和 IPv6 地址。

由于 IP 地址是数字标识，难于记忆和书写，所以在 IP 的基础上又发展出一种符号的地址方案来代替数字型的 IP 地址，每个符号化的地址与特定的 IP 地址对应，因为符号化的内容有其对应的意义和内容，所以记忆和书写都非常方便，这些符号化的地址就是域名，如百度（www.baidu.com），但域名不能直接被网络设备所识别，需要有域名服务器(DNS)对域名进行与 IP 地址作对应的转换。

计算机端口常用英文 port 表示，硬件中端口也称为接口，在软件中一般是指网络中面向连接服务和无连接服务的通信协议识别代码，是一种抽象的软件结构，包括一些数据结构和 I/O 缓冲区。在计算机通信时，需要指定端口传输信息，端口可以是 0～65535 之间的任意一个整数，1024 以内的端口在一些系统中被保留给了系统服务使用，其他的端口供其他程序使用，每个服务都需要与一个特定的端口联在一起，通信时客户端和管理端都需要知道这个通信的端口号。

在进行网络编程中，必须满足三个要素，一是协议，即双方必须共同遵守的规则，二是 IP 地址，即对网络中计算机唯一编号，三是端口，即指定接收和发送的接口。

【案例 11-1】获取本地及网络中 IP 地址与主机名。

```java
public class Ip_test {
    public static void main(String[] args) throws UnknownHostException {
        // 获取本机的 IP 地址
        InetAddress address = InetAddress.getLocalHost();
        String add = address.getHostName(); // 获取本机名
        System.out.println("本地主机名: " + add);
        String ipString = address.getHostAddress();
        System.out.println("本地主机 ip 地址: " + ipString);
        // 获取网络中计算机名和 IP 地址
        InetAddress iaddress = InetAddress.getByName("www.baidu.com");
        System.out.println("主机名是: " + iaddress.getHostName());
        System.out.println("主机地址: " + iaddress.getHostAddress());
        // 获取当前域名对应的所有 IP
        InetAddress[] iads = InetAddress.getAllByName("www.baidu.com");
        System.out.println("获取当前域名对应的所有 IP 地址: ");
        for (InetAddress ia : iads) {
            System.out.println("主机: " + ia.getHostName() + " 地址: " +
ia.getHostAddress());
        }
    }
}
```

程序运行结果如图 11.4 所示。

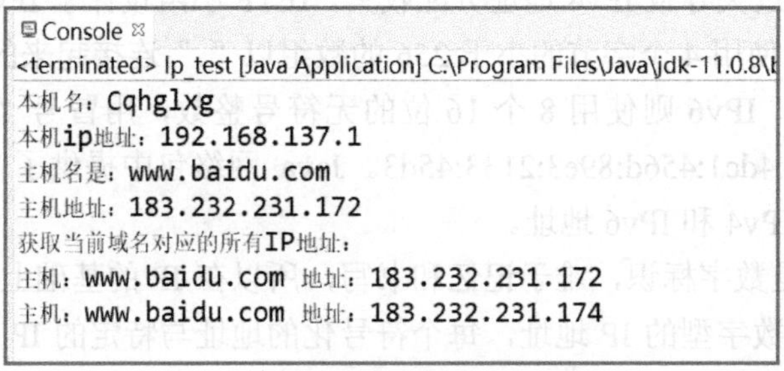

```
Console ⌗
<terminated> Ip_test [Java Application] C:\Program Files\Java\jdk-11.0.8\b
本机名：Cqhglxg
本机ip地址：192.168.137.1
主机名是：www.baidu.com
主机地址：183.232.231.172
获取当前域名对应的所有IP地址：
主机：www.baidu.com 地址：183.232.231.172
主机：www.baidu.com 地址：183.232.231.174
```

图 11.4　本地和远程计算机名及 IP 地址

11.2　UDP 通信程序

UDP 通信是一种面向无连接的协议，在通信时无需通过双方建立连接即可进行通信，就像 QQ 和微信，用户之间不需要进行打电话一样的联通就可以进行通信，当然时效性与 TCP 通信就没办法比了，可能是 A 向 B 发送了一个消息，数天后 A 才收到并回复，这种方式主要是针对时效时不强的通信。

UDP 通信有三种形式，分别是单播、组播和广播。单播简称点对点通信，即一个发送端与一个接收端。组播是针对一个发送端，一组接收端的通信。广播是一个发送端，多个接收端的通信。

在进行通信时，经常用以下两个类。

（1）DatagramPacket 类

UDP 通信相关的处理类是 DatagramPacket 类，该类位于 java.net 包下，其在接收方和发送方创建的对象是不同的。当发送的时候，用户不仅要将需要发送的数据告诉 DatagramPacket，还需要将数据发送的地址和端口号告诉 DatagramPacket 对象；接收方则只需要声明需要获取的数据即可。见表 11.1。

表 11.1　DatagramPacket 类的常用方法

方法声明	功能描述
DatagramPacket (byte[] buf, int length)	构造 DatagramPacket，用于接收长度为 length 的数据包
DatagramPacket (byte[] buf, int length, InetAddress address, int port)	构造一个数据报包，用于将长度为 length 的数据包发送到指定主机上的指定端口号
InetAddress getAddress()	返回发送此数据报或从中接收数据报的计算机的 IP 地址
byte[] getData()	用于返回将要发送或接收的数据信息，发送方返回发送数据，接收方返回接收的数据
int getLength()	返回要发送的数据的长度或接收的数据的长度
void setSocketAddress (SocketAddress address)	设置要将此数据报发送到的远程主机的 SocketAddress（通常是 IP 地址+端口号）

Packet 是打包的意思，仅仅使用打包对象，它只能将数据打包，数据的发送和接收则需要使用到另一个类 DatagramSocket。

（2）DatagramSocket 类

DatagramSocket 类专用于发送和接收使用 DatagramPacket 打包以后的数据。两者分工明确，前者负责接收和发送经过打包的数据，后者则专门负责数据打包工作。DatagramSocket 类中常用的方法如表 11.2 所示。

表 11.2　DatagramSocket 类中常用的方法

方法声明	功能描述
DatagramSocket()	构造一个数据报套接字并将其绑定到本地主机上任何可用端口
DatagramSocket (int port)	构造一个数据报套接字并将其绑定到本地主机上的指定端口
DatagramSocket (int port, InetAddress laddr)	创建绑定到指定本地地址的数据报套接字
void connect (InetAddress address, int port)	将套接字连接到此套接字的远程地址
void disconnect()	断开连接
void receive (DatagramPacket p)	从此套接字接收数据报包
void send (DatagramPacket p)	从此套接字发送数据报包

11.2.1　UDP 单播通信

单播通信即是点对点的通信，在 IPv4 网络中，0.0.0.0 到 223.255.255.255 属于单播地址。此时信息的接收和传递只在两个节点之间进行。单播的优点是服务器能针对每个客户端的不同请求发送不同的响应，容易显示个性化服务；但是单播也有缺点即服务器只针对每个客户机发送数据流，在客户数量大、每个客户机流量大的流媒体应用中服务器不堪重负；单播在网络中得到了广泛的应用，网络上绝大部分的数据都是以单播的形式传输的。例如，收发电子邮件、浏览网页时，必须与邮件服务器、网站服务器建立连接，此时使用的就是单播通信方式。

【案例 11-2】男女朋友进行简单的通信。

在客户端中，男同志问"张玉霞，你在哪儿"，把此数据发送给服务器端，服务器接收此信息后，回复"不想理你，我只想静静...."

首先建立一个客户端（Client）程序

```
public class Client_Demo {
    public static void main(String[] args) throws IOException {
        // 声明一个 Socket 对象 即箱子，装消息包的。
        DatagramSocket dSocket = new DatagramSocket();
        // 打包需要发送的数据
        String s = "张玉霞，你在哪儿？ ";
        byte[] b = s.getBytes();
        InetAddress address = InetAddress.getByName("192.168.137.1"); // 指定
服务器 ip 地址
        int port = 10000;
        // 把数据打包，放在包(packet)中
```

```
        DatagramPacket dPacket = new DatagramPacket(b, b.length, address, port);
        // 进行数据发送
        dSocket.send(dPacket);
        // 接受女朋友回复的信息
        byte[] recv = new byte[100];
        DatagramPacket recvPacket = new DatagramPacket(recv, recv.length);
        dSocket.receive(recvPacket);
        byte[] recvinfo = recvPacket.getData();
        int length = recvPacket.getLength();
        String recvStr = new String(recvinfo, 0, length);
        System.out.println("收到女朋友的信息:" + recvStr);
        dSocket.close();
    }
}
```

在服务器(Server)端，编写如下程序：

```
public class Server_Demo {
    public static void main(String[] args) throws IOException {
        //接收男朋友的信息：
        // 声明一个 Socket 对象，指需要从 10000 端口接收数据
        DatagramSocket ds = new DatagramSocket(10000);
        // 准备数据包接收数据
        byte[] bytes = new byte[1024];
        DatagramPacket dPacket = new DatagramPacket(bytes, bytes.length);
        // 接收数据
        ds.receive(dPacket);
        // 取出数据
        byte[] info = dPacket.getData();
        int length = dPacket.getLength();
        String str = new String(info, 0, length);
        System.out.println("来自男朋友的呼唤:" + str);
        //回复信息，确定男朋友在哪儿?
        int port = dPacket.getPort();
        InetAddress addr = dPacket.getAddress();
        String recStr = "我在努力学习中....";
        byte[] recBuf = recStr.getBytes();
        DatagramPacket sendPacket = new DatagramPacket(recBuf,recBuf.length,
addr,port);
        ds.send(sendPacket);
        ds.close();
    }
}
```

　　程序运行时，先必须运行服务器（Server）端，再运行客户（Client）端。当运行服务端时，系统就在等待客户端发送数据，然后再运行客户端，此时，服务器端就接到客户端发来的数据，如果接收端没有接到数据，则会死等（阻塞），接收数据时，需要调用getlength()方法，表示接收到多少数据。如图 11.5 所示。

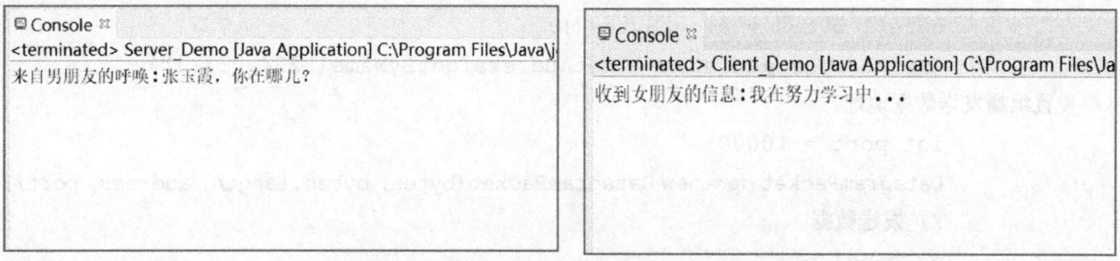

Console ⊠
<terminated> Server_Demo [Java Application] C:\Program Files\Java\j
来自男朋友的呼唤：张玉霞，你在哪儿？

Console ⊠
<terminated> Client_Demo [Java Application] C:\Program Files\Ja
收到女朋友的信息：我在努力学习中...

图 11.5　UDP 单播通信程序运行结果

11.2.2　UDP 组播通信

　　组播通信也叫多播、多点广播或群播通信。指把信息同时传递给一组目的地址。它使用策略是最高效的，因为消息在每条网络链路上只需传递一次，而且只有在链路分叉的时候，消息才会被复制。多播组通过 D 类 IP 地址和标准 UDP 端口号指定。D 类 IP 地址在 224.0.0.0 和 239.255.255.255 的范围内（包括两者）。地址 224.0.0.0 被保留，不应使用。

　　在组播通信中，使用 MulticastSocket 类来实现组播通信，该类包含在 java.net 包中，当一个人向一个组播组发送一条消息时，该主机和端口的所有订阅接收者都会收到该消息。其常用的方法如表 11.3。

表 11.3　MulticastSocket 类常用的方法

方法声明	功能描述
void MulticastSocket()	创建多播套接字
void MulticastSocket (int port)	创建多播套接字并将其绑定到特定端口
int getTimeToLive()	获取在套接字上发送的多播数据包的默认生存时间
void joinGroup (InetAddress mcastaddr)	加入多播组
void leaveGroup (InetAddress mcastaddr)	离开组播组
void setTimeToLive (int ttl)	设置此 MulticastSocket 上发出的多播数据包的默认生存时间，以控制多播的范围

　　【案例 11.3】一个同学在班级网络中发送一个消息"同学们：今晚看速度与激情 10 电影了，抓紧时间来占位置了...."。在班级网络中，其他同学都能看到这个信息。

　　首先在发送端即客户端编写如下代码：

```
/*
 * 组播发送端代码
 */
public class Group_Ineternet_Client {
    public static void main(String[] args) throws IOException {
        // 设置 DatagramSocket 对象
        DatagramSocket ds = new DatagramSocket();
        // 发送的数据包
        String s = "同学们：今晚看速度与激情 10 电影了,抓紧时间来占位置了....";
```

```
                    byte[] bytes = s.getBytes();
                    InetAddress address = InetAddress.getByName("224.0.1.1");
// 设置组播发送数据地址
                    int port = 10000;
                    DatagramPacket dp = new DatagramPacket(bytes, bytes.length, address, port);
                    // 发送数据
                    ds.send(dp);
                    // 关闭
                    ds.close();
            }
}
```

在服务器端，编写如下代码：

```
/*
 * 组播接收端
 */
public class Group_Ineternet_Server {
        public static void main(String[] args) throws IOException {
            // 1.声明 MulticastSocket 对象,相当于一个箱子，用于接收信息
            MulticastSocket ms = new MulticastSocket(10000);
            // 2.准备一个包，装接收的数据
            DatagramPacket dp = new DatagramPacket(new byte[1024], 1024);
            // 3.把当前计算机绑定一个组播地址
            ms.joinGroup(InetAddress.getByName("224.0.1.1"));
            // 接收数据
            ms.receive(dp);
            byte[] data = dp.getData();
            int length = dp.getLength();
            System.out.println(new String(data, 0, length));
            // 关闭
            ms.close();
        }
}
```

在运行程序时，先运行服务端，再运行客户端，运行结果是所有服务端，都能收到如图 11.6 所示信息。

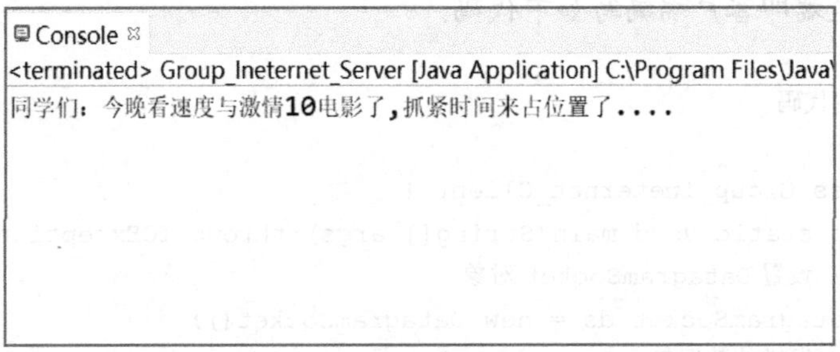

```
🖥 Console ☒
<terminated> Group_Ineternet_Server [Java Application] C:\Program Files\Java\
同学们：今晚看速度与激情10电影了,抓紧时间来占位置了....
```

图 11.6 UDP 组播通信程序运行结果

11.2.3 UDP 广播通信

广播通信就相当于一个人通过广播喇叭对在场的全体说话。换句话说：广播通信是一台主机对某一个网络上的所有主机发送数据报包。这个网络可能是网络，也可能是子网，还有可能是所有子网。广播有两类：本地广播和定向广播。定向广播是指将数据报包发送到本网络之外的特定网络的所有主机，然而，由于互联网上的大部分路由器都不转发定向广播消息，所以实际用得很少。本地广播是指将数据报包发送到本地网络的所有主机，IPv4 的本地广播地址为"255.255.255.255"，路由器不会转发此广播；广播通信的优点主要是通信的效率高，信息一下子就可以传递到某一个网络上的所有主机，并且由于服务器不用向每个客户端单独发送数据，所以服务器负载较低。但是，广播也有相应的缺点，其占用网络的带宽大，并且也缺乏针对性，也不管主机是否真的需要接收该数据，就强制地接收数据；其典型的应用场景如有线电视就是典型的广播型网络。

【案例 11-4】广播代码实现。

首先在客户端编写如下代码

```java
/*
 * 广播的代码实现
 * 客户端
 */
public class Guangbo_internet_client {
    public static void main(String[] args) throws IOException {
        DatagramSocket ds = new DatagramSocket();
        String string = "所有同学，现在开始全校大会……";
        byte[] bytes = string.getBytes();
        InetAddress address = InetAddress.getByName("255.255.255.255"); // 这是
广播地址
        int port = 10000;
        DatagramPacket dp = new DatagramPacket(bytes, bytes.length, address, port);
        ds.send(dp);
        ds.close();
    }
}
```

再编写服务器端代码：

```java
public class Guangbo_internet_Server {
    public static void main(String[] args) throws IOException {
        DatagramSocket ds = new DatagramSocket(10000);
        DatagramPacket dp = new DatagramPacket(new byte[1024], 1024);
        ds.receive(dp);
        byte[] data = dp.getData();
        int length = dp.getLength();
        System.out.println(new String(data, 0, length));
        ds.close();
    }
}
```

运行程序，则结果如图 11.7 所示。

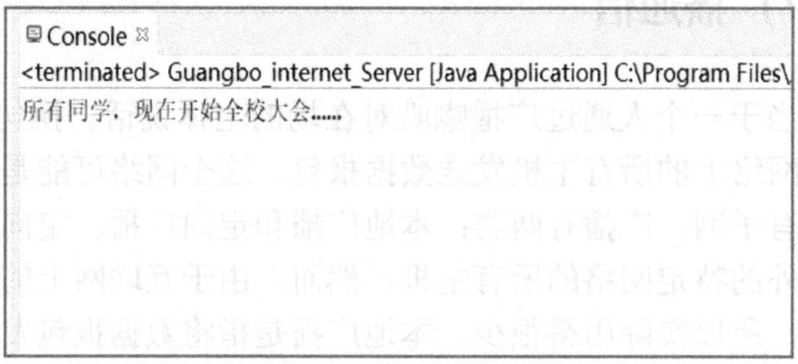

图 11.7　广播代码实现

11.3　TCP 通信

　　TCP 协议提供面向连接的服务，通过它建立的是可靠连接。Java 为 TCP 协议提供了两个类：Socket 类和 ServerSocket 类。一个 Socket 实例代表了 TCP 连接的一个客户端，而一个 ServerSocket 实例代表了 TCP 连接的一个服务器端，一般在 TCP Socket 编程中，客户端有多个，而服务器端只有一个，客户端 TCP 向服务器端 TCP 发送连接请求，服务器端的 ServerSocket 实例则监听来自客户端的 TCP 连接请求，并为每个请求创建新的Socket 实例，由于服务器端在调用 accept( ) 等待客户端的连接请求时会阻塞，直到收到客户端发送的连接请求才会继续往下执行代码，因此要为每个 Socket 连接开启一个线程。服务器端要同时处理 ServerSocket 实例和 Socket 实例，而客户端只需要使用 Socket 实例。另外，每个 Socket 实例会关联一个 InputStream 和 OutputStream 对象，我们通过将字节写入套接字的 OutputStream 来发送数据，并通过从 InputStream 来接收数据。

　　TCP 连接的建立步骤如下。

　　客户端向服务器端发送连接请求后，就被动地等待服务器的响应。典型的 TCP 客户端要经过下面三步操作：

　　① 创建一个 Socket 实例，构造函数向指定的远程主机和端口建立一个 TCP 连接；

　　② 通过套接字的 I/O 流与服务端通信；

　　③ 使用 Socket 类的 close 方法关闭连接。

　　服务端的工作是建立一个通信终端，并被动地等待客户端的连接。典型的 TCP 服务端执行如下操作：

　　① 创建 ServerSocket 对象，绑定并监听端口；

　　② 通过 accept 监听客户端的请求；

　　③ 建立连接后，通过输出输入流进行读写操作；

　　④ 关闭相关资源。

11.3.1　Socket

　　Socket 是网络 OSI 模型中应用层与 TCP/IP 协议族所处的传输层通信的中间软件抽

象层，它是一组接口。在设计模式中，Socket 其实就是一个门面模式，它把复杂的 TCP/IP 协议族隐藏在 Socket 接口后面，对用户来说，一组简单的接口就是全部，让 Socket 去组织数据，以符合指定的协议。

当两程序要进行通信时，Java 的 net 包中，提供了 Socket 类来建立套接字连接，呼叫的一方成为客户机，接收的一方成为服务器，服务器使用的套接字是 ServerSocket。Socket 套接字和 ServerSocket 套接字使用的 IP 和端口号必须相同才能通信。

Socket 的常用方法如表 11.4 所示。

表 11.4　Socket 的常用方法

方法声明	功能描述
Socket (String host, int port)	创建流套接字并将其连接到指定主机上的指定端口号
Socket (String host, int port, InetAddress localAddr, int localPort)	创建套接字并将其连接到指定远程端口上的指定远程主机
Socket (InetAddress address, int port)	创建流套接字并将其连接到指定 IP 地址处的指定端口号
void connect (SocketAddress endpoint)	将此套接字连接到服务器
InetAddress getInetAddress()	返回套接字连接的地址
InputStream getInputStream()	返回此套接字的输入流
void shutdownInput()	将此套接字的输入流放在"流结束"
void shutdownOutput()	禁用此套接字的输出流

11.3.2　ServerSocket

ServerSocket 是服务器端套接字，对指定的端口进行监听，当监听到请求之后，可以使用 accept()方法按收客户端发来的消息，该方法是阻塞的，直到有连接进来，才会返回一个 Socket 对象，服务器可以使用该 Socket 与客户端进行通信。

Java 中 Socket 的通信模型如图 11.8 所示。

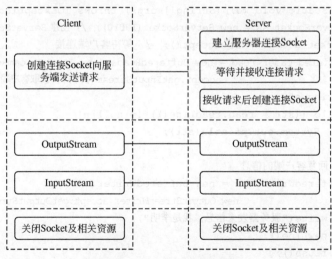

图 11.8　Socket 的通信模型

【案例 11-5】 利用 TCP 通信，编写一个客户机与服务器聊天程序。

首先编写客户端程序：

```java
/*
 * 客户端代码:
 */
public class Client_Demo {
    public static void main(String[] args) throws UnknownHostException, IOException {
        Socket socket = new Socket("127.0.0.1", 10010); // 创建Socket 对象
        // 向服务器发送信息
        OutputStream out = socket.getOutputStream();
        out.write("客户端发来信息：你好，你是谁？".getBytes());
        socket.shutdownOutput(); // 仅仅关闭输出流，并写一个结束标记。
        // 接收服务器传来的信息。
        BufferedReader br = new BufferedReader(
                          new InputStreamReader(socket.getInputStream()));
        String line;
        while ((line = br.readLine()) != null) {
            System.out.println(line);
        }
        br.close();
        out.close();
        socket.close();
    }
}
```

再编写服务器端代码：

```java
/*
 * 服务器端代码
 */
public class Server_Demo {
    public static void main(String[] args) throws IOException {
        ServerSocket ss = new ServerSocket(10010); // 创建 ServerSocket 类
        Socket accept = ss.accept();  // 等待客户端连接
        BufferedReader read = new BufferedReader(new InputStreamReader(
                        accept.getInputStream()));// 读取客户端传来的信息
        String str;
        while ((str = read.readLine()) != null) {
            System.out.println(str);
        }
        // 回复客户端的信息
        BufferedWriter bw = new BufferedWriter(
                        new OutputStreamWriter(accept.getOutputStream()));
        bw.write("服务器发来信息：我是李明");
        bw.newLine();
        bw.flush();
        // 关闭连接
```

```
            bw.close();
            read.close();
            accept.close();
            ss.close();
        }
}
```

程序运行的结果如图 11.9 所示。

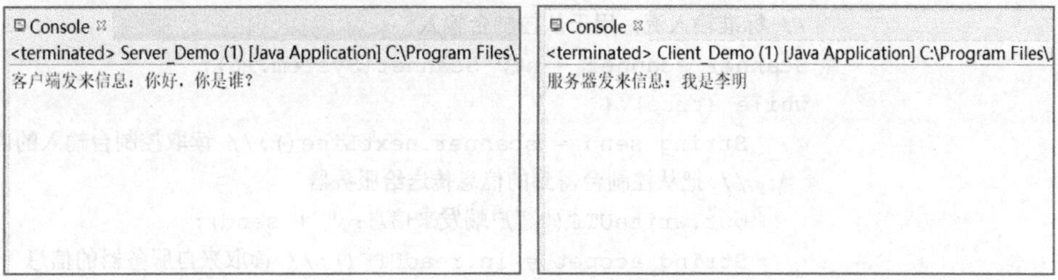

```
□ Console ☒                                              □ Console ☒
<terminated> Server_Demo (1) [Java Application] C:\Program Files\    <terminated> Client_Demo (1) [Java Application] C:\Program Files\
客户端发来信息：你好，你是谁？                              服务器发来信息：我是李明
```

图 11.9   程序运行结果

11.3.3   简单的 QQ 模拟聊天室

在案例 11-5 中，只能实现简单的通信，并且通信内容事先已经定制，在实际生活中，我们经常使用 QQ 等即时通聊天工具，本节主要讨论简单的 QQ 模拟聊天室的程序代码编写。

在 QQ 模拟聊天室中，客户端不断发送信息，服务器也不断回复信息，这就形成了我们平时的 QQ 聊天工具。此时，服务器与客户端一样，需要同时兼有发送数据包和接收数据包的功能。 其程序代码如下。

【案例 11-6】简单的 QQ 模拟聊天室。

客户端程序代码如下：

```
/*
 * QQ 客户端
 */
public class Qq_client {
    private String host = "localhost";// 默认连接到本机
    private int port = 8189;// 默认连接到端口 8189
    public Qq_client() {
    }
    // 连接到指定的主机和端口
    public Qq_client(String host, int port) {// 构造方法
        this.host = host;// 将构造方法的参数 host 传递给类变量 host
        this.port = port;// 将构造方法的参数 port 传递给类变量 port
    }
    public void chat() {// chat 方法
        try {
            // 连接到服务器
```

```java
                Socket socket = new Socket(host, port);// 创建 Socket 类对象
                try {
                        // 读取服务器端传过来信息的 DataInputStream
                        DataInputStream in = new DataInputStream(socket.
getInputStream());
                        // 向服务器端发送信息的 DataOutputStream
                        DataOutputStream out =
                                new DataOutputStream(socket.getOutputStream())
                        // 标准输入流，用于从控制台输入
                        Scanner scanner = new Scanner(System.in);
                        while (true) {
                            String send = scanner.nextLine();// 读取控制台输入的内容
                            // 把从控制台得到的信息传送给服务器
                            out.writeUTF("客户端发来信息: " + send);
                            String accpet = in.readUTF();// 读取来自服务器的信息
                            System.out.println(accpet);// 输出来自服务器的信息
                        }
                } finally {
                        socket.close();// 关闭 Socket 监听
                }
        } catch (IOException e) {// 捕获异常
                e.printStackTrace();
        }
    }
    public static void main(String[] args) {// 主程序方法
        new Qq_client().chat();// 调用 chat 方法
    }
}
```

服务器端代码如下:

```java
/*
 * QQ 服务器端
 */
public class Qq_Server {
    private int port = 8189;// 默认服务器端口
    public Qq_Server() {
    }
    // 创建指定端口的服务器
    public Qq_Server(int port) {// 构造方法
        this.port = port;// 将方法参数赋值给类参数
    }
    // 提供服务
    public void service() {// 创建 service 方法
        try {// 建立服务器连接
            ServerSocket server = new ServerSocket(port); // 创建 ServerSocket 类
            Socket socket = server.accept();// 等待客户连接
            try {
```

```
                DataInputStream in = new DataInputStream(socket.
                    getInputStream());// 读取客户端传过来信息的
DataInputStream

                DataOutputStream out = new DataOutputStream(socket.
                    getOutputStream());// 向客户端发送信息的 DataOutputStream
                Scanner scanner = new Scanner(System.in);// 从键盘接受数据
                while (true) {
                    String accpet = in.readUTF();// 读取来自客户端的信息
                    System.out.println(accpet);// 输出来自客户端的信息
                    String send = scanner.nextLine();// nextLine 方式接受字符串
                    //把服务器端的输入发给客户端
                    out.writeUTF("服务器发来信息：" + send);
                }
            } finally {// 建立连接失败的话不会执行 socket.close();
                socket.close();// 关闭连接
                server.close();// 关闭
            }
        } catch (IOException e) {// 捕获异常
            e.printStackTrace();
        }
    }
    public static void main(String[] args) {// 主程序方法
        new Qq_Server().service();// 调用 service 方法
    }
}
```

程序运行结果如图 11.10 所示。

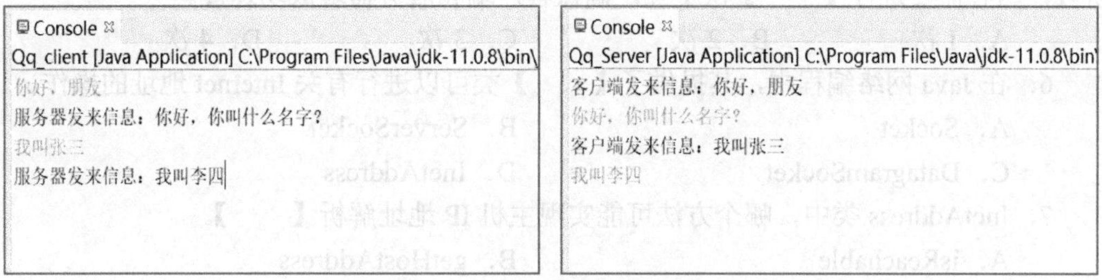

图 11.10 简单的 QQ 模拟聊天室

本章小结

　　本章主要讲解了 Java 网络编程的基础知识，包括计算机网络模型、网络通信协议及分类，IP 地址及端口，重点讲解了 UPD 单播通信、组播通信和广播通信，TCP 通信，包括 Socket、ServerSocket 编程，同时举例了简单的 QQ 模拟聊天室的编程方法。网络编程较为复杂，特别是套接字涉及的消息头和消息体，有兴趣的读者可以查询计算机通信相关内容进行深入了解和学习。

思考与练习

一、选择题

1. 著名的 OSI 模型把计算机网络体系结构分为七层，自下而上依次为【　　】。
   - A. 物理层、数据链路层、网络层、传输层、会话层、表示层、应用层
   - B. 物理层、数据链路层、传输层、网络层、会话层、表示层、应用层
   - C. 物理层、数据链路层、传输层、网络层、会话层、表示层、应用层
   - D. 物理层、数据链路层、网络层、传输层、表示层、会话层、应用层

2. 在计算机网络体系七层结构中，负责路由选择，网络导址的是哪一层【　　】。
   - A. 数据链路层　　B. 网络层　　　　C. 传输层　　　　D. 会话层

3. Internet 网络中，使用最基本、最广泛的协议是【　　】。
   - A. TCP/IP 协议　　B. IPX/SPX 协议　C. NetBEUI 协议　D. UDP 协议

4. 下列描述正确的是【　　】。
   - A. TCP 是不可靠的连接协议，但不管是否连接成功，都能进行通信
   - B. TCP 是可靠的连接协议，需要连接以后，才能进行通信
   - C. UDP 是不可靠的连接协议，传输速度没有 TCP 快
   - D. UDP 是可靠的连连接协议，传输速度比 TCP 快

5. 使用 TCP 进行数据传输，客户端和服务器之间需要建立连接，在发送数据准备阶段，两者需要进行【　　】次交互，确保客户端和服务器端成功连接。
   - A. 1 次　　　　　　B. 2 次　　　　　　C. 3 次　　　　　　D. 4 次

6. 在 Java 网络编程中，其提供了【　　】类可以进行有关 Internet 地址的操作。
   - A. Socket　　　　　　　　　　B. ServerSocket
   - C. DatagramSocket　　　　　　D. InetAddress

7. InetAddress 类中，哪个方法可能实现主机 IP 地址解析【　　】。
   - A. isReachable　　　　　　　　B. getHostAddress
   - C. HostAddress　　　　　　　　D. getByName

8. Java 程序中，使用 TCP 套接字编写服务端程序的套接字类是【　　】。
   - A. Socket　　　　　　　　　　B. ServerSocket
   - C. DatagramSocket　　　　　　D. DatagramPacket

9. ServerSocket 的监听方法 accept() 的返回值类型是【　　】。
   - A. void　　　　　B. Object　　　　　C. Socket　　　　　D. DatagramSocket

10. ServerSocket 的 getInetAddress() 的返回值类型是【　　】。
    - A. Socket　　B. ServerSocket　　C. InetAddress　　D. URL

11. 当使用客户端套接字 Socket 创建对象时，需要指定【　　】。
    - A. 服务器主机名和端口　　　　B. 服务器端口和文件
    - C. 服务器名称和文件　　　　　D. 服务器地址和文件

12. 使用 UDP 套接字通信时，常用哪个类把要发送的信息打包【　　】。
   A．String   B．DatagramSocket
   C．MulticastSocket   D．DatagramPacket
13. 使用 UDP 套接字通信时，下列哪个方法用于接收数据【　　】。
   A．read()   B．receive()   C．accept()   D．Listen()

二、编程题

1．编写一个服务器端程序，实现读取客户端发送过来的一组整数，表现为一组数与数之间用空格隔开的字符串。对这组整数进行排序处理后，返回相应的字符串给客户端，如果数据格式不正确，则返回错误信息，以本机作为服务器。

2．模仿 QQ 聊天工具，编写一个在线 QQ 聊天室，实现客户端与服务器的对话。

第 12 章
Java 数据库编程

数据库技术是数据管理的核心技术之一，通过数据库编程可有效地管理和存取大量的数据资源，在商业软件开发中，数据库软件项目的开发，占有十分重要的地位。Java提供了 JDBC 支持数据库编程和应用，JDBC 是基于 Java 语言用于访问关系型数据库的应用程序接口，提供了多种数据库的驱动程序类型，也提供了执行 SQL 语句来访问数据库的方法。

【知识目标】

1. 掌握 JDBC 的结构，JDBC 应用模式；
2. 熟练掌握 JDBC 驱动程序及 JDBC 工程流程；
3. 熟练掌握 JDBC 常用的类和接口的应用。

【能力目标】

1. 能熟练应用 JDBC 工作流程进行网络应用程序开发；
2. 能熟练运用 JDBC 驱动程序及常用类和接口进行网络编程；
3. 能熟练运用 JDBC 进行网络数据库的基本操作，包括创建表、修改表、删除表、更新表、查询表等相关操作代码的编写。

【思政与职业素质目标】

1. 培养具有大型企业级软件开发的思维方式；
2. 培养具有网络技术应用解决实际问题的能力；
3. 培养具有团队协作精神。

12.1　JDBC 概述

JDBC 是 Java 语言与数据库连接以及存取数据库数据的应用程序接口（API）。JDBC 由一组用 Java 语言编写的类与接口组成，通过调用这些类和接口提供的方法，用户能够以一致的方式连接多种不同的数据库系统（如：Oracle、Sybase、Infomix、Microsoft SQL Server、DB2、Mysql 等），进而使用标准的结构化查询语言 SQL 来查询或更新数据库中的数据，而不必再为每一种数据库系统编写不同的 Java 程序代码。

12.1.1　JDBC 结构

JDBC 类似于 Microsoft 的 ODBC，但 ODBC 只针对于 Windows 平台，而且 ODBC 需要在客户机上安装与注册，因此维护成本相对较大。JDBC 是用 Java 语言编写的，JDBC 代码可以在所有 Java 平台上运行，使得程序的可移植性和安全性得到显著提高。图 12.1 为 JDBC 框架结构。

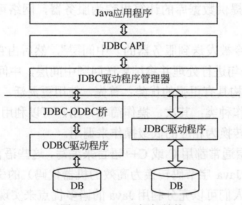

图 12.1　JDBC 框架结构

从图 12.1 中可以看出，JDBC 包括两层：上层为 JDBC API，该层面向应用程序开发者，应用程序可以通过 JDBC API 向 JDBC 驱动程序管理器发送 SQL 语句请求；下层是 JDBC 驱动程序 API，该层面向数据库底层开发人员，负责将上层管理器发送的 SQL 语句进行转化，形成可与数据库进行交互的底层代码，具体的转化工作是由各种数据库驱动程序来完成的。

根据所使用的数据库驱动程序类型，在编写数据库应用程序时，通常采用两种方式与数据库进行交互。一种方法是通过 JDBC-ODBC 桥，它将 JDBC 中的方法映射到 ODBC 上，从而通过 ODBC 对数据库进行访问，这种方式使得 Java 应用程序可以访问大多数的数据库；另一种方法是通过数据库提供商或第三方公司开发的 JDBC 驱动程序对数据库进行访问，这种方式加强了应用程序的可移植性和安全性。

12.1.2　JDBC 应用模式

应用 JDBC 技术访问数据库可以有两种应用模式，即两层应用模式和三层应用模式，分别如图 12.2 和图 12.3 所示。

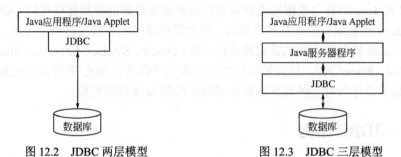

图 12.2　JDBC 两层模型　　　　图 12.3　JDBC 三层模型

在两层应用模型中，Java Applet 和 Java 应用程序将直接与数据库进行对话。这将需要一个 JDBC 驱动程序来与所访问的特定数据库管理系统进行通信，用户的 SQL 语句被送往数据库中而其结果被送回给用户，数据库可以在另一台计算机上，用户通过网络连接到上面。这种形式称为客户机/服务器（C/S）配置，如图 12.2 所示。其中用户的计算机为客户机，提供数据库的计算机称为服务器，网络可以是 Intranet，也可以是 Internet。

在三层模式中，命令被发送到服务器的"中间层"，然后由它将 SQL 语句发送给数据库。数据库对 SQL 语句进行处理并将结果送回到中间层，中间层将结果送回给用户，如图 12.3 所示。三层结构具有更强的优势：首先，使用更灵活，可以用中间层来控制对数据的访问和可做的操作种类；其次，操作简单，用户可以利用易于使用的高级 API，由中间层把数据库操作转换为相应的低级操作来调用。

到目前为止，中间层通常都用 C 或 C++语言来编写，这些语言执行速度较快，然而，随着最优化编译器（把 Java 字节码转换为高效的机器代码）的引入，用 Java 来实现中间层变得越来越实际，人们可以充分利用 Java 的诸多优点来实现商业应用程序的开发。

12.2　数据库的连接

数据库可以使用 JDBC 和 ODBC 驱动进行连接，但目前 ODBC 在企业级软件开发中基本不使用，因此，本节主要通过 JDBC 驱动程序来连接数据库，本节将主要介绍使用 JDBC 连接数据库的基本流程。

12.2.1　JDBC 驱动程序

Java 开发者常常需要访问包括关系数据库在内的各种各样的数据源，JDBC 驱动程序利用 JDBC 标准建立起 Java 程序和数据源之间的桥梁。早期的 Java 数据访问策略依赖于建立通向 ODBC 的桥梁，即 JDBC-ODBC 桥驱动程序，目前，各主流数据库厂商均提供了 JDBC 驱动程序可以直接访问数据库。JDBC 驱动程序连接数据库的示意图如图 12.4 所示。

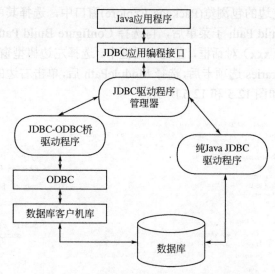

图 12.4 JDBC 驱动程序连接数据库的两种类型

（1）JDBC-ODBC 桥模式连接数据库

JDBC-ODBC 桥驱动程序把 JDBC 转换成 ODBC 驱动器，由 ODBC 驱动器和数据库通信。利用 JDBC-ODBC 桥可以使程序开发人员不需要学习更多的知识就可以编写 JDBC 应用程序，充分利用了现有的大量 ODBC 数据源。但是，由于 ODBC 会在客户端装载二进制代码和数据库客户端代码，通过 JDBC-ODBC 桥驱动程序连接数据库的模式不适用于高事务性的环境，同时该类 JDBC 驱动程序不支持完整的 Java 命令集，而局限于 ODBC 驱动程序的功能，所以，该模式比较适用于快速的原型系统。但读者需要注意，只要知道有这种连接数据库的方法就行了，从 JDK1.8 以后，就取消了 JDBC-ODBC 桥接模式了，该模式只供测试和学习所用，在商业应用开发中，不再使用 JDBC-ODBC 桥接模式了。

（2）面向数据库的纯 Java 驱动

直接面向数据库的纯 Java 驱动程序，即所谓的"瘦"（thin）驱动程序。它的主要功能是将 JDBC 调用转换为数据库系统能够直接使用的网络通信协议，这样，客户机和应用服务器就可以直接调用数据库服务器。使用这种模式的驱动程序，无论客户端还是服务器端的计算机都不需要安装任何附加的软件，所有存取数据操作都直接由 JDBC 驱动程序来完成，因此有很好的程序移植性，但这种模式需要相应的数据库厂商提供对 JDBC 的支持。

12.2.2 JDBC 工作流程

JDBC 访问数据库的一般流程分为如下 5 步：①加载 JDBC 驱动程序；②创建数据

库的连接；③执行 SQL 语句；④接收并处理结果集；⑤关闭数据库连接。

（1）加载 JDBC 驱动程序

采用 JDBC 驱动器连接数据库时，必须保证要连接的数据库提供 JDBC 驱动包。这里，以 Eclipse IDE 中导入 Mysql 为例，把 JDBC 驱动程序进行导入。其操作步骤如下。

在 Eclipse IDE 左边的包浏览(Package Explore)窗口中，选择其中一个工程项目，单击鼠标右键，选择 Build Path 子菜单后，再选择 Configure Build Path 二级菜单，弹出一个属性（Properties for xxx）对话框，在此对话框中，选择左边树型窗口的 Java Build Path 目录，再选择右边 Libraries 选项卡后，选择 ModulePath 后，单击右边的 Add External JARs 即可增加外部 jars。如图 12.5 和 12.6 所示。

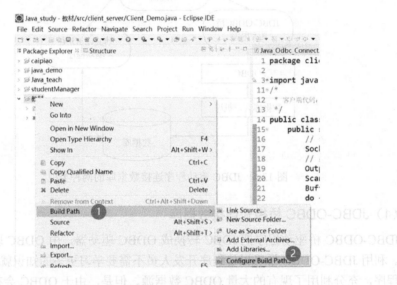

图 12.5　添加 Mysql 驱动程序（1）

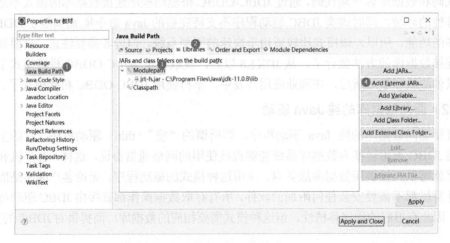

图 12.6　添加 Mysql 驱动程序（2）

在弹出的对话框中，选择 Mysql 连接驱动程序（此处以 mysql-connector-java-8.0.25.jar 为例），则可加载 Mysql 驱动程序，Mysql 驱动程序中，就包含 JDBC 连接驱动程序。注意：mysql 连接驱动程序，读者可以根据需要，在网上自行下载最新的驱动程序。

加载 JDBC 驱动程序代码如下：

```
try {
        Class.forName("com.mysql.cj.jdbc.Driver");
    } catch (ClassNotFoundException e) {
        System.out.println("驱动加载失败");
}
```

注意：这里的连接字符串是专门针对 Mysql 数据库的，事实上，每一种数据库都有自己的 JDBC 连接驱动，连接时需要注意。如通过桥连接 JDBC-ODBC 的驱动为：Class.forName("sun.jdbc.odbc.JdbcOdbcDriver")。

（2）创建数据库的连接

首先使用 java.sql 包中的 Connection 类声明一个对象，然后再使用类 DriverManager 调用它的静态方法 getConnection 来创建这个连接对象。其格式如下：

```
try{
        String url="jdbc:mysql://服务名或 ip 地址:端口号/DataBaseName"
        Connect con=DriverManager.getConnection(url,username,password)
}
```

其中 DataBaseName 为 Mysql 数据库中数据库文件名，username 为访问数据库的用户名，password 为数据库访问的密码，如连接 Mysql 数据库的数据库 mydb_stu，则其连接字符串为：

```
try {
        String url="jdbc:mysql://localhost:3306/mydb_stu";
        Connection con = DriverManager.getConnection(url,"root","root");
        System.out.println("连接成功");
    } catch (SQLException e) {
        System.out.println("连接失败");
}
```

（3）创建执行 SQL 语句对象

首先使用 Statement 声明一个 SQL 语句对象，然后通过数据库连接对象 con 调用 createStatement()方法创建这个 SQL 语句对象。其作用是用于向 SQL 数据库表发送一个语句，这个语句可以是查询、修改、删除语句，并返回生成结果的对象集。其格式如下：

```
Statement st = con.createStatement();
```

（4）接收并处理结果集

有了 SQL 对象后，这个对象就可以调用相应的方法实现对数据库的查询和修改，并将查询结果存在一个 ResultSet 接口声明的对象中，也就是说 SQL 语句对数据库查询操作将返回一个 ResultSet 对象，例如：

```
ResultSet rs =st.executeQuery("select * from stu_info");
```

（5）关闭数据库连接

完成数据库的操作后，必须关闭数据库的连接，此时调用 Connection 接口的 close() 方法，即可关闭数据库：

```
con.close();
```

12.3　常用类和接口的应用

在 Java SDK 中，Java.sql 包提供了核心的 JDBC API，其包含了访问数据库所必需的类、接口和各种访问数据库的异常类，其中几个重要的类和接口如下所述。

① DriverManager：该类用来处理 JDBC 驱动程序，以及创建数据库连接。

② Connection：该类代表数据库的连接，并拥有创建 SQL 语句的方法，以完成常规的 SQL 操作。

③ Statement：该接口提供用来执行 SQL 语句的方法。

④ ResultSet：该接口提供了对返回结果集的操作方法。

⑤ SQLException：该类提供了一些用以检索数据库的错误信息和错误代码的方法。

12.3.1　DriverManager 类

DriverManager 类是 java.sql 包中用于数据库驱动程序管理的类，作用于用户和驱动程序之间。它跟踪可用的驱动程序，并在数据库和相应驱动程序之间建立连接，也处理诸如驱动程序登录时间限制、登录和跟踪消息的显示事务等。DriverManager 类直接继承自 java.lang.object，其的主要成员方法如表 12.1 所示。

表 12.1　DriverManager 主要成员方法

方法	描述
static Connection getConnection (String url)	通过指定的数据库 URL 创建数据库连接
static Connection getConnection (String url, String user, String password)	通过指定的数据库 URL 及用户名和密码创建数据库连接
static Driver getDriver (String url)	通过指定的 URL 获得数据库的驱动程序

对于简单的应用程序，程序开发人员只需要使用 DriverManager 的 getConnection() 方法来建立与数据库的连接即可。

例如以下程序测试所用的驱动程序：

```
public class Java_Jdbc_Connect2 {
    public static void main(String[] args) throws SQLException {
        String url = null;
        Connection con = null;
            url = "jdbc:mysql://localhost:3306/mydb_stu";
            Driver d=DriverManager.getDriver(url);
            System.out.println("所使用的驱动程序："+d ); //测试所用的驱动程序。
    }
}
```

程序运行结果，将显示所用的驱动程序，如图 12.7 所示。

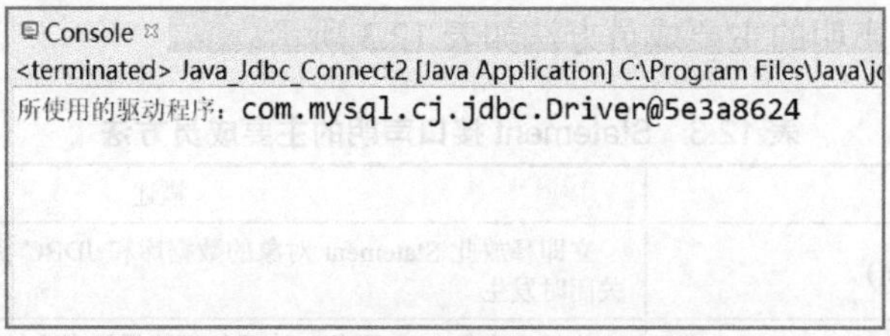

```
□ Console ☒
<terminated> Java_Jdbc_Connect2 [Java Application] C:\Program Files\Java\jo
所使用的驱动程序: com.mysql.cj.jdbc.Driver@5e3a8624
```

图 12.7　测试驱动程序运行结果

12.3.2　Connection 接口

Connection 是用来表示数据库连接的接口，对数据库的一切操作都是在这个连接的基础上进行的。Connection 接口的主要成员方法如表 12.2 所示，更多的方法，请参见 API。

表 12.2　Connection 接口的主要成员方法

方法	描述
Statement　createStatement()	创建一个 Statement 对象，用于将 SQL 语句发送到数据库
Statement createStatement (int resultSetType, int resultSetConcurrency, int resultSetHoldability)	创建一个 Statement 对象，该对象将生成具有给定类型、并发性和 ResultSet 对象
void close()	立即释放此 Connection 对象的数据库和 JDBC 资源，而不是等待它们自动释放
void commit()	使所有上一次提交/回滚后进行的更改成为持久更改，并释放此 Connection 对象当前持有的所有数据库锁
void rollback()	撤销当前事务中所做的所有更改，并释放此 Connection 对象当前持有的所有数据库锁

创建数据库连接最基本的方法如下：

```
Connection con=DriverManager.getConnection("jdbc:mysql://主机 ip:端口号/数据库
名","用户名","密码")
```

其中主机 IP 可以是本地，也可以是远程主机，数据库名是指 Mysql 中数据库名，用户名和密码是指登录 Mysql 中的用户名和密码。

12.3.3　Statement 接口

Statement 接口用于在已经和数据库建立连接的基础上向数据库发送 SQL 语句，其中包含了执行 SQL 语句和获取返回结果的方法声明。实际上，完成相似功能的接口有 3 个：Statement、PreparedStatement（继承自 Statement）和 CallableStatement（继承自 PreparedStatement）。它们都是在给定的连接上执行 SQL 语句的容器，每个接口专用于发送特定类型的 SQL 语句。Statement 对象用于执行不带参数的简单 SQL 语句；PreparedStatement 对象用于执行带或不带参数的预编译 SQL 语句；CallableStatement 对象用于执行对数据库存储过程的调用。Statement 接口提供了执行语句和获取结果的基本方法；PreparedStatement 接口添加了处理 IN 参数的方法；CallableStatement 添加了处理 OUT 参数的方法。

Statement 接口声明的主要成员方法如表 12.3 所示：

表 12.3　Statement 接口声明的主要成员方法

方法	描述
void close()	立即释放此 Statement 对象的数据库和 JDBC 资源，而不是等待它自动关闭时发生
boolean execute (String sql)	执行给定的 SQL 语句，该语句可能返回多个结果
boolean execute (String sql, int[] columnIndexes)	执行给定的 SQL 语句，该语句可能返回多个结果，并向驱动程序发出信号，指示给定数组中指示的自动生成的键应该可用于检索
ResultSet executeQuery (String sql)	执行给定的 SQL 语句，该语句返回单个 ResultSet 对象
int executeUpdate (String sql)	执行给定的 SQL 语句，这可能是 INSERT，UPDATE，或 DELETE 语句，或者不返回任何内容
int getMaxRows()	检索此 ResultSet 对象生成的 Statement 对象可包含的最大行数
ResultSet getResultSet()	获取结果集

注意：Statement 接口提供了 3 种执行 SQL 语句的方法，即 executeQuery()、executeUpdate() 和 execute()，使用哪一个方法由 SQL 语句类型决定。executeQuery()方法用于产生单个结果集 SQL 语句，如 select 语句；executeUpdate()方法用于执行 insert、update、delete 及 DDL(数据定义语言)类型的 SQL 语句，例如 create table 和 drop table 等，executeUpdate() 的返回值是一个整数，表示它执行 SQL 语句所影响的数据库中表的行数，如果数据库更新失败，则返回为-1；execute()方法用于执行返回多个结果集或多个更新操作的语句，如果查询或更新失败，则返回为 false。

创建 Statement 对象的基本方法如下：

```
Statement st = con.createStatement();
String sql = "update stu_info set sname ='王五' where xh = 202002";
int row = st.executeUpdate(sql);
```

该段代码通过创建 Statement 对象执行修改数据的 SQL 语句，将学号为"202002"的学生姓名修改为"王五"，如果修改成功，返回修改的数据行数，否则返回-1。

12.3.4　ResultSet 接口

ResultSet 接口用于暂时存放数据库查询操作获得的结果。它包含了所有符合 SQL 语句中条件的数据行，并且提供了一系列的 getXXX()方法对这些数据行中的数据进行访问。ResultSet 接口的主要成员方法如表 12.4 所示。

表 12.4　ResultSet 接口的主要成员方法

方法	描述
boolean absolute (int row)	将光标移动到此 ResultSet 对象中的给定行号
void afterLast()	将光标移动到此 ResultSet 对象的末尾，ResultSet 在最后一行之后
void beforeFirst()	将光标移动到此 ResultSet 对象的前面，就在第一行之前
boolean last()	将光标移动到此 ResultSet 对象中的最后一行
boolean next()	将光标从当前位置向前移动一行
boolean previous()	将光标移动到此 ResultSet 对象中的上一行
String getString (int columnIndex)	获取当前行中某一列的值

ResultSet 接口声明的对象是一个管式数据集，以行列形式存储查询结果，它维护一个指向当前数据行的指针(cursor，有时也称为游标)。在创建 ResultSet 对象时，指针指向第一行之前，因此第一次访问结果集时必须调用 rs.next()方法将指针置于第一行，使它成为当前行，随后每调用一次 next()方法，指针向下移动一行。当指针指向某一行时，通过调用 getXXX()方法，可以获得该行中某一列数据。当指针指向结果集中的最后一行时，再次调用 next()方法，返回为 false。

创建 ResultSet 对象的基本方法如下：

```
Statement st = con.createStatement();
ResultSet rs = st.executeQuery("SELECT * FROM stu_info");
while (rs.next()) {
    String stu_id = rs.getString(1);
    String stu_name = rs.getString(2);
    String stu_sex = rs.getString(3);
    int Stu_age = rs.getInt(4);
    System.out.println(stu_id + "\t" + stu_name + "\t" + stu_sex + "\t" + Stu_age);
}
```

12.4　Java 数据库基本操作

建立好数据库连接以后，就可以使用 Statement 接口提供的方法执行 SQL 语句了，其中 execute()可用于执行任何 SQL 语句，返回一个 boolean 值，表明执行该 SQL 语句是否返回了 ResultSet，常用于数据库操作 DDL 语句中，如建表（create table）、删除表（drop table）。executeQuery()方法用于产生单个结果集的 SQL 语句，如查询（select）语句。ExecuteUpdate()方法用于插入（Insert）、更新（update）、删除（delete）等操作。

12.4.1　创建表操作

在 Java 中向 Mysql 服务器的数据库中创建表，其基本步骤与前面所述 JDBC 工作流程一样，只不过需要正确写好建立表的命令。然后通过 execute()方法执行，即可建立一个表。

如下案例是在 Mysql 中创建一个表的 java 程序。

【案例 12-1】Java 实现创建表操作。

```
public class CreateTable {
    public static void main(String[] args) throws ClassNotFoundException,
SQLException {
        Class.forName("com.mysql.cj.jdbc.Driver"); // 注册驱动
        String url = "jdbc:mysql://localhost:3306/mydb_stu"; // 连接字符串
        Connection con = DriverManager.getConnection(url, "root", "root");
// 连接数据库
```

```
        String sql = "create table my_java_db(xh char(10) not null, sname
varchar(20))"; // 建立表命令
        Statement st = con.createStatement(); // 生成一个语句对象
        if (!st.execute(sql)) { // 执行 SQL 命令
            System.out.println("在数据库中建立表成功！");
        } else {
            System.out.println("在数据库创建表失败！");
        }
        con.close();
    }
}
```

启动 Mysql 工作台，打开 mydb_stu 数据库，可以看到已经建立了一个 my_java_db 数据表了，如图 12.8 所示。

图 12.8　建立数据库程序运行结果

注意，如果是在远程向服务器 Mysql 建立表，则连接字符串中的 localhost 需要修改为远程计算机的 IP 地址。如：向远程服务器（IP：10.10.4.102）建立一个表，则连接字符串为：

```
String url = "jdbc:mysql://10.10.4.102:3306/mydb_stu"
```

12.4.2　删除表操作

在 Java 中删除服务器中的表，其操作方法与建立表基本一样，只是执行的 SQL 语句有区别。如下案例：

【案例 12-2】Java 实现删除表操作。

```
package database;
//省略导入的包
public class Droptable {
    public static void main(String[] args) throws ClassNotFoundException,
SQLException {
        // 1 加载驱动程序
        Class.forName("com.mysql.cj.jdbc.Driver");
        // 2.连接数据库
        String url = "jdbc:mysql://localhost:3306/mydb_stu";
        Connection con = DriverManager.getConnection(url, "root", "root");
        // 3.声明 sql 的语句对象
```

```
        Statement st = con.createStatement();
        // 4.执行 SQL 语句
        String sql = "drop table stu_score";
        int b = st.executeUpdate(sql); // 创建表，删除表执行成功返回为0.
        if (b == 0) {
            System.out.println("删除成功");
        } else {
            System.out.println("删除失败!");
        }
        // 5.关闭连接
        st.close();
        con.close();
    }
}
```

其程序执行结果如图 12.9 所示。

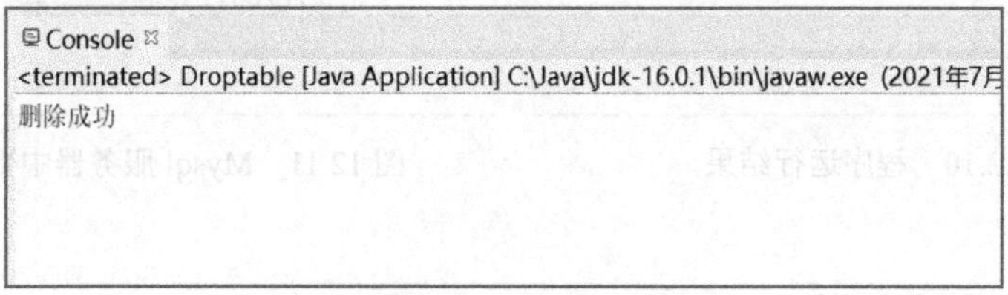

图 12.9　删除表程序执行结果

12.4.3　更新表操作

Java 中修改 Mysql 数据库服务器的表操作与建立表操作基本一致，只是其所使用的 SQL 语句有区别，如下列案例：

【案例 12-3】 Java 实现修改表操作。

```
package database;
import java.sql.*;
public class Change_table {
    public  static  void  main(String[]  args)  throws  ClassNotFoundException,
SQLException {
        // 1.加载驱动程序
        Class.forName("com.mysql.cj.jdbc.Driver");
        // 2.连接数据库
        String url = "jdbc:mysql://localhost:3306/mydb_stu";
        Connection con = DriverManager.getConnection(url, "root", "root");
        // 3.声明 sql 的语句对象
        Statement st = con.createStatement();
        // 4.执行 SQL 语句
        String sql = "update stu_info set stuname='刘开红' where stu_id = '2020011' ";
        int b = st.executeUpdate(sql);
```

```
        if (b == 1) {
            System.out.println("修改记录成功");
        } else {
            System.out.println("修改记录失败");
        }
        // 5.关闭连接
        st.close();
        con.close();
    }
}
```

程序运行结果如图 12.10、图 12.11 所示。

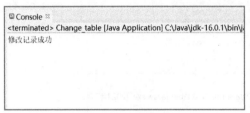

图 12.10　程序运行结果　　　　　图 12.11　Mysql 服务器中数据表内容

12.4.4　查询表操作

Java 实现数据库的查询操作，其基本步骤也与创建表、修改表和删除表的基本操作一样，也需要经历连接数据库、连接数据表、生成 SQL 语句对象、执行查询、关闭连接等操作。其实现案例如下：

【案例 12-4】Java 实现对数据库的查询。

```
import java.sql.*;
import java.sql.SQLException;
public class Java_Jdbc_Connect {
    public static void main(String[] args) throws SQLException {
        String url = null;
        Connection con = null;
        try {
            Class.forName("com.mysql.cj.jdbc.Driver");  //1.数据库连接
            System.out.println("连接成功!!");
        } catch (Exception e) {
            System.out.println("数据库连接失败!");
        }
        try {
            url = "jdbc:mysql://localhost:3306/mydb_stu";
            con = DriverManager.getConnection(url, "root", "root"); //2.数
据表连接

            // System.out.println("数据表连接成功");
```

```
            Statement st = con.createStatement(); //3.生成一个语句对象
            ResultSet rs = st.executeQuery("SELECT * FROM stu_info"); //4.
执行查询

            System.out.println("学号\t姓名\t性别\t年龄");
            while (rs.next()) {
                String stu_id = rs.getString(1);
                String stu_name = rs.getString(2);
                String stu_sex = rs.getString(3);
                int Stu_age = rs.getInt(4);
                System.out.println(stu_id + "\t" + stu_name + "\t" + stu_sex +
"\t" + Stu_age);
            }
        } catch (SQLException e) {
            System.out.println("数据表连接失败!");
        }
        con.close();//5.关闭数据库
    }
}
```

程序运行结果如图 12.12 所示。

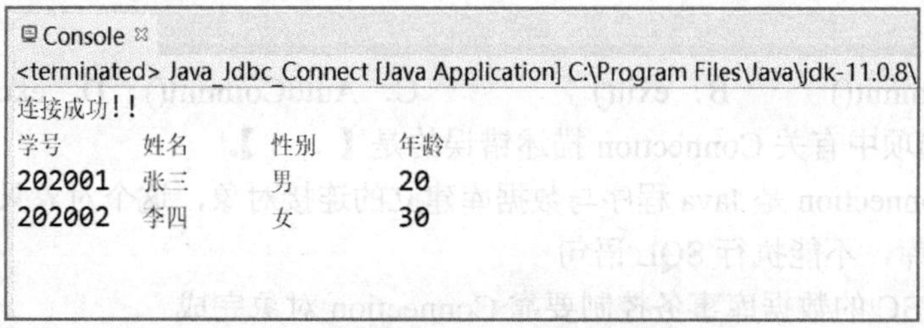

```
Console ※
<terminated> Java_Jdbc_Connect [Java Application] C:\Program Files\Java\jdk-11.0.8\
连接成功!!
学号        姓名        性别        年龄
202001     张三        男          20
202002     李四        女          30
```

图 12.12   数据库的查询操作程序运行结果

本章小结

本章主要讲解了 Java 数据库编程的知识，包括 JDBC 的结构和应用模式，JDBC 驱动程序及 JDBC 的工作流程，重点掌握 JDBC 的工作流程的操作步骤。Java 数据库编程常用类和接口，包括 DriverManager 类、Connection 接口、Statement 接口、ResultSet 接口，最后讲解了 Java 数据库的创建表、删除表、更新表和查询表的基本操作，读者需要熟练掌握其基本操作，以便以后应用在开发企业级应用软件。同时开发功能更丰富的应用程序，请读者参阅相关 API。

思考与练习

一、单项选择题

1. Java 中用于执行 SQL 语句的 API，为多种关系数据库提供统一访问，由一组 Java 语言编写的类和接口组成的驱动程序是【 　 】。

    A. ODBC   B. JDBC   C. JDBC-ODBC   D. DAO

2. 加载 JDBC 驱动程序是通过调用【 　 】方法来实现的。

    A. forName()   B. excuteQuery() C. Connection()   D. resultSet()

3. JDBC 中与数据库建立连接是通过调用【 　 】类的静态方法。

    A. Driver   B. Object   C. DriverManager D. Socket

4. ResultSet 对象自动维护指向当前数据行的游标，每调用一次【 　 】方法，游标向下移动一行。

    A. previous   B. next()   C. last()   D. break()

5. 在 JDBC 中，事务操作成功后，系统自动调用【 　 】提交，否则调用 rollback() 回滚。

    A. commit()   B. exit()   C. AutoCommit() D. excuteQuery()

6. 以下选项中有关 Connection 描述错误的是【 　 】。

    A. Connection 是 Java 程序与数据库建立的连接对象，这个对象只能用来连接数据库，不能执行 SQL 语句

    B. JDBC 的数据库事务控制要靠 Connection 对象完成

    C. Connection 对象使用完毕后要及时关闭，否则会对数据库造成负担

    D. 只用 Mysql 和 Oracle 数据库的 JDBC 程序需要创建 Connection 对象，其他数据库的 JDBC 程序不用创建 Connection 对象就可以执行 CRUD 操作

7. 使用 Connection 的哪个方法可以建立一个 PreparedStatement 接口【 　 】。

    A. createPrepareStatement()   B. prepareStatement()

    C. createPreparedStatement()   D. preparedStatement()

8. 下面的描述错误的是【 　 】。

    A. Statement 的 executeQuery()方法会返回一个结果集

    B. Statement 的 executeUpdate()方法会返回是否更新成功的 boolean 值

    C. Statement 的 execute ()方法会返回 boolean 值，含义是是否返回结果集

    D. Statement 的 executeUpdate()方法会返回值是 int 类型，含义是 DML 操作影响记录数

9. SELECT COUNT(*) FROM emp;这条 SQL 语句执行，如果员工表中没有任何数据那么 ResultSet 中将会是【 　 】。

    A. null   B. 有数据

    C. 不为 null，但是没有数据   D. 以上都选项都不对

二、多项选择题

1. 下列选项有关 ResultSet 说法错误的是【　　】。

    A. ResultSet 是查询结果集对象，如果 JDBC 执行查询语句没有查询到数据，那么 ResultSet 将会是 null 值

    B. 判断 ResultSet 是否存在查询结果集，可以调用它的 next()方法

    C. 如果 Connection 对象关闭，那么 ResultSet 也无法使用

    D. ResultSet 有一个记录指针，指针所指的数据行叫做当前数据行，初始状态下记录指针指向第一条记录。

2. 在 JDBC 编程中执行完下列 SQL 语句 SELECT name, rank, serialNo FROM employee，能得到 rs 的第一列数据的代码是【　　】。

    A. rs.getString(0);   B. rs.getString("name");

    C. rs.getString(1);   D. rs.getString("ename");

三、简答题

1. JDBC 连接数据库的操作步骤主要有哪些？

2. 通过查阅资料，简述通过 JDBC 连接 SQLserver、Oracle、DB2、MySQL、informix 等数据库的连接字符串 URL 的通用写法。

附录

Java 关键字

Java 关键字共有 48 个：

abstract	assert	boolean	break	byte	case	catch	char	class
continue	default	do	double	else	enum	extends	final	finally
float	for	if	implements	import	int	interface	instanceof	long
native	new	package	private	protected	public	return	short	static
strictfp	super	switch	synchronized	this	throw	throws	transient	try
void	volatile	while						

参考文献

[1] 李学国等. Java 程序设计[M]. 吉林: 吉林大学出版社, 2016.

[2] 廖丽, 李学国等. Java 程序设计项目教程[M]. 成都: 西南交通大学出版社, 2018.

[3] 王希军. Java 程序设计案例教程[M]. 北京: 北京邮电大学出版社, 2020.

[4] 占小忆等. Java 程序设计案例教程[M]. 北京: 人民邮电出版社, 2020.

[5] 刘刚等. Java 程序设计基础教程[M]. 北京: 中国工信出版集团, 2020.

[6] 胡平等. Java 编程从入门到精通[M]. 北京: 中国工信出版集团, 2020.

[7] 李莉等. Java 语言程序设计[M]. 北京: 清华大学出版社, 2018.

[8] 黑马程序员等. Java 基础入门[M]. 2 版. 北京: 清华大学出版社, 2018.